多智能体系统的协调预见跟踪控制

卢延荣　李　丽　张晓萌　廖福成　王志文　著

北京邮电大学出版社
www.buptpress.com

内 容 简 介

预见控制是一种利用未来信息改善被控对象控制效果的技术，理论与实践均证明该技术可有效改善闭环系统的跟踪品性以及抗干扰能力。本书考虑到领导者将可预见参考轨迹通过网络中的有向路径回传给部分跟随者，进而从预见控制的视角出发，系统研究多智能体系统的协同预见控制问题，包括单个领导者下的分布式预见跟踪(分布式编队预见跟踪)控制问题、多个领导者下的分布式包围预见控制问题。利用预见控制中的状态增广技术，原问题可转化为含有邻居输出误差的增广系统的状态调节问题，再结合多智能体系统的领航-跟随法、分布式输出调节技术以及通信解耦技术，本书提出满足协同目标所需要的充分条件以及具有积分补偿和预见前馈补偿的分布式动态控制策略。

本书可作为高年级本科生和研究生相关课程的教材，也可供相关领域的工程技术人员参阅。

图书在版编目(CIP)数据

多智能体系统的协调预见跟踪控制 / 卢延荣等著. -- 北京 : 北京邮电大学出版社, 2023.12

ISBN 978-7-5635-7068-3

Ⅰ. ①多… Ⅱ. ①卢… Ⅲ. ①计算机控制系统—跟踪控制—高等学校—教材 Ⅳ. ①TP24

中国国家版本馆 CIP 数据核字(2023)第 242300 号

策划编辑：姚 顺 刘纳新 **责任编辑**：姚 顺 谢亚茹 **责任校对**：张会良 **封面设计**：七星博纳

出版发行：北京邮电大学出版社

社　　址：北京市海淀区西土城路 10 号

邮政编码：100876

发 行 部：电话：010-62282185 传真：010-62283578

E-mail：publish@bupt.edu.cn

经　　销：各地新华书店

印　　刷：北京虎彩文化传播有限公司

开　　本：787 mm×1 092 mm 1/16

印　　张：10.25

字　　数：271 千字

版　　次：2023 年 12 月第 1 版

印　　次：2023 年 12 月第 1 次印刷

ISBN 978-7-5635-7068-3 定 价：59.00 元

·如有印装质量问题，请与北京邮电大学出版社发行部联系·

前　　言

多智能体系统是由一群具备一定的感知、通信、计算和执行能力的智能体通过通信等方式关联成的一个网络系统。水下航行器、无人车、传感器等都可看作智能体。多智能体系统的协调控制是指在没有中央控制和全局通信的情况下，依靠个体间的局部相互作用来实现群体的群集行为的控制方式。这种控制方式称为分布式控制，它基于局部信息进行交互，即每个智能体仅与其邻居交换信息。这使得多智能体系统不仅具有鲁棒性、灵活性、资源与能源损耗低以及可拓展等优点，而且能够完成单智能体系统无法实现的复杂任务。因此，多智能体系统的协调控制在卫星编队、机器人编队、移动传感网络、监控和侦察系统、多导弹协同攻击以及物联网等方面有着广泛的应用前景。

协调跟踪控制作为该领域中的一类核心问题，近年来受到了学者的广泛关注。本书旨在研究多智能体系统协调跟踪控制中的一类前沿问题——协调预见跟踪控制。预见控制是一种通过充分利用未来的目标信号和外在的干扰信号的信息，改善闭环系统瞬态响应性能的技术。在多智能体系统协调跟踪控制的应用场合中，参考信号往往是可以事先部分（或全部）已知的。例如，多机器人编队在危险的环境中执行搜救任务，通过无人机侦察可获取危险区域内部分干扰信号的信息或搜寻目标的路径信息。在领导者输出和（或）系统的干扰信号可预见的情形下，利用可预见的信息设计控制器，会在一定程度上提升闭环多智能体系统完成任务的整体能力。

本书分 8 章展开论述。第 1 章在系统地归纳和总结相关文献的基础上，较为全面地综述了多智能体系统和预见控制的研究背景、几类典型的一致性问题以及预见控制系统的设计方法，并介绍了理论推导过程中用到的代数图论等基础知识。第 2 章研究连续时间线性多智能体系统的协调最优预见跟踪控制问题，证明了增广系统的可镇定性和可检测性受智能体动力学结构与智能体间通信拓扑的共同影响，并在此基础上给出了实现协调最优预见跟踪控制的充分条件以及控制器设计方法。第 3 章在有向无环图的假设下，研究连续时间广义线性多智能体系统的协调最优预见跟踪控制问题，利用系统间的受限等价逆关系，构造性地设计了基于原始系统矩阵的分布式最优控制律。第 4 章考虑振幅不衰减参考信号（领导者的输出）的协调全局最优预见跟踪问题，通过建立基于内模、全局输出误差和被控对象的增广系统，将原始问题转化为增广系统的全局最优状态调节问题，在证明控制器存在性的基础上，给出了使原始问题可解的充分条件，同时获得了多智能体系统具有全局输出误差积分和预见补偿的协调全局最优控制器。第 5 章介绍连续时间线性多智能体系统的最优包围预见控制问题，推出了确保跟随者进入由领导者张成的凸包所需要的充分条件和具有积分补偿和预见前馈补偿的分布式最优动态控制策略。第 6 章研究离散时间线性多智能体系统的协调最优预见跟踪问题，应用差分方法构建包含可预见参考信息的增广系统，将协调跟踪问题转化为最优状态调节问题，结合标准的离散时间线性二次型调节理论，设计了实现协调预见跟踪的全局最优控制器。第 7 章运用分布式内模理论解决离散时间线性多智能体系统对振幅不衰减参考信号的协调预见跟踪问题，在验证增广系统可镇定性和分布式输出调节问题可解性的基础上，借助离散时间代数 Riccati 方程，设计了分布式的预见跟踪控制策略。第 8 章采用前馈输出调节理论研究离散时间线性异质多智能体系统的编队预见跟踪问题，在为跟随者构建新型分布式观测器的基础上，提出了实现编队预见跟踪所需的充分条件和分布式动态预见控制策略的设计方法。

感谢兰州理工大学电气工程与信息工程学院对本书出版的大力支持。本书得到了国家自然科学基金项目（NO. 61903130）、国家自然科学基金（地区基金）项目（NO. 62263019）、甘肃省自然科学基金青年基金项目（NO. 21JR7RA246）、湖北省自然科学基金项目（NO. 2022CFB139）的资助，在此表示衷心的感谢。同时，感谢兰州理工大学电气工程与信息工程学院陈伟教授、蒋栋年副教授，北京科技大学自动化学院徐正光教授、丁大伟教授，北京邮电大学人工智能学院王迪副教授在本书撰写过程中给予的热心支持。

限于作者水平，书中难免存在疏漏和不妥之处，敬请读者批评指正。

作　者

目　　录

1
绪　论

本章简要地回顾和总结预见控制和多智能体系统的研究背景、研究内容、方法与意义，最后给出本书的预备知识。

1.1 多智能体系统的研究现状

1.1.1 多智能体系统的研究背景

受生物学、控制科学、计算机科学等诸多学科交叉发展的影响，多智能体系统在许多领域得到了广泛的应用，如无人飞行器（unmanned aerial vehicle）[1-4]、车辆编队（vehicle formation）[5-7]、多机器人协作（multi-robot cooperation）[8-11]等。在这些系统中，群体行为能够使群体表现出与个体截然不同的行为特性。种种崭新的系统群体行为引起了众多科研工作者的兴趣，促使人们从不同的思路和角度出发，对多智能体系统的一致性、蜂拥、群集控制以及包围控制等问题进行了大量卓有成效的研究。

在生物学领域，蚂蚁群、蜜蜂群、鸟群、鱼群和其他动物群体由于群体内成员自身的群集本性，常常聚集在一起过"集体生活"，如图 1.1 所示。集群有利于实现它们的目标，比如寻找食物、迁徙、避免危险和障碍等[12-14]。以蚂蚁和黄蜂为例，单个蚂蚁或黄蜂没有建筑巢穴的全局规划，其整体行为却能合作建造出精巧的巢穴。又如它们在搜索食物时体现出的行为，蚂蚁使用一种被称为信息素的化学物质来寻找它们的巢穴到食物源之间的最短路径，而蜜蜂通过一种摇摆舞来互相通知食物源的所在。自然界中的这些自组织现象在没有中央集中控制的条件下，一定存在着某种工作机制，使得内部个体相互感知和交换信息，从而对外表现出规则而有序的智能行为。

在计算机科学领域，计算方式经历了从集中式控制、分散式控制到分布式控制的发展历程。分散式控制与分布式控制有着相似之处，二者都希望为每个子系统设计满足整体目标的控制律。不同的是，分散式控制是将整体任务按某种属性进行分解的，并为每个子任务设计了一个执行任务的子系统[15,16]，而分布式控制的核心是让每个智能体具有和其他智能体交互信息的能力[17]。在分散式控制系统中，由于低层子系统的运动方式及其与其他子系统间的协调关系是被高层系统预先定义好的，因此分散式系统的组织模式有局限性。分布式方法基于局部信息进行交互，即每个智能体仅与其邻居交换信息，相比于集中控制和分散控制，这种方法更有前景。三种控制的基本结构如图 1.2 所示。

图 1.1　动物社会群体的群集行为

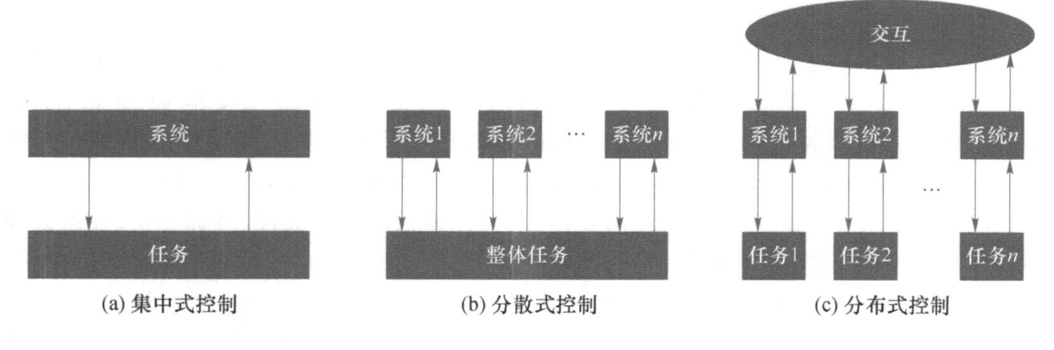

(a) 集中式控制　(b) 分散式控制　(c) 分布式控制

图 1.2　三种控制的基本结构

在系统和控制科学领域，多智能体系统是由一群具备一定的感知、通信、计算和执行能力的智能体通过通信等方式关联成的一个网络系统[18]。多智能体系统的协调控制指的是在没有中央控制和全局通信的情况下，依靠个体间的局部相互作用来实现群体的群集行为的控制方法。多智能体系统的协调控制主要由三部分组成，即智能体的动力学行为、智能体间的互联通信以及实现目标所需的协调控制律。协调控制律的选取依赖于智能体的动力学和互联拓扑[19]。

目前，针对多智能体系统协调控制问题研究的文献很多，从实现目标上看，它们的研究方向大致可以分为以下几类问题。

(1) 一致性问题。在多智能体系统的协调控制中，一致性问题是一个重要而基础的问题。它的主要思想是基于局部信息设计分布式的控制策略，使得所有智能体的状态或者输出达到一致，即收敛到某个共同的信号。在 1.1.2 节中，我们将对一致性问题展开详细的介绍。

（2）编队控制问题[20-28]。编队控制的目的是使智能体间的相对距离和位置稳定到一个预先设定的值。粗略地说，编队控制可以分为编队生成和编队跟踪。编队生成是指在没有群体参考的情形下，使智能体达到某种预先需要的几何形状的算法设计。而编队跟踪是指在参考信号存在的条件下，通过保持一定的队形来实现一定的整体任务的算法设计。

（3）蜂拥问题[29-36]。这类问题是基于 Reynolds 模型规则而产生的[29]，即分离（separation）、聚合（cohesion）、速度匹配（alignment）。

（4）群集控制问题[37-43]。群集控制要求群体中所有的个体能够收敛并保持在一个以群体的加权为中心的有界范围内。

（5）包围控制问题[44-53]。包围控制问题指的是一部分智能体形成一定的队形，而其余的智能体保持在凸包内或进入凸包并保持在凸包内。

（6）其他协调控制问题[54-62]。除前面列举的五个主要问题外，协调控制问题还包括移动传感器的覆盖[54,55]、平面合作振子的运动[56-59]、任务分配和监测[60-62]等。

1.1.2　几类典型的一致性问题

1. 多智能体系统的最优一致性

在对线性一致性算法的研究中，有一个明显的现象，即在不同图拓扑下设计的算法应用于同一个系统均能实现一致性。那么是否存在一种一致性算法，使得互联拓扑对应的 Laplacian 矩阵为最优？反过来，是否可以用最优化的方法，如线性二次型调节（LQR）理论，设计一致性算法？再者，如何去设计这种最优一致性算法？对这些问题的思考促使学者们从最优控制的角度展开了对一致性问题的研究。

目前，多智能体系统最优一致性问题的研究结果可大致分为以下三类：

（1）基于 LQR 寻找最优拓扑[63-66]；

（2）基于 LQR 设计一致性协议[67-70]；

（3）使用逆最优的方法解决协调最优控制问题[71,72]。

在第（1）类研究结果中，以文献[65]为例，其研究了具有单积分器动力的多智能体系统的最优线性一致性问题，给出了两类全局性能指标函数，一类为互联无关的性能指标函数：

$$J_{\mathrm{f}}=\int_0^{\infty}\left\{\sum_{i=1}^{n}\sum_{j=1}^{i}c_{ij}[\boldsymbol{x}_i(t)-\boldsymbol{x}_j(t)]^2+\sum_{i=1}^{n}r_i\boldsymbol{u}_i^2(t)\right\}\mathrm{d}t \tag{1.1}$$

另一类为互联相关的性能指标函数：

$$J_{\mathrm{r}}=\int_0^{\infty}\left\{\sum_{i=1}^{n}\sum_{j=1}^{i}a_{ij}[\boldsymbol{x}_i(t)-\boldsymbol{x}_j(t)]^2+\sum_{i=1}^{n}\boldsymbol{u}_i^2(t)\right\}\mathrm{d}t \tag{1.2}$$

其中，$c_{ij}\geqslant 0$，$r_i>0$，a_{ij} 是邻接矩阵 (i,j) 位置的元素。在互联无关的性能指标函数下，作者基于线性二次型调节理论，证明多智能体系统实现一致性的最优拓扑为一个完全有向图；在互联相关的性能指标函数下，得出了实现一致性所需的最优标量耦合增益。

在第（2）类研究结果中，下面的两个引理是非常有用的[67]。

引理 1.1　考虑线性时不变系统 $\dot{\boldsymbol{x}}=\boldsymbol{A}\boldsymbol{x}+\boldsymbol{B}\boldsymbol{u}$，如果 $(\boldsymbol{A},\boldsymbol{B})$ 是可镇定的，且 $\boldsymbol{R}$、$\boldsymbol{Q}$ 为对称正定矩阵，那么下面的代数黎卡提方程存在唯一的对称正定矩阵 $\boldsymbol{P}$，满足

$$\boldsymbol{A}^{\mathrm{T}}\boldsymbol{P}+\boldsymbol{P}\boldsymbol{A}-\boldsymbol{P}\boldsymbol{B}\boldsymbol{R}^{-1}\boldsymbol{B}^{\mathrm{T}}\boldsymbol{P}+\boldsymbol{Q}=0 \tag{1.3}$$

其中，$A-BR^{-1}B^{\mathrm{T}}P$ 是稳定的。

引理 1.2 令 A 和 B 满足式(1.3)，那么对于所有的 $\sigma\geqslant 1$ 和 $w\in\mathbb{R}$，矩阵 $A-(\sigma+\mathrm{j}w)BR^{-1}B^{\mathrm{T}}P$ 是稳定的。其中，$\mathrm{j}=\sqrt{-1}$，是虚数单位。

文献[67]为连续时间线性多智能体系统设计了如下协议：

$$u_i=\sum_{j\in\mathcal{N}_i}\gamma_{ij}K(x_j-x_i) \tag{1.4}$$

其中，γ_{ij} 表示与图拓扑对应的 Laplacian 矩阵中 (i,j) 位置的元素，K 表示状态反馈增益矩阵，$\mathcal{N}_i$ 表示顶点 v_i 的邻居集(详见 1.3 节中图论的相关概念)。

文献[67]基于以上两个引理，给出了上述协议在实现一致性时反馈增益矩阵 K 的最优形式：

$$K=\max\{1,\delta^{-1}\}\cdot R^{-1}B^{\mathrm{T}}P \tag{1.5}$$

其中，$\delta\leqslant-\mathrm{Re}[\lambda_2(\Gamma)]$，$\Gamma$ 表示连通图所对应的 Laplacian 矩阵，$\mathrm{Re}[\lambda_2(\Gamma)]$ 表示 Γ 的第 2 个特征值的实部。

最后，以文献[71]为例，其用逆最优和部分稳定的方法设计了有效的协调最优调节器(无领导者情形)和协调最优跟踪器(有领导者的情形)。

此外，文献[73]～[75]也从不同角度出发研究了多智能体系统的最优一致性问题。

2. 分布式跟踪问题

分布式跟踪问题，也称为协调跟踪问题或者领导者-跟随者一致性问题，其控制目标是使所有跟随者的状态(输出)渐近跟踪领导者的状态(输出)。分布式跟踪问题的解决，通常要视领导者的动力特点来定。在已有的文献中，领导者的动力通常具有以下特点：

(1) 领导者的部分信息不可测量，在跟随者与领导者间存在信息交互时，跟随者仅能得到领导者的可测信息；

(2) 领导者和跟随者具有相同的动力，即领导者和跟随者同质，且领导者的信息可测；

(3) 领导者和跟随者异质，但领导者的信息可测。

接下来，我们将根据上述三个特点简要介绍分布式跟踪问题的相关研究进展。

对于第(1)种情形，文献[76]在切换拓扑的情形下，研究了如下单积分器型多智能体系统：

$$\dot{x}_i=u_i\in\mathbb{R}^2,\quad i=1,2,\cdots,n \tag{1.6}$$

跟踪一个时变且部分状态不可测的动态领导者：

$$\begin{cases}\dot{x}_0=v_0\\ \dot{v}_0=a(t)=a_0(t)+\delta(t),\quad x_0,v_0,\delta\in\mathbb{R}^2\\ y=x_0\end{cases} \tag{1.7}$$

其中 $\delta(t)$ 未知，但满足给定的上界，即 $\|\delta(t)\|\leqslant\bar{\delta}$。

由于 $\delta(t)$ 未知，因此 v_0 不可测。为实现多智能体系统的一致性，文献[76]中设计了如下局部控制策略：

$$u_i=-k\Big[\sum_{j\in\mathcal{N}_i}a_{ij}(t)(x_i-x_j)+b_i(t)(x_i-x_0)\Big]+v_i,\quad k>0,i=1,2,\cdots,n \tag{1.8}$$

$$v_i=a_0-rk\Big[\sum_{j\in\mathcal{N}_i}a_{ij}(t)(x_i-x_j)+b_i(t)(x_i-x_0)\Big],\quad r<1,i=1,2,\cdots,n \tag{1.9}$$

文献[77]将文献[76]的结果推广到具有二阶积分器动力的情形，考虑到为高阶系统设计共同的 Lyapunov 函数时可能带来的技术困难，文中为跟随者设计了一维降阶“观测器”型局部控制策略。

观察式(1.9)容易发现,文献[76]在设计局部控制器时,要求领导者的加速度输入对每个跟随者都是可用的,这在本质上是一种分散式控制器的设计思想。考虑到领导者仅仅是一小部分跟随者的邻居,且跟随者之间仅有有限的信息交互,文献[78]使用了变结构的方法设计了如下类型的局部控制器:

$$\boldsymbol{u}_i = -\alpha\sum_{j=0}^{n}a_{ij}(\boldsymbol{r}_i-\boldsymbol{r}_j)-\beta\text{sgn}\left[\sum_{j=0}^{n}a_{ij}(\boldsymbol{r}_i-\boldsymbol{r}_j)\right] \tag{1.10}$$

其中,$a_{ij}(i,j=1,2,\cdots,n)$是与图拓扑对应的邻接矩阵的第(i,j)位置上的元素;如果跟随者i能得到领导者的位置信息,则$a_{i0}(i=1,2,\cdots,n)$为正的常数,否则$a_{i0}=0$;$\alpha\geqslant0,\beta>0$为常数;sgn(·)是符号函数。

随后,文献[79]基于文献[78]的方法,设计了两类非连续的分布式控制器(静态耦合增益和自适应耦合增益),解决了领导者输入为有界且不可测的分布式跟踪问题。

对于第(2)种情形,文献[80]考虑了具有一般线性系统动力的跟随者:

$$\begin{cases}\dot{\boldsymbol{x}}_i=\boldsymbol{A}\boldsymbol{x}_i+\boldsymbol{B}\boldsymbol{u}_i,\\ \boldsymbol{y}_i=\boldsymbol{C}\boldsymbol{x}_i,\end{cases}\quad i=1,2,\cdots,n \tag{1.11}$$

跟踪具有相同动力结构的领导者:

$$\begin{cases}\dot{\boldsymbol{x}}_{\mathrm{r}}=\boldsymbol{A}\boldsymbol{x}_{\mathrm{r}}+\boldsymbol{B}\boldsymbol{u}_{\mathrm{r}}\\ \boldsymbol{y}_{\mathrm{r}}=\boldsymbol{C}\boldsymbol{x}_{\mathrm{r}}\end{cases} \tag{1.12}$$

的模型参考一致性问题。文中设计了"观测器"型的一致性协议,在有向图包含一棵生成树的假设下,将一致性问题转化成低维子系统闭环稳定性问题,并用Finsler引理和线性矩阵不等式得到了满足稳定性所需的增益矩阵。

与文献[80]的动力结构类似,文献[81]考虑了跟随者的动力具有外部干扰且领导者输入为0的分布式跟踪问题,为抑制干扰,提出了基于跟随者相关输出信息的分布式扩张状态观测器,并在此基础上设计了一致性协议保证了分布式跟踪问题的实现。文献[82]研究了多智能体系统具有二阶非线性动力的分布式跟踪问题,其中的非线性动力满足局部Lipchitz条件,使用$\boldsymbol{M}$矩阵策略设计了牵引控制协议,证明了使整个多智能体系统实现跟踪一致性所需的充分条件。

对于第(3)种情形,文献[83]分别在固定和切换拓扑的情形下,研究了具有单积分器动力的多智能体系统跟踪一个常值参考信号的一致性问题,其最重要的贡献在于利用Geršgorin圆盘定理和图论的相关知识,证明了矩阵$\boldsymbol{H}=\boldsymbol{L}+\boldsymbol{B}$的特征值具有正实部的充要条件为拓扑所对应的有向图中的领导者节点为全局可达,其中$\boldsymbol{L}$为Laplacian矩阵,$\boldsymbol{B}=\text{diag}\{b_1,b_2,\cdots,b_n\}$为对角矩阵,若第$i(i=1,2,\cdots,n)$个智能体与领导者有信息交互,则$b_i=1$,否则$b_i=0$。

文献[84]是第(3)种情形中较为经典的文献,所考虑的跟随者动力为

$$\dot{\boldsymbol{\xi}}_i=\boldsymbol{u}_i,\quad i=1,2,\cdots,n \tag{1.13}$$

对于参考状态为定常($\dot{\boldsymbol{\xi}}^{\mathrm{r}}(t)=0$)和时变〔$\dot{\boldsymbol{\xi}}^{\mathrm{r}}(t)=f(t,\boldsymbol{\xi}^{\mathrm{r}})$,$f(t,\boldsymbol{\xi}^{\mathrm{r}})$分段连续且满足局部Lipchitz条件〕的情形,分别设计了如下的一致性协议:

$$\boldsymbol{u}_i=-\sum_{j=1}^{n}g_{ij}k_{ij}(\boldsymbol{\xi}_i-\boldsymbol{\xi}_j)-g_{i(n+1)}\alpha_i(\boldsymbol{\xi}_i-\boldsymbol{\xi}^{\mathrm{r}}),\quad i=1,2,\cdots,n \tag{1.14}$$

$$\boldsymbol{u}_i=-\frac{1}{\eta_i}\sum_{j=1}^{n}g_{ij}k_{ij}[\dot{\boldsymbol{\xi}}_j-\gamma_i(\boldsymbol{\xi}_i-\boldsymbol{\xi}_j)]-$$

$$\frac{1}{\eta_i}g_{i(n+1)}\alpha_i[f(t,\boldsymbol{\xi}^{\mathrm{r}})-\gamma_i(\boldsymbol{\xi}_i-\boldsymbol{\xi}^{\mathrm{r}})],\quad i=1,2,\cdots,n \tag{1.15}$$

其中，$k_{ij}>0,\alpha_i>0,g_{ii}=0$；对任意的 $i,j\in\{1,2,\cdots,n\}$，如果信号从智能体 j 流向智能体 i，那么 $g_{ij}=1$，否则 $g_{ij}=0$；$g_{i(n+1)}$ 与文献[83]中提到的 b_i 具有相同的性质。随后，文献[84]证明了两种情况所对应的协议解决跟踪一致性问题的充要条件均为有向图包含一颗生成树。

此外，文献[85]～[87]所研究的内容也属于第(3)种情形，此处不做详细介绍。

3. 分布式输出调节问题

分布式输出调节问题已成为协调控制问题研究的主要问题之一，它可被看成经典的输出调节问题的延伸。正如在各种文献中所看到的，许多的协调控制问题，诸如无领导者一致性问题、跟踪一致性问题，都可以表述为分布式输出调节问题[88-103]。在这一问题中，每个智能体都受外部信号的影响，这里所说的外部信号可以是外部扰动，也可以是参考信号。

目前，处理分布式输出调节问题的方法有两种。第一种方法是分布式前馈控制方法[88-90]。因为在通信拓扑中仅有一小部分跟随者能够直接进入跟随者，因此为给出分布式控制律来处理此问题，通常需要为每个跟随者设计一个分布式观测器来估计领导者的信号。需要指出的是，分布式前馈控制方法有一个缺陷，即控制增益矩阵的获取依赖于一个调节方程的解。一旦被控对象的参数发生摄动，导出的闭环系统可能不再是内稳定的，文献[91]通过一个例子说明了这一点。

内模的一个优势就是允许被控对象的状态方程存在小的摄动[92-95]。因而，处理分布式输出调节问题的第二种方法称为分布式内模法，通常用于处理不确定多智能体系统。对于连续时间系统，已有很多在分布式内模框架下处理分布式输出调节问题的结果。例如，文献[96]基于有向无环图的假设，分析了一个不确定多智能体系统的协调鲁棒输出调节问题。在文献[96]的基础上，文献[97]的作者进一步研究了此类问题，并考虑了范数有界非结构不确定性的情形。在文献[98]中，作者证明了当跟随者具有相同的标称动力学结构时，可去掉图拓扑不包含环的假设；同时指出，直接应用内模的性质，可去掉文献[96]中满足一致性时所需要的矩阵方程。然而，当有向图包含环且跟随者具有不同的标称动力时，文献[98]的结果将不再适用于此情形。为处理该种情形下的分布式输出调节问题，文献[99]中给每个无法直接获得领导者信息的跟随者设计了一个分布式内模补偿器，并在此基础上给出了动态状态反馈和动态输出反馈解决此问题。目前，利用内模研究非线性多智能体系统的协调输出调节问题也有了比较成熟的结果[100,101]。此外，离散时间多智能体系统的协调鲁棒输出调节问题也已逐渐受到关注[102,103]。特别地，通过引入内模原理和一个转化的离散代数黎卡提方程，文献[102]中提出了一类分布式控制策略，解决了具有不同外部干扰的异质不确定多智能体系统的输出一致性问题。另外，关于此类问题的文献还有文献[104]和文献[105]。

下面是线性多智能体系统输出调节理论的一个基本模型：

$$\begin{cases}\dot{\boldsymbol{w}}=\boldsymbol{S}\boldsymbol{w},\\ \boldsymbol{y}_{\mathrm{d}}=\boldsymbol{F}\boldsymbol{w},\end{cases}\quad \boldsymbol{w}\in\mathbb{R}^l,\boldsymbol{y}_{\mathrm{d}}\in\mathbb{R}^q \tag{1.16}$$

$$\begin{cases}\dot{\boldsymbol{x}}_i=\boldsymbol{A}\boldsymbol{x}_i+\boldsymbol{B}\boldsymbol{u}_i+\boldsymbol{D}_i\boldsymbol{w},\\ \boldsymbol{e}_i=\boldsymbol{C}\boldsymbol{x}_i-\boldsymbol{y}_{\mathrm{d}},\end{cases}\quad \boldsymbol{x}_i\in\mathbb{R}^n,\boldsymbol{u}_i\in\mathbb{R}^m,i=1,2,\cdots,N \tag{1.17}$$

其中，$\boldsymbol{w}$ 为外部系统(1.16)的状态；$\boldsymbol{y}_{\mathrm{d}}$ 为外部系统的量测输出；外部系统(1.16)用于产生期望的参考信号或外部干扰；$\boldsymbol{x}_i$ 和 $\boldsymbol{u}_i$ 分别为第 i 个智能体的状态和输入；$\boldsymbol{e}_i$ 为第 i 个智能体的调节

输出。

附注 1.1　按照文献[92]，如果给定参考信号 $\boldsymbol{y}_{\mathrm{d}}(t)$，一定能够通过对 $\boldsymbol{y}_{\mathrm{d}}(t)$ 的结构特性建模得到系统(1.16)。将 $\boldsymbol{y}_{\mathrm{d}}(t)$ 写成分量形式，即

$$\boldsymbol{y}_{\mathrm{d}}(t)=\begin{bmatrix} y_{\mathrm{d1}}(t) \\ \vdots \\ y_{\mathrm{d}m}(t) \end{bmatrix} \tag{1.18}$$

对其做拉普拉斯变换得到

$$\boldsymbol{Y}_{\mathrm{d}}(s)=\begin{bmatrix} Y_{\mathrm{d1}}(s) \\ \vdots \\ Y_{\mathrm{d}m}(s) \end{bmatrix}=\begin{bmatrix} \dfrac{n_1(s)}{p_1(s)} \\ \vdots \\ \dfrac{n_m(s)}{p_m(s)} \end{bmatrix} \tag{1.19}$$

称 $p(s)$ 为 $\boldsymbol{y}_{\mathrm{d}}(t)$ 的结构特性，其中 $p(s)$ 为 $p_1(s),p_2(s),\cdots,p_m(s)$ 的最小公倍式，并且满足下述多项式：

$$p(s)=s^l+\alpha_{l-1}s^{l-1}+\cdots+\alpha_1 s+\alpha_0 \tag{1.20}$$

那么系统(1.16)可基于式(1.20)得出，其中 $\boldsymbol{S}$ 的最小多项式为 $p(s)$，同时选取 $\boldsymbol{F}$ 使得 $\boldsymbol{y}_{\mathrm{d}}(t)$ 为系统(1.16)的输出。

给定外部系统(1.16)和多智能体系统(1.17)，如果存在一个分布式控制律，使得：

(1) 整个闭环系统的系统矩阵是稳定的；

(2) 对任意的初始条件 $\boldsymbol{x}_i(0)(i=1,2,\cdots,n)$ 和 $\boldsymbol{v}(0)$，有

$$\lim_{t\to+\infty}\boldsymbol{e}_i(t)=0,\quad i=1,2,\cdots,n$$

则说上述线性协调输出调节问题是可解的。

为便于基于内模原理研究协调预见跟踪问题，本书引入最小 m 重内模的概念。

定义 1.1[92,94]　设矩阵对 $(\boldsymbol{G}_1,\boldsymbol{G}_2)$ 具有下面的形式：

$$\boldsymbol{G}_1=\begin{bmatrix} \boldsymbol{\beta} & \boldsymbol{O} & \cdots & \boldsymbol{O} \\ \boldsymbol{O} & \boldsymbol{\beta} & \cdots & \boldsymbol{O} \\ \vdots & \vdots & & \vdots \\ \boldsymbol{O} & \boldsymbol{O} & \cdots & \boldsymbol{\beta} \end{bmatrix}_{ml\times ml},\quad \boldsymbol{G}_2=\begin{bmatrix} \boldsymbol{\sigma} & \boldsymbol{0} & \cdots & \boldsymbol{0} \\ \boldsymbol{0} & \boldsymbol{\sigma} & \cdots & \boldsymbol{0} \\ \vdots & \vdots & & \vdots \\ \boldsymbol{0} & \boldsymbol{0} & \cdots & \boldsymbol{\sigma} \end{bmatrix}_{ml\times m}$$

其中，$\boldsymbol{\beta}$ 是 $l\times l$ 的常数方阵，$\boldsymbol{\sigma}$ 是 l 维的列向量。称 $(\boldsymbol{G}_1,\boldsymbol{G}_2)$ 为包含矩阵 $\boldsymbol{S}$ 的最小 m 重内模，如果以下条件满足：

(1) $(\boldsymbol{\beta},\boldsymbol{\sigma})$ 能控；

(2) $\boldsymbol{S}$ 的最小多项式与 $\boldsymbol{\beta}$ 的特征多项式以及 $\boldsymbol{\beta}$ 的最小多项式相同。

4. 广义多智能体系统的一致性问题

广义多智能体系统是指由广义系统描述的多个智能体通过信息交互耦合而成的高维系统。在实际中，多智能体支持系统(multi-agent supporting system)就是一个典型的广义多智能体系统的例子，它在建筑物的防震抗灾中具有潜在的应用价值[106]。广义系统有着许多不同于正常系统的特征，比如正则性和脉冲模，正因如此，广义多智能体系统的一致性问题比正常系统的情形更具复杂性和挑战性。目前，对广义多智能体系统的一致性研究才刚刚起步，主要的参考文献有文献[107]～[116]。

文献[113]研究了如下由广义系统描述的多智能体系统的状态一致性问题：

$$\begin{cases}\boldsymbol{E}\dot{\boldsymbol{x}}_i(t)=\boldsymbol{A}\boldsymbol{x}_i(t)+\boldsymbol{B}\boldsymbol{u}_i(t),\\ \boldsymbol{y}_i(t)=\boldsymbol{C}\boldsymbol{x}_i(t),\end{cases}\quad i=1,2,\cdots,n \tag{1.21}$$

通常假设矩阵 $\boldsymbol{E}$ 为秩亏的。

考虑到仅有智能体的输出信息是可测的，文献[113]中设计了如下输出反馈型一致性协议：

$$\boldsymbol{u}_i(t)=\boldsymbol{K}\sum_{j=1}^{n}a_{ij}[\boldsymbol{y}_j(t)-\boldsymbol{y}_i(t)],\quad i=1,2,\cdots,n \tag{1.22}$$

其中，$\boldsymbol{K}$ 为输出反馈增益矩阵。

通过将一致性问题转化为多个广义子系统的稳定问题，得到了定理 1.1。

定理 1.1 对于系统(1.21)，如果($\boldsymbol{E},\boldsymbol{A}$)无脉冲，并且

$$\text{rank}(\boldsymbol{C})=\text{rank}\begin{bmatrix}\boldsymbol{C}\\ \boldsymbol{B}^{\mathrm{T}}\boldsymbol{P}\end{bmatrix} \tag{1.23}$$

其中，$\boldsymbol{P}$ 为如下广义代数 Riccati 方程(ARE)的容许解：

$$\begin{cases}\boldsymbol{A}^{\mathrm{T}}\boldsymbol{X}+\boldsymbol{X}^{\mathrm{T}}\boldsymbol{A}-\boldsymbol{X}^{\mathrm{T}}\boldsymbol{B}\boldsymbol{B}^{\mathrm{T}}\boldsymbol{X}+\boldsymbol{C}^{\mathrm{T}}\boldsymbol{C}=0\\ \boldsymbol{E}^{\mathrm{T}}\boldsymbol{X}=\boldsymbol{X}^{\mathrm{T}}\boldsymbol{E}\end{cases} \tag{1.24}$$

那么协议(1.22)使系统(1.21)实现状态一致性的充要条件为($\boldsymbol{E},\boldsymbol{A},\boldsymbol{B}$)可镇定、($\boldsymbol{E},\boldsymbol{A},\boldsymbol{C}$)可检测，且有向图包含一棵生成树。

1.2 预见控制理论的研究现状

1.2.1 预见控制的研究背景

1. 预见控制的提出

1966 年，美国学者 Sheridan 在文献[117]中首次提出了预见控制(preview control)的概念，并通过三个实例——行驶中的汽车、盲人电子障碍探测仪以及远程操纵设备，验证了带约束的预见控制能取得比传统的传递函数技术更好的控制效果。随后，Bender 将线性最优预见控制的方法应用于车辆悬挂系统[118]。1969 年，日本学者 Hayase 和 Ichikawa 在文献[119]中提出了利用可预见的参考信号改善系统跟踪性能的控制方法。20 世纪 70 年代，美国学者 Tomizuka 在其博士论文中对有限时间预见控制问题进行了系统性的研究，并将理论结果应用到人机系统的分析与设计中[120]。后来，以 Tomizuka 为代表的学者们发表了一系列成果[121-126]，推动了对预见控制的理论研究及应用[127-136]。1992 年，日本学者土谷武士和江上正出版了专著《最新自动控制技术——数字预见控制》，这是关于预见控制理论的最早著作；廖福成教授在日本访学期间翻译了该著作[137]，并在译本中首次使用了“预见”一词。该译本自 1994 年出版以来，迅速引起了国内学者的关注。

预见控制是一种通过充分利用未来的目标信号和外在的干扰信号的信息，改善闭环系统瞬态响应性能的技术。为了能直观地理解预见控制的概念和动机，考虑驾车行驶在一条盘山公路上的情形。司机不可能知道从出发点到目的地的道路上的全部信息和路面状况，如果司

机只看眼前的一小段距离，那么当他/她意识到前方是弯道时再进行操纵处理，可能导致汽车偏离车道，甚至会酿成一场车祸。因此，为了安全驾驶，司机通常会尽可能地向前看，并基于道路前方的信息适当地操纵方向盘、离合器等。由于道路可看成汽车要跟踪的参考信号，因此这就意味着司机不知不觉地根据可预见的参考信号进行了驾车控制。这一观察将有助于自动驾车系统的设计。

预见控制与工业过程控制领域广泛应用的预测控制既相似又有区别[138]。相似之处在于它们都利用了未来信息作为前馈，都以性能指标最小化为控制目标。区别之处在于：①前者可以直接利用可预见的系统未来信息，而后者通过预测模型预测系统的未来信息；②前者一般假设对象模型已知，而后者对模型精度要求不高，有在线校正模型参数功能；③前者一般用全状态反馈控制结构，而后者更多采用输出反馈控制结构；④前者适用于模型已知、动态响应速度要求较快、未来信息已知的系统，而后者更适用于模型不精确、具有受约束和非线性等特性的系统。因此，两者各具优点，两者结合也具有很好的互补性，文献[137]在第5章中对其做了初步尝试。

2. 预见控制的研究进展

预见控制自提出以来便在实践中得到了成功的应用。文献[139]中提出了一种针对目标信号的在线预见规划方法，并将其应用到三轮摩托车的设计上，该方法的特点是将带预见规划的前馈添加到在线规划设计的反馈闭环中，与不添加预见的规划相比，设计者能够更好地阻止控制目标的输出溢出预先给定的区域。文献[140]将一般最优伺服系统与预见前馈补偿相结合，产生的最优预见伺服系统可用于巡航导弹的地形追踪控制器设计。文献[141]在轧机主传动调速系统中应用预见PWM控制技术，解决了采用PWM技术载波频率较低的情况下波形失真严重的问题。文献[142]在直线伺服装置数字预见控制器的基础上，提出了一个离散时域扰动观测器，其仿真结果显示，加入扰动观测器后的鲁棒数字预见控制器具有较强的抗干扰性能。文献[143]采用了离散时间输出反馈 H_∞ 预见控制的方法，设计了机电阀门制动器的闭环预见控制器。文献[144]依据交流永磁同步电机矢量控制模型，采用在原有PID的基础上外加预见前馈补偿的控制方法，提高了装配机器人控制系统的动态性能。文献[145]从预见时间的物理定义入手，用面积误差重新定义了系统的误差函数，同时利用哈密顿-雅可比函数重新构造了最优跟踪控制的性能指标，并应用该方法解决了空间目标轨迹的追踪问题。文献[146]研究了风力发电机中涡轮机性能、预见时间以及桨距速率限制三者之间的设计平衡问题，仿真结果显示在涡轮机的设计中加入适当的预见信息有助于提高发电机的整体性能。对于驾驶员操作延迟和飞机不确定性所导致的人-机系统跟踪性能降低的问题，文献[147]提出了一种T-S模糊模型的鲁棒预见辅助驾驶方法，并基于此设计了一种次优的预见控制器。文献[148]提出了一种改进的预见控制技术来补偿在无线跟踪控制系统中出现的丢包问题，与以往的预见控制不同的是，该文献采用了动态规划的方法，将伯努利丢包模型加到了常用的预见控制的性能指标中。预见控制的应用还有很多实例[149,150]，此处不再一一列举。随着硬件技术的发展，预见控制会有更广阔的应用前景。

文献[122]详细地讨论了预见控制中未来信息的重要性。文献[128]和文献[151]基于线性二次调节理论，在参考信号可预见时，分别设计了在离散和连续时间情形下的数字最优Ⅰ型伺服控制器。文献[152]在文献[151]的基础上研究了参考信号和干扰信号同时可预见的情形。近年来，预见控制与离散时间多采样率系统结合产生了许多重要的成果[153-156]，处理这类问题的基本思想是通过离散提升技术，将多采样的预见控制问题转化为单一采样的增广系统，应用标准的线性二次型最优预见控制方法进行处理。在该类问题中，参考信号和干扰信号为多项式的情形在文献[157]中得到了关注。文献[158]～文献[160]利用增广系统的方法分别研究了离散和连续时间线性时变系统的最优预见控制问题。此后，文献[161]将文献[158]的结果推广到了多采样率系统中。随着对广义系统的因果性、受限等价分解以及最优控制等结果的深入了解，预见控制理论在带有多采样率的广义系统中也得到了很好的发展[162-167]。文献[168]研究了以面积误差作为性能指标函数的轨迹跟踪问题，得到了轨迹跟踪的最优预见控制算法。文献[169]和文献[170]利用被控对象动态方程的约束信息、输出测量信息、预见信息、二次型性能指标等有用信息，基于融合估计理论提出了信息融合预见控制。除采用线性二次型最优控制的方法外，许多学者也将 H_2 和 H_∞ 控制的思想与预见控制相结合，设计了 H_2 和 H_∞ 最优预见控制器[171-184]。

1.2.2 预见控制系统的设计

一般线性系统的预见控制设计往往是从最优控制理论的角度出发的。预见控制系统与非预见控制系统的区别在于是否对预见信息进行有效利用，而使用现有的最优控制理论设计预见控制器时，关键便是如何将预见信息加到控制器之中。目前，离散时间和连续时间线性系统的最优预见控制理论已比较成熟，下面将从这两方面出发概述其主要的设计方法。

1. 离散时间情形

目前，设计离散时间线性系统带有预见补偿作用的控制器的思路主要有两种，一种是从一开始就构造预见伺服系统的情况，另一种是已经构造出了反馈控制系统且它已可以正常运转再对其追加预见功能的情况。对前者，文献[137]给出了以下三种最优预见控制器的设计方法。

(1) 偏微分最优化法。先假定控制输入的形式，把它代入评价函数求评价函数值，再通过偏微分求使这个评价函数值最小的预见前馈系数。

(2) 扩大误差系统法(增广系统法)。通过对可预见的信息进行状态增广，原始的最优预见控制设计问题可转化为离散时间线性系统的最优调节问题，那么现有的最优控制理论便能发挥出重要的作用。

(3) 逐次最优化法。该方法是应用最优性原理设计预见控制器的方法。

目前，离散时间线性系统的预见控制问题往往采用第(2)种方法处理，这是因为使用增广系统法设计预见控制器时有以下几点优势。

(1) 可预见的参考信息或干扰信息易于包含到控制器之中。

(2) 在增广系统中加入适当的控制输入 $\Delta\boldsymbol{u}(k)$，使得闭环系统渐近稳定，即达到 $k\to\infty$时，$e(k)\to\boldsymbol{0}$。而且即使控制对象的参数有摄动，只要是在稳定的范围内变动，也能保证稳态误差趋于 0(稳态鲁棒性)。

(3) 控制输入 $\Delta\boldsymbol{u}(k)$的设计方法较为灵活，除使用代数 Riccati 方程和线性矩阵不等式理论设计反馈增益矩阵外，极点配置方法也是奏效的。

(4) 当系统存在状态和(或)输入时滞时，可通过误差系统的方法对时滞项进行增广，使其转化为形式上无时滞的系统来处理。以输入具有一步输入时滞的线性系统跟踪参考信号为例来说明此种情形：

$$\begin{cases} \boldsymbol{x}(k+1)=\boldsymbol{A}\boldsymbol{x}(k)+\boldsymbol{B}\boldsymbol{u}(k)+\boldsymbol{B}_1\boldsymbol{u}(k-1) \\ \boldsymbol{y}(k)=\boldsymbol{C}\boldsymbol{x}(k) \end{cases}$$

使用一阶前向差分算子作用于上述系统和误差向量，得到误差系统：

$$\begin{bmatrix} \boldsymbol{e}(k+1) \\ \Delta\boldsymbol{x}(k+1) \\ \Delta\boldsymbol{u}(k) \end{bmatrix}=\begin{bmatrix} \boldsymbol{I} & \boldsymbol{C} & \boldsymbol{O} \\ \boldsymbol{O} & \boldsymbol{A} & \boldsymbol{B}_1 \\ \boldsymbol{O} & \boldsymbol{O} & \boldsymbol{O} \end{bmatrix}\begin{bmatrix} \boldsymbol{e}(k) \\ \Delta\boldsymbol{x}(k) \\ \Delta\boldsymbol{u}(k-1) \end{bmatrix}+\begin{bmatrix} \boldsymbol{O} \\ \boldsymbol{B} \\ \boldsymbol{I} \end{bmatrix}\Delta\boldsymbol{u}(k)+\begin{bmatrix} -\boldsymbol{I} \\ \boldsymbol{O} \\ \boldsymbol{O} \end{bmatrix}\Delta\boldsymbol{r}(k)$$

文献[185]系统地给出了离散时间线性系统最优预见控制器的设计方法，此处不再展开讨论。

2. 连续时间情形

对于连续时间线性系统的最优预见控制问题，现有文献中提出的方法主要有三种。第一种方法基于线性二次型最优调节理论（LQR），通过构造增广系统将预见跟踪问题转化为最优调节问题进行处理[151,152,186]。第二种方法由 Shaked 等人提出，他们使用博弈论和鞍点均衡解决了 H_∞ 最优预见控制问题[179,180]。第三种是 Kojima 等人提出的基于泛函分析的方法，他们使用该方法将原始问题转化为无穷维的形式获得了最优解，该方法对于 H_∞ 最优预见控制问题[181-184]和 LQR 最优预见控制问题[187]均是适用的。

1）基于 LQR 的最优预见控制器设计

在文献[152]的基础上，考虑无外部干扰时的连续时间线性系统：

$$\begin{cases} \dot{\boldsymbol{x}}(t)=\boldsymbol{A}\boldsymbol{x}(t)+\boldsymbol{B}\boldsymbol{u}(t) \\ \boldsymbol{y}(t)=\boldsymbol{C}\boldsymbol{x}(t) \end{cases} \tag{1.25}$$

其中，$\boldsymbol{x}(t)$为 n 维状态向量；$\boldsymbol{u}(t)$为 m 维输入向量；$\boldsymbol{y}(t)$为 q 维输出向量；$\boldsymbol{A}$ 为 $n\times n$ 常数矩阵；$\boldsymbol{B}$ 为 $n\times m$ 常数矩阵；$\boldsymbol{C}$ 为 $q\times n$ 常数矩阵。

对于系统(1.25)，文献[152]给出了如下基本假设：

A1.1　假设$(\boldsymbol{A},\boldsymbol{B})$可镇定；

A1.2　假设矩阵$\begin{bmatrix} \boldsymbol{A} & \boldsymbol{B} \\ \boldsymbol{C} & \boldsymbol{O} \end{bmatrix}$行满秩；

A1.3　假设$(\boldsymbol{C},\boldsymbol{A})$可检测；

令参考信号为 $\boldsymbol{y}_\mathrm{d}(t)\in\mathbb{R}^q$，对 $\boldsymbol{y}_\mathrm{d}(t)$作如下假设：

A1.4　假设参考信号 $\boldsymbol{y}_\mathrm{d}(t)$是分段连续可微的函数且满足

$$\lim_{t\to\infty}\boldsymbol{y}_\mathrm{d}(t)=\bar{\boldsymbol{y}}_\mathrm{d},\quad \lim_{t\to\infty}\dot{\boldsymbol{y}}_\mathrm{d}(t)=\boldsymbol{0} \tag{1.26}$$

其中，$\bar{\boldsymbol{y}}_\mathrm{d}$ 是常数向量，而且从当前时刻 t 起，$\boldsymbol{y}_\mathrm{d}(\tau)(t\leqslant\tau\leqslant t+l_\mathrm{r})$是可预见的（为已知的）。这里，$l_\mathrm{r}$ 称为预见步长。

该预见控制问题的设计目标是指寻找一个控制器 $\boldsymbol{u}(t)$，使得：

(1) 系统输出 $\boldsymbol{y}(t)$无静态误差地跟踪参考信号 $\boldsymbol{y}_\mathrm{d}(t)$，即

$$\lim_{t\to\infty}\boldsymbol{e}(t)=\boldsymbol{0}$$

其中：

$$\boldsymbol{e}(t)=\boldsymbol{y}(t)-\boldsymbol{y}_\mathrm{d}(t) \tag{1.27}$$

(2) 闭环系统是渐近稳定的并且能够表现出可接受的瞬态响应。

为此，文献[152]中引入了如下二次型性能指标函数：

$$J=\int_0^\infty[\boldsymbol{e}^\mathrm{T}(t)\boldsymbol{Q}_\mathrm{e}\boldsymbol{e}(t)+\dot{\boldsymbol{u}}^\mathrm{T}(t)\boldsymbol{R}\dot{\boldsymbol{u}}(t)]\mathrm{d}t \tag{1.28}$$

其中，$\boldsymbol{Q}_\mathrm{e}$ 和 $\boldsymbol{R}$ 分别是 $q\times q$ 和 $m\times m$ 的正定矩阵，文献[151]和文献[188]已指出，在性能指标中引入输入的导数 $\dot{\boldsymbol{u}}(t)$，可使闭环系统中包含积分器，有助于消除静态误差。

文中采用状态增广技术构造了增广系统，从而将跟踪问题转化为调节问题。增广系统的推导过程如下。

对系统(1.25)中的第一式和式(1.27)两边同时求导，得到

$$\dot{\boldsymbol{e}}(t)=\boldsymbol{C}\dot{\boldsymbol{x}}(t)-\dot{\boldsymbol{y}}_\mathrm{d}(t) \tag{1.29}$$

$$\ddot{\boldsymbol{x}}(t)=\boldsymbol{A}\dot{\boldsymbol{x}}(t)+\boldsymbol{B}\dot{\boldsymbol{u}}(t) \tag{1.30}$$

引入新的状态向量：

$$\boldsymbol{z}=\begin{bmatrix}\boldsymbol{e}\\ \dot{\boldsymbol{x}}\end{bmatrix}$$

那么从式(1.29)和式(1.30)可得关于变量 $\boldsymbol{z}(t)$ 的状态方程：

$$\dot{\boldsymbol{z}}=\widetilde{\boldsymbol{A}}\boldsymbol{z}+\widetilde{\boldsymbol{B}}\dot{\boldsymbol{u}}-\widetilde{\boldsymbol{D}}\dot{\boldsymbol{y}}_\mathrm{d}$$

其中 $\widetilde{\boldsymbol{A}}$、$\widetilde{\boldsymbol{B}}$ 和 $\widetilde{\boldsymbol{D}}$ 分别为

$$\widetilde{\boldsymbol{A}}=\begin{bmatrix}\boldsymbol{O} & \boldsymbol{C}\\ \boldsymbol{O} & \boldsymbol{A}\end{bmatrix},\quad \widetilde{\boldsymbol{B}}=\begin{bmatrix}\boldsymbol{O}\\ \boldsymbol{B}\end{bmatrix},\quad \widetilde{\boldsymbol{D}}=\begin{bmatrix}\boldsymbol{I}\\ \boldsymbol{O}\end{bmatrix}$$

它们的维数分别为 $\tilde{n}\times\tilde{n}$，$\tilde{n}\times r$，$\tilde{n}\times q$，其中 $\tilde{n}=n+q$。

取输出方程为 $\boldsymbol{e}=\widetilde{\boldsymbol{C}}\boldsymbol{z}$，其中 $\widetilde{\boldsymbol{C}}=[\boldsymbol{I}\quad \boldsymbol{O}]$。最后得到

$$\begin{cases}\dot{\boldsymbol{z}}=\widetilde{\boldsymbol{A}}\boldsymbol{z}+\widetilde{\boldsymbol{B}}\dot{\boldsymbol{u}}-\widetilde{\boldsymbol{D}}\dot{\boldsymbol{y}}_\mathrm{d}\\ \boldsymbol{e}=\widetilde{\boldsymbol{C}}\boldsymbol{z}\end{cases} \tag{1.31}$$

方程(1.31)被称为增广系统。

在系统(1.31)下，性能指标函数(1.28)可以写为

$$\boldsymbol{J}=\int_0^\infty[\boldsymbol{z}^\mathrm{T}(t)\boldsymbol{Q}\boldsymbol{z}(t)+\dot{\boldsymbol{u}}^\mathrm{T}(t)\boldsymbol{R}\dot{\boldsymbol{u}}(t)]\mathrm{d}t \tag{1.32}$$

其中，$\boldsymbol{Q}=\begin{bmatrix}\boldsymbol{Q}_\mathrm{e} & \boldsymbol{O}\\ \boldsymbol{O} & \boldsymbol{O}\end{bmatrix}\in\mathbb{R}^{(n+q)\times(n+q)}$ 是一个对称半正定矩阵，$\boldsymbol{R}$ 如式(1.28)所定义。

此时，原始的预见跟踪控制问题就转化为在系统(1.31)下确定最优控制输入 $\dot{\boldsymbol{u}}(t)$，使得性能指标函数(1.32)为极小的状态调节问题。下面给出主要定理。

定理 1.2 设$(\widetilde{\boldsymbol{A}},\widetilde{\boldsymbol{B}})$可镇定，$(\boldsymbol{Q}^{1/2},\widetilde{\boldsymbol{A}})$可检测，则系统(1.31)在性能指标函数(1.28)下的最优控制输入为

$$\dot{\boldsymbol{u}}(t)=-\boldsymbol{R}^{-1}\widetilde{\boldsymbol{B}}^\mathrm{T}\boldsymbol{P}\boldsymbol{z}(t)-\boldsymbol{R}^{-1}\widetilde{\boldsymbol{B}}^\mathrm{T}\boldsymbol{g}(t) \tag{1.33}$$

其中，$\boldsymbol{P}$ 为 $n\times n$ 的半正定常数矩阵，满足矩阵的代数 Riccati 方程：

$$\widetilde{\boldsymbol{A}}^\mathrm{T}\boldsymbol{P}+\boldsymbol{P}\widetilde{\boldsymbol{A}}-\boldsymbol{P}\widetilde{\boldsymbol{B}}\boldsymbol{R}^{-1}\widetilde{\boldsymbol{B}}^\mathrm{T}\boldsymbol{P}+\boldsymbol{Q}=\boldsymbol{O} \tag{1.34}$$

$\boldsymbol{g}(t)\in\mathbb{R}^r$，由下式确定：

$$\boldsymbol{g}(t)=-\int_0^{l_r}\exp(\sigma\widetilde{\boldsymbol{A}}_\mathrm{c}^\mathrm{T})\boldsymbol{P}\widetilde{\boldsymbol{D}}\dot{\boldsymbol{y}}_\mathrm{d}(t+\sigma)\mathrm{d}\sigma \tag{1.35}$$

这里 $\widetilde{\boldsymbol{A}}_\mathrm{c}$ 为一稳定矩阵，σ 为积分变量，定义为

$$\widetilde{\boldsymbol{A}}_\mathrm{c}=\widetilde{\boldsymbol{A}}-\widetilde{\boldsymbol{B}}\boldsymbol{R}^{-1}\widetilde{\boldsymbol{B}}^\mathrm{T}\boldsymbol{P} \tag{1.36}$$

定理 1.3　假设 A1.1～A1.4 成立，再设 $t<0$ 时，$\boldsymbol{x}(t)=\boldsymbol{0}$，$\boldsymbol{u}(t)=\boldsymbol{0}$，$\boldsymbol{y}_{\mathrm{d}}(t)=0$，则系统(1.25)的最优控制输入为

$$\boldsymbol{u}(t)=-\boldsymbol{K}_{\mathrm{e}}\int_0^t \boldsymbol{e}(\sigma)\mathrm{d}\sigma-\boldsymbol{K}_{\mathrm{x}}\boldsymbol{x}(t)+\boldsymbol{f}(t) \tag{1.37}$$

其中，$\boldsymbol{P}$ 为 Riccati 方程(1.34)的唯一半正定解，$\boldsymbol{K}_{\mathrm{e}}=\boldsymbol{R}^{-1}\widetilde{\boldsymbol{B}}^{\mathrm{T}}\boldsymbol{P}_{\mathrm{e}}$，$\boldsymbol{K}_{\mathrm{x}}=\boldsymbol{R}^{-1}\widetilde{\boldsymbol{B}}^{\mathrm{T}}\boldsymbol{P}_{\mathrm{x}}$，$\boldsymbol{P}=[\boldsymbol{P}_{\mathrm{e}}\quad \boldsymbol{P}_{\mathrm{x}}]$，$\boldsymbol{f}(t)$ 由下式定义：

$$\boldsymbol{f}(t)=\boldsymbol{R}^{-1}\widetilde{\boldsymbol{B}}^{\mathrm{T}}\int_0^{l_r}\exp(\sigma\widetilde{\boldsymbol{A}}_{\mathrm{c}}^{\mathrm{T}})\boldsymbol{P}\widetilde{\boldsymbol{D}}\boldsymbol{y}_{\mathrm{d}}(t+\sigma)\mathrm{d}\sigma \tag{1.38}$$

在上述构造增广系统的过程中，若不对系统(1.25)中的第一式求导，那么设计的最优预见控制器可能无法使系统实现对参考信号的无静差跟踪。为解决这一问题，文献[186]通过添加恒等式 $\dot{\boldsymbol{u}}(t)=\dot{\boldsymbol{u}}(t)$ 构造了如下增广系统：

$$\begin{cases}\dot{\boldsymbol{X}}(t)=\bar{\boldsymbol{A}}\boldsymbol{X}(t)+\bar{\boldsymbol{B}}\dot{\boldsymbol{u}}(t)+\bar{\boldsymbol{D}}\dot{\boldsymbol{y}}_{\mathrm{d}}(t)\\ \boldsymbol{e}(t)=\bar{\boldsymbol{C}}\boldsymbol{X}(t)\end{cases},\quad t\in[t_0,t_\alpha] \tag{1.39}$$

其中：

$$\boldsymbol{X}=\begin{bmatrix}\boldsymbol{e}(t)\\ \boldsymbol{x}(t)\\ \boldsymbol{u}(t)\end{bmatrix},\quad \bar{\boldsymbol{A}}=\begin{bmatrix}\boldsymbol{O}&\boldsymbol{CA}&\boldsymbol{CB}\\ \boldsymbol{O}&\boldsymbol{A}&\boldsymbol{B}\\ \boldsymbol{O}&\boldsymbol{O}&\boldsymbol{O}\end{bmatrix},\quad \bar{\boldsymbol{B}}=\begin{bmatrix}\boldsymbol{O}\\ \boldsymbol{O}\\ \boldsymbol{I}\end{bmatrix},\quad \bar{\boldsymbol{D}}=\begin{bmatrix}-\boldsymbol{I}\\ \boldsymbol{O}\\ \boldsymbol{O}\end{bmatrix},\quad \bar{\boldsymbol{C}}=[\boldsymbol{I}\quad \boldsymbol{O}\quad \boldsymbol{O}]$$

同时针对系统(1.25)提出了如下的混合型性能指标函数：

$$\boldsymbol{J}=\frac{1}{2}\boldsymbol{e}^{\mathrm{T}}(t_\alpha)\boldsymbol{e}(t_\alpha)+\frac{1}{2}\int_{t_0}^{t_\alpha}[\boldsymbol{e}^{\mathrm{T}}(t)\boldsymbol{Q}_{\mathrm{e}}\boldsymbol{e}(t)+\boldsymbol{x}^{\mathrm{T}}(t)\boldsymbol{Q}_{\mathrm{x}}\boldsymbol{x}(t)+\boldsymbol{u}^{\mathrm{T}}(t)\boldsymbol{Q}_{\mathrm{u}}\boldsymbol{u}(t)+\dot{\boldsymbol{u}}^{\mathrm{T}}(t)\boldsymbol{R}\dot{\boldsymbol{u}}(t)]\mathrm{d}t \tag{1.40}$$

其中，$\boldsymbol{Q}_{\mathrm{e}}\in\mathbb{R}^{q\times q}$ 和 $\boldsymbol{R}\in\mathbb{R}^{m\times m}$ 为对称正定矩阵，$\boldsymbol{Q}_{\mathrm{x}}\in\mathbb{R}^{n\times n}$ 和 $\boldsymbol{Q}_{\mathrm{u}}\in\mathbb{R}^{m\times m}$ 是对称半正定矩阵。

在系统(1.39)下，性能指标函数(1.40)可进一步写为

$$\boldsymbol{J}=\frac{1}{2}\boldsymbol{X}^{\mathrm{T}}(t_\alpha)\boldsymbol{E}\boldsymbol{X}(t_\alpha)+\frac{1}{2}\int_{t_0}^{t_\alpha}[\boldsymbol{X}^{\mathrm{T}}(t)\boldsymbol{Q}\boldsymbol{X}(t)+\dot{\boldsymbol{u}}^{\mathrm{T}}(t)\boldsymbol{R}\dot{\boldsymbol{u}}(t)]\mathrm{d}t \tag{1.41}$$

其中：

$$\boldsymbol{E}=\begin{bmatrix}\boldsymbol{I}&&\\&\boldsymbol{O}&\\&&\boldsymbol{O}\end{bmatrix},\quad \boldsymbol{Q}=\begin{bmatrix}\boldsymbol{Q}_{\mathrm{e}}&&\\&\boldsymbol{Q}_{\mathrm{x}}&\\&&\boldsymbol{Q}_{\mathrm{u}}\end{bmatrix}$$

利用极小值原理，文献[186]给出了定理 1.4。

定理 1.4　在性能指标函数(1.41)下，增广系统(1.39)的最优控制输入为

$$\dot{\boldsymbol{u}}(t)=-\boldsymbol{R}^{-1}\bar{\boldsymbol{B}}^{\mathrm{T}}\boldsymbol{P}(t)\boldsymbol{X}(t)-\boldsymbol{R}^{-1}\bar{\boldsymbol{B}}^{\mathrm{T}}\boldsymbol{g}(t) \tag{1.42}$$

其中，$\boldsymbol{P}(t)$ 是式(1.43)所示 Riccati 微分方程的半正定解：

$$\dot{\boldsymbol{P}}(t)+\boldsymbol{P}(t)\bar{\boldsymbol{A}}+\bar{\boldsymbol{A}}^{\mathrm{T}}\boldsymbol{P}(t)-\boldsymbol{P}(t)\bar{\boldsymbol{B}}\boldsymbol{R}^{-1}\bar{\boldsymbol{B}}^{\mathrm{T}}\boldsymbol{P}(t)+\boldsymbol{Q}=\boldsymbol{O},\quad \boldsymbol{P}(t_\alpha)=\boldsymbol{O} \tag{1.43}$$

$\boldsymbol{g}(t)$ 是式(1.44)所示时变微分方程的解：

$$\dot{\boldsymbol{g}}(t)+\boldsymbol{A}_{\mathrm{c}}^{\mathrm{T}}(t)\boldsymbol{g}(t)+\boldsymbol{P}(t)\bar{\boldsymbol{D}}\dot{\boldsymbol{y}}_{\mathrm{d}}(t)=\boldsymbol{0},\quad \boldsymbol{g}(t_\alpha)=\boldsymbol{0} \tag{1.44}$$

$\boldsymbol{A}_{\mathrm{c}}(t)$ 定义为

$$\boldsymbol{A}_{\mathrm{c}}(t)=\bar{\boldsymbol{A}}-\bar{\boldsymbol{B}}\boldsymbol{R}^{-1}\bar{\boldsymbol{B}}^{\mathrm{T}}\boldsymbol{P}(t) \tag{1.45}$$

令 $\widetilde{\boldsymbol{\Phi}}(t,t_0)$ 为齐次微分方程 $\dot{\boldsymbol{g}}(t)=-\boldsymbol{A}_c^{\mathrm{T}}(t)\boldsymbol{g}(t)$ 的基本解矩阵，并将 $\boldsymbol{P}(t)$ 分割为

$$\boldsymbol{P}(t)=\begin{bmatrix}\boldsymbol{p}_{11}(t) & \boldsymbol{p}_{12}(t) & \boldsymbol{p}_{13}(t)\\ \boldsymbol{p}_{12}^{\mathrm{T}}(t) & \boldsymbol{p}_{22}(t) & \boldsymbol{p}_{23}(t)\\ \boldsymbol{p}_{13}^{\mathrm{T}}(t) & \boldsymbol{p}_{23}^{\mathrm{T}}(t) & \boldsymbol{p}_{33}(t)\end{bmatrix}$$

其中，$\boldsymbol{p}_{11}(t)\in\mathbb{R}^{q\times q}$，$\boldsymbol{p}_{22}(t)\in\mathbb{R}^{n\times n}$，$\boldsymbol{p}_{33}(t)\in\mathbb{R}^{m\times m}$。那么在系统(1.25)下，使性能指标函数(1.40)取得极小值的最优控制输入为

$$\boldsymbol{u}(t)=-\boldsymbol{f}^{-1}(t)\cdot\int_{t_0}^{t}\{\boldsymbol{f}(\sigma)\boldsymbol{R}^{-1}[\boldsymbol{p}_{13}^{\mathrm{T}}(\sigma)\boldsymbol{e}(\sigma)+\boldsymbol{p}_{23}^{\mathrm{T}}(\sigma)\boldsymbol{x}(\sigma)+ \\ [\boldsymbol{O}\quad\boldsymbol{O}\quad\boldsymbol{I}]\int_{\sigma}^{t_a\wedge(\sigma+l_r)}\widetilde{\boldsymbol{\Phi}}(\sigma,\tau)\boldsymbol{P}(\tau)\bar{\boldsymbol{D}}\dot{\boldsymbol{y}}_{\mathrm{d}}(\tau)\mathrm{d}\tau]\}\mathrm{d}\sigma \tag{1.46}$$

其中：

$$\boldsymbol{f}(t)=\exp\left(\boldsymbol{R}^{-1}\int_{t_0}^{t}\boldsymbol{p}_{33}(\theta)\mathrm{d}\theta\right)$$

2）基于博弈论方法的最优预见控制器设计

文献[179]用博弈论方法研究了连续时间线性时变系统的 H_∞ 跟踪控制问题，下面简要介绍其中关于预见跟踪控制的主要结果①。

附注 1.2 本节的结果不考虑噪声对系统和性能指标函数的影响。

考虑线性时变系统：

$$(\Sigma):\dot{\boldsymbol{x}}(t)=\boldsymbol{A}(t)\boldsymbol{x}(t)+\boldsymbol{B}_1(t)\boldsymbol{w}(t)+\boldsymbol{B}_2(t)\boldsymbol{u}(t)+\boldsymbol{B}_3(t)\boldsymbol{r}(t),\quad \boldsymbol{x}(0)=\boldsymbol{x}_0 \tag{1.47}$$

$$\boldsymbol{z}(t)=\boldsymbol{C}_1(t)\boldsymbol{x}(t)+\boldsymbol{D}_{12}(t)\boldsymbol{u}(t)+\boldsymbol{D}_{13}(t)\boldsymbol{r}(t) \tag{1.48}$$

$$\boldsymbol{y}(t)=\boldsymbol{C}_2(t)\boldsymbol{x}(t)+\boldsymbol{D}_{21}(t)\boldsymbol{w}(t) \tag{1.49}$$

其中，$\boldsymbol{x}(t)\in\mathbb{R}^n$ 是状态；$\boldsymbol{x}_0\in\mathbb{R}^n$ 是未知的初始条件；$\boldsymbol{w}(t)\in\mathbb{R}^p$ 是干扰输入；$\boldsymbol{u}(t)\in\mathbb{R}^m$ 是控制输入；$\boldsymbol{r}(t)\in\mathbb{R}^r$ 是已知的或可测的参考信号；$\boldsymbol{y}(t)\in\mathbb{R}^k$ 是可测输出；$\boldsymbol{z}(t)\in\mathbb{R}^q$ 是调节输出。

假设：所有的矩阵都是实的、分段有界的且具有适当的维数；对所有 $t\in[0,T]$，矩阵 $\boldsymbol{D}_{12}(t)$ 是列满秩的，并记 $\boldsymbol{V}_1=(\boldsymbol{D}_{12}^{\mathrm{T}}\boldsymbol{D}_{12})^{-1}$。

定义 $\boldsymbol{r}$ 和 $\boldsymbol{y}$ 在时刻 l 的历史值分别为

$$\boldsymbol{R}_l=\{\boldsymbol{r}(\tau),0\leqslant\tau\leqslant l\}$$

$$\boldsymbol{Y}_l=\{\boldsymbol{y}(\tau),0\leqslant\tau\leqslant l\}$$

假设参考信号 $\boldsymbol{r}$ 在某时刻之前的一个固定时间段 $h(h<T)$ 内是可预见的，即 $\boldsymbol{r}(\tau)$ 在区间 $\{\tau|t\leqslant\tau\leqslant t+h\}$ 上的值是已知的，则 H_∞ 预见跟踪问题是指基于 $\boldsymbol{Y}_t$ 和 $\boldsymbol{R}_{t+h}$，寻找一个控制律 $\boldsymbol{u}(t)$，$t\in[0,T]$，使得下面的性能指标函数取得极小值：

$$J(\boldsymbol{r},\boldsymbol{u},\boldsymbol{w},\boldsymbol{x}_0)=\frac{1}{2}\int_0^T\|\boldsymbol{z}\|^2\mathrm{d}t-\gamma^2\cdot\frac{1}{2}[\|\boldsymbol{w}\|^2+\|\boldsymbol{x}_0\|_{\boldsymbol{R}^{-1}}^2] \tag{1.50}$$

其中，$\gamma>0$ 是一个用于衡量被控系统跟踪性能水平的指标，$\|\boldsymbol{x}\|^2=\int_0^T\boldsymbol{x}^{\mathrm{T}}(\tau)\boldsymbol{x}(\tau)\mathrm{d}\tau$，$\|\boldsymbol{x}_0\|_{\boldsymbol{R}^{-1}}^2=\boldsymbol{x}_0^{\mathrm{T}}\boldsymbol{R}^{-1}\boldsymbol{x}_0$。

接下来，采用博弈论的方法解决上面讨论的 H_∞ 预见跟踪控制问题。首先给出最优博弈问题的定义。

最优博弈问题 寻找最优的控制输入 $\boldsymbol{u}^*\in L_2[0,T]$，最坏情形的初始条件 $\boldsymbol{x}_0^*\in\mathbb{R}^n$ 和最坏情形的信号 $\boldsymbol{w}^*\in L_2[0,T]$ 满足下面的鞍点条件：

$$J(\boldsymbol{r},\boldsymbol{u}^*,\boldsymbol{w},\boldsymbol{x}_0)\leqslant J(\boldsymbol{r},\boldsymbol{u}^*,\boldsymbol{w}^*,\boldsymbol{x}_0^*)\leqslant J(\boldsymbol{r},\boldsymbol{u},\boldsymbol{w}^*,\boldsymbol{x}_0^*) \tag{1.51}$$

下面给出主要结果。

定理 1.5　考虑系统(Σ)，那么 H_∞ 预见跟踪问题有一个鞍点均衡策略，当且仅当 Riccati 微分方程在 $[0,T]$ 上存在一个解矩阵 $\boldsymbol{X}(t)$ 使得 $X(0)<\gamma^2\boldsymbol{R}^{-1}$。如果这样的解存在，那么鞍点均衡策略为

$$\boldsymbol{x}_0^* = [\gamma^2\boldsymbol{R}^{-1}-\boldsymbol{X}(0)]^{-1}\boldsymbol{\theta}(0) \tag{1.52}$$

$$\boldsymbol{w}^* = \gamma^{-2}\boldsymbol{B}_1^{\mathrm{T}}(\boldsymbol{X}\boldsymbol{x}+\boldsymbol{\theta}) \tag{1.53}$$

$$\boldsymbol{u}^* = -\boldsymbol{V}_1[(\boldsymbol{B}_2^{\mathrm{T}}\boldsymbol{X}+\boldsymbol{D}_{12}^{\mathrm{T}}\boldsymbol{C}_1)x+\boldsymbol{D}_{12}^{\mathrm{T}}\boldsymbol{D}_{13}\boldsymbol{r}+\boldsymbol{B}_2^{\mathrm{T}}\boldsymbol{\theta}_{\mathrm{c}}] \tag{1.54}$$

式(1.54)即为所求的最优预见控制律。另外，$\boldsymbol{X}(t)$，$t\in[0,T]$ 满足

$$-\dot{\boldsymbol{X}} = (\boldsymbol{A}-\boldsymbol{B}_2\boldsymbol{V}_1\boldsymbol{D}_{12}^{\mathrm{T}}\boldsymbol{C}_1)^{\mathrm{T}}\boldsymbol{X}+\boldsymbol{X}(\boldsymbol{A}-\boldsymbol{B}_2\boldsymbol{V}_1\boldsymbol{D}_{12}^{\mathrm{T}}\boldsymbol{C}_1)+ \\ \boldsymbol{X}(\gamma^{-2}\boldsymbol{B}_1\boldsymbol{B}_1^{\mathrm{T}}-\boldsymbol{B}_2\boldsymbol{V}_1\boldsymbol{B}_2^{\mathrm{T}})\boldsymbol{X}+\boldsymbol{C}_1^{\mathrm{T}}(\boldsymbol{I}-\boldsymbol{D}_{12}\boldsymbol{V}_1\boldsymbol{D}_{12}^{\mathrm{T}})\boldsymbol{C}_1,\quad \boldsymbol{X}(T)=\boldsymbol{0} \tag{1.55}$$

$\theta(t)$，$t\in[0,T]$ 满足

$$\dot{\boldsymbol{\theta}}(t) = -\bar{\boldsymbol{A}}^{\mathrm{T}}(t)\boldsymbol{\theta}(t)+\bar{\boldsymbol{B}}_{\mathrm{r}}(t)\boldsymbol{r}(t),\quad \theta(T)=\boldsymbol{0} \tag{1.56}$$

其中：

$$\bar{\boldsymbol{A}} = \boldsymbol{A}-\boldsymbol{B}_2\boldsymbol{V}_1\boldsymbol{D}_{12}^{\mathrm{T}}\boldsymbol{C}_1+(\gamma^{-2}\boldsymbol{B}_1\boldsymbol{B}_1^{\mathrm{T}}-\boldsymbol{B}_2\boldsymbol{V}_1\boldsymbol{B}_2^{\mathrm{T}})\boldsymbol{X} \tag{1.57}$$

$$\bar{\boldsymbol{B}}_{\mathrm{r}} = (\boldsymbol{X}\boldsymbol{B}_2+\boldsymbol{C}_1^{\mathrm{T}}\boldsymbol{D}_{12})\boldsymbol{V}_1\boldsymbol{D}_{12}^{\mathrm{T}}\boldsymbol{D}_{13}-(\boldsymbol{X}\boldsymbol{B}_3+\boldsymbol{C}_1^{\mathrm{T}}\boldsymbol{D}_{13}) \tag{1.58}$$

$\boldsymbol{\theta}_{\mathrm{c}}(t)$ 是 $\boldsymbol{\theta}(t)$ 在时刻 t 的“因果”部分：

$$\dot{\boldsymbol{\theta}}_{\mathrm{c}}(\tau) = -\bar{\boldsymbol{A}}^{\mathrm{T}}(\tau)\boldsymbol{\theta}_{\mathrm{c}}(\tau)+\bar{\boldsymbol{B}}_{\mathrm{r}}(\tau)\boldsymbol{r}(\tau),\quad t\leqslant\tau\leqslant t+h,\quad \boldsymbol{\theta}_{\mathrm{c}}(t+h)=\boldsymbol{0} \tag{1.59}$$

进一步，在鞍点均衡策略下，最优性能值为

$$J(\boldsymbol{r},\boldsymbol{u}^*,\boldsymbol{w}^*,\boldsymbol{x}_0^*) = \bar{J}(\boldsymbol{r})+\int_0^T \|\boldsymbol{V}_1^{1/2}\boldsymbol{B}_2^{\mathrm{T}}\boldsymbol{\theta}_1\|^2\mathrm{d}\tau \tag{1.60}$$

其中：

$$\boldsymbol{\theta}_1(t) = \boldsymbol{\theta}(t)-\boldsymbol{\theta}_{\mathrm{c}}(t),\quad t\in[0,T] \tag{1.61}$$

$$\bar{J}(\boldsymbol{r}) = \int_0^T[\|\boldsymbol{D}_{13}\boldsymbol{r}\|^2+\gamma^{-2}\|\boldsymbol{B}_1^{\mathrm{T}}\boldsymbol{\theta}\|^2-\|\boldsymbol{V}_1^{1/2}(\boldsymbol{B}_2^{\mathrm{T}}\boldsymbol{\theta}+\boldsymbol{D}_{12}^{\mathrm{T}}\boldsymbol{D}_{13}\boldsymbol{r})\|^2+ \\ 2\boldsymbol{\theta}^{\mathrm{T}}\boldsymbol{B}_3\boldsymbol{r}]\mathrm{d}\tau+\gamma^{-2}\|\boldsymbol{\theta}(0)\|_{\boldsymbol{P}_0}^2 \tag{1.62}$$

$\boldsymbol{P}_0$ 定义为

$$\boldsymbol{P}_0 = [\boldsymbol{R}^{-1}-\gamma^{-2}\boldsymbol{X}(0)]^{-1} \tag{1.63}$$

该定理的条件是充要的，充分性证明已由文献[179]给出，下面补充必要性证明。

证明　首先，将条件极值问题式(1.47)～式(1.50)转化为无条件极值问题。为此，引入 Lagrange 乘子向量 $\boldsymbol{\lambda}(t)$，将性能指标函数(1.50)表示为

$$J(\boldsymbol{r},\boldsymbol{u},\boldsymbol{w},\boldsymbol{x}_0) = \frac{1}{2}\int_0^T\{\|\boldsymbol{z}\|^2+\boldsymbol{\lambda}^{\mathrm{T}}(t)[\boldsymbol{A}(t)\boldsymbol{x}+\boldsymbol{B}_1(t)\boldsymbol{w}+\boldsymbol{B}_2(t)\boldsymbol{u}+\boldsymbol{B}_3(t)\boldsymbol{r}-\dot{\boldsymbol{x}}]\}\mathrm{d}t- \\ \gamma^2\cdot\frac{1}{2}[\|\boldsymbol{w}\|^2+\|\boldsymbol{x}_0\|_{\boldsymbol{R}^{-1}}^2] \tag{1.64}$$

其次，求解无条件极值问题(1.64)。为此，引入 Hamilton 函数：

$$\boldsymbol{H}(\boldsymbol{x},\boldsymbol{u},\boldsymbol{w},\boldsymbol{\lambda},t) = \frac{1}{2}\|\boldsymbol{z}\|^2+\frac{1}{2}\boldsymbol{\lambda}^{\mathrm{T}}[\boldsymbol{A}(t)\boldsymbol{x}+\boldsymbol{B}_1(t)\boldsymbol{w}+\boldsymbol{B}_2(t)\boldsymbol{u}+\boldsymbol{B}_3(t)\boldsymbol{r}] \tag{1.65}$$

而由变分法知，$J(\boldsymbol{r},\boldsymbol{u}^*,\boldsymbol{w}^*,\boldsymbol{x}_0^*)$ 取得最小值的必要条件为

$$\dot{\boldsymbol{\lambda}}=-\frac{\partial}{\partial \boldsymbol{x}}\boldsymbol{H}(\boldsymbol{x},\boldsymbol{u}^*,\boldsymbol{w}^*,\boldsymbol{\lambda},t) \tag{1.66}$$

$$\frac{\partial}{\partial \boldsymbol{u}}\boldsymbol{H}(\boldsymbol{x},\boldsymbol{u}^*,\boldsymbol{w}^*,\boldsymbol{\lambda},t)=\boldsymbol{0} \tag{1.67}$$

$$\frac{\partial}{\partial \boldsymbol{w}}\boldsymbol{H}(\boldsymbol{x},\boldsymbol{u}^*,\boldsymbol{w}^*,\boldsymbol{\lambda},t)=\boldsymbol{0} \tag{1.68}$$

$$\boldsymbol{\lambda}(T)=\boldsymbol{0} \tag{1.69}$$

接着，推证式(1.55)和式(1.56)。为此，利用式(1.48)、式(1.67)和式(1.68)得到

$$\boldsymbol{0}=\frac{\partial \boldsymbol{H}}{\partial \boldsymbol{u}}=\boldsymbol{D}_{12}^{\mathrm{T}}\boldsymbol{D}_{12}\boldsymbol{u}+\boldsymbol{D}_{12}^{\mathrm{T}}\boldsymbol{C}_1\boldsymbol{x}+\boldsymbol{D}_{12}^{\mathrm{T}}\boldsymbol{D}_{13}\boldsymbol{r}+\boldsymbol{B}_2^{\mathrm{T}}\boldsymbol{\lambda} \tag{1.70}$$

$$\boldsymbol{0}=\frac{\partial \boldsymbol{H}}{\partial \boldsymbol{w}}=-\gamma^2\boldsymbol{w}+\boldsymbol{B}_1^{\mathrm{T}}\boldsymbol{\lambda} \tag{1.71}$$

注意到 $\boldsymbol{D}_{12}^{\mathrm{T}}\boldsymbol{D}_{12}$ 可逆，于是从式(1.70)和式(1.71)得到

$$\boldsymbol{u}^*=-\boldsymbol{V}_1\boldsymbol{D}_{12}^{\mathrm{T}}\boldsymbol{C}_1\boldsymbol{x}-\boldsymbol{V}_1\boldsymbol{D}_{12}^{\mathrm{T}}\boldsymbol{D}_{13}\boldsymbol{r}-\boldsymbol{V}_1\boldsymbol{B}_2^{\mathrm{T}}\boldsymbol{\lambda} \tag{1.72}$$

$$\boldsymbol{w}^*=\gamma^{-2}\boldsymbol{B}_1^{\mathrm{T}}\boldsymbol{\lambda} \tag{1.73}$$

利用式(1.72)和式(1.73)，并由系统(1.47)和关于 λ 的关系式(1.66)与式(1.67)，可导出如下两点边值问题：

$$\dot{\boldsymbol{x}}^*=(\boldsymbol{A}-\boldsymbol{B}_2\boldsymbol{V}_1\boldsymbol{D}_{12}^{\mathrm{T}}\boldsymbol{C}_1)\boldsymbol{x}+(\gamma^{-2}\boldsymbol{B}_1\boldsymbol{B}_1^{\mathrm{T}}-\boldsymbol{B}_2\boldsymbol{V}_1\boldsymbol{B}_2^{\mathrm{T}})\boldsymbol{\lambda}+(\boldsymbol{B}_3-\boldsymbol{B}_2\boldsymbol{V}_1\boldsymbol{D}_{12}^{\mathrm{T}}\boldsymbol{D}_{13})\boldsymbol{r},\quad \boldsymbol{x}^*(0)=\boldsymbol{x}_0 \tag{1.74}$$

$$\dot{\boldsymbol{\lambda}}=(\boldsymbol{C}_1^{\mathrm{T}}\boldsymbol{D}_{12}\boldsymbol{V}_1\boldsymbol{D}_{12}^{\mathrm{T}}\boldsymbol{C}_1-\boldsymbol{C}_1^{\mathrm{T}}\boldsymbol{C}_1)\boldsymbol{x}-(\boldsymbol{A}-\boldsymbol{B}_2\boldsymbol{V}_1\boldsymbol{D}_{12}^{\mathrm{T}}\boldsymbol{C}_1)^{\mathrm{T}}\boldsymbol{\lambda}+(\boldsymbol{C}_1^{\mathrm{T}}\boldsymbol{D}_{12}\boldsymbol{V}_1\boldsymbol{D}_{12}^{\mathrm{T}}\boldsymbol{D}_{13}-\boldsymbol{C}_1^{\mathrm{T}}\boldsymbol{D}_{13})\boldsymbol{r},\quad \boldsymbol{\lambda}(T)=\boldsymbol{0} \tag{1.75}$$

注意到上述方程为线性的，这意味着 $\boldsymbol{\lambda}(t)$ 和 $\boldsymbol{x}(t)$ 为线性关系，可以表示为

$$\boldsymbol{\lambda}(t)=\boldsymbol{X}(t)\boldsymbol{x}(t)+\boldsymbol{\theta}(t) \tag{1.76}$$

对式(1.76)两边同时求导，并由式(1.74)得到

$$\begin{aligned}\dot{\boldsymbol{\lambda}}(t)=&\dot{\boldsymbol{X}}(t)\boldsymbol{x}^*+\boldsymbol{X}(t)(\boldsymbol{A}-\boldsymbol{B}_2\boldsymbol{V}_1\boldsymbol{D}_{12}^{\mathrm{T}}\boldsymbol{C}_1)\boldsymbol{x}^*+\boldsymbol{X}(t)(\gamma^{-2}\boldsymbol{B}_1\boldsymbol{B}_1^{\mathrm{T}}-\boldsymbol{B}_2\boldsymbol{V}_1\boldsymbol{B}_2^{\mathrm{T}})\boldsymbol{X}(t)\boldsymbol{x}^*+\\&\boldsymbol{X}(t)(\boldsymbol{B}_3-\boldsymbol{B}_2\boldsymbol{V}_1\boldsymbol{D}_{12}^{\mathrm{T}}\boldsymbol{D}_{13})\boldsymbol{r}+\boldsymbol{X}(t)(\gamma^{-2}\boldsymbol{B}_1\boldsymbol{B}_1^{\mathrm{T}}-\boldsymbol{B}_2\boldsymbol{V}_1\boldsymbol{B}_2^{\mathrm{T}})\boldsymbol{\theta}+\dot{\boldsymbol{\theta}}\end{aligned} \tag{1.77}$$

由式(1.75)和式(1.76)又可得到

$$\begin{aligned}\dot{\boldsymbol{\lambda}}=&(\boldsymbol{C}_1^{\mathrm{T}}\boldsymbol{D}_{12}\boldsymbol{V}_1\boldsymbol{D}_{12}^{\mathrm{T}}\boldsymbol{C}_1-\boldsymbol{C}_1^{\mathrm{T}}\boldsymbol{C}_1)\boldsymbol{x}^*-(\boldsymbol{A}-\boldsymbol{B}_2\boldsymbol{V}_1\boldsymbol{D}_{12}^{\mathrm{T}}\boldsymbol{C}_1)^{\mathrm{T}}\boldsymbol{X}(t)\boldsymbol{x}^*-\\&(\boldsymbol{A}-\boldsymbol{B}_2\boldsymbol{V}_1\boldsymbol{D}_{12}^{\mathrm{T}}\boldsymbol{C}_1)^{\mathrm{T}}\boldsymbol{\theta}+(\boldsymbol{C}_1^{\mathrm{T}}\boldsymbol{D}_{12}\boldsymbol{V}_1\boldsymbol{D}_{12}^{\mathrm{T}}\boldsymbol{D}_{13}-\boldsymbol{C}_1^{\mathrm{T}}\boldsymbol{D}_{13})\boldsymbol{r}\end{aligned} \tag{1.78}$$

于是，利用式(1.77)与式(1.78)相等，可以导出 $\boldsymbol{X}(t)$ 和 $\boldsymbol{\theta}(t)$ 应满足的方程分别为

$$\begin{aligned}-\dot{\boldsymbol{X}}=&(\boldsymbol{A}-\boldsymbol{B}_2\boldsymbol{V}_1\boldsymbol{D}_{12}^{\mathrm{T}}\boldsymbol{C}_1)^{\mathrm{T}}\boldsymbol{X}+\boldsymbol{X}(\boldsymbol{A}-\boldsymbol{B}_2\boldsymbol{V}_1\boldsymbol{D}_{12}^{\mathrm{T}}\boldsymbol{C}_1)+\boldsymbol{X}(\gamma^{-2}\boldsymbol{B}_1\boldsymbol{B}_1^{\mathrm{T}}-\boldsymbol{B}_2\boldsymbol{V}_1\boldsymbol{B}_2^{\mathrm{T}})\boldsymbol{X}+\\&\boldsymbol{C}_1^{\mathrm{T}}(\boldsymbol{I}-\boldsymbol{D}_{12}\boldsymbol{V}_1\boldsymbol{D}_{12}^{\mathrm{T}})\boldsymbol{C}_1,\quad \boldsymbol{X}(T)=\boldsymbol{0}\end{aligned} \tag{1.79}$$

和

$$\dot{\boldsymbol{\theta}}(t)=-\bar{\boldsymbol{A}}^{\mathrm{T}}(t)\boldsymbol{\theta}(t)+\bar{\boldsymbol{B}}_{\mathrm{r}}(t)\boldsymbol{r}(t),\quad \boldsymbol{\theta}(T)=\boldsymbol{0} \tag{1.80}$$

其中，$\bar{\boldsymbol{A}}$ 和 $\bar{\boldsymbol{B}}_{\mathrm{r}}$ 由式(1.57)和式(1.58)确定。

最后，证明鞍点均衡策略式(1.53)和式(1.54)。将 $\boldsymbol{\lambda}(t)$ 和 $\boldsymbol{x}(t)$ 之间的线性关系式(1.76)代入式(1.72)和式(1.73)，并注意到可预见的时长为 h 以及式(1.59)的结果，即可证得结论。

证毕

3）基于泛函分析方法的最优预见控制器设计

近年来，Kojima 等人采用文献[189]和文献[190]中处理最优控制问题的泛函分析方法，解决了 H_∞ 最优预见控制问题[181-184]和 LQR 最优预见控制问题[187]。下面以文献[187]为例，概述其主要思想和重要结果。

如图 1.3 所示，考虑一个包含存储干扰信号 $\boldsymbol{w}_0$ 的线性系统：

$$(\Sigma):\dot{\boldsymbol{x}}(t)=\boldsymbol{A}\boldsymbol{x}(t)+\boldsymbol{B}\boldsymbol{u}(t)+\boldsymbol{D}\boldsymbol{w}(t-h),\quad \boldsymbol{x}(0)=\boldsymbol{x}_0$$
$$\boldsymbol{w}(\tau)=\begin{cases}\boldsymbol{w}_0(\tau), & -h\leqslant\tau\leqslant 0\\ \boldsymbol{0}, & 0<\tau\end{cases} \tag{1.81}$$
$$\boldsymbol{w}_0\in L_2(-h,0;\mathbb{R}^{m_0})$$

其中，$\boldsymbol{x}(t)\in\mathbb{R}^n$ 是状态；$\boldsymbol{x}_0$ 是初始条件；$\boldsymbol{u}(t)\in\mathbb{R}^m$ 是控制输入；$\boldsymbol{w}(t-h)\in\mathbb{R}^{m_0}$ 中的时滞项描述了在区间$[0,h]$上存储的干扰 $\boldsymbol{w}_0$；矩阵 $\boldsymbol{A}$、$\boldsymbol{B}$ 和 $\boldsymbol{D}$ 具有适当的维数。

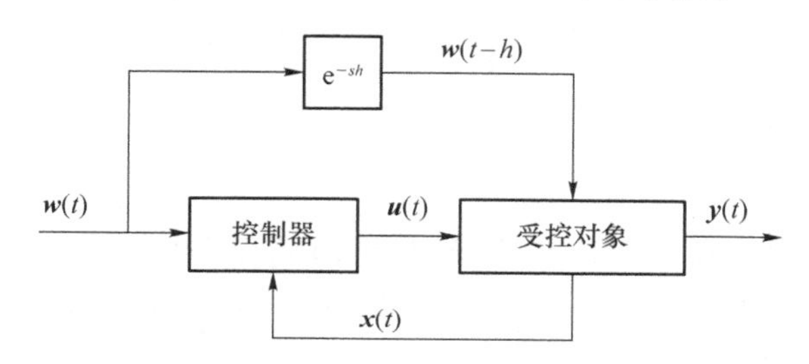

图 1.3　连续时间线性系统的最优预见控制

文献[187]中给出了如下假设：

(1) $(\boldsymbol{A},\boldsymbol{B})$是能控的；

(2) 对于控制输入 $\boldsymbol{u}(t)$，信息$(\boldsymbol{x}(t),\boldsymbol{w}_0)$是可利用的。

对于系统(Σ)，定义性能指标函数：

$$\boldsymbol{J}=\int_0^\infty\{\boldsymbol{x}^{\mathrm{T}}(t)\boldsymbol{Q}\boldsymbol{x}(t)+\boldsymbol{u}^{\mathrm{T}}(t)\boldsymbol{R}\boldsymbol{u}(t)\}\mathrm{d}t \tag{1.82}$$

其中，$\boldsymbol{Q}$ 和 $\boldsymbol{R}$ 分别是 $n\times n$ 和 $m\times m$ 的正定矩阵。

接下来，导出包含预见信息 $\boldsymbol{w}_0$ 的最优控制律。这里介绍一个赋予如下内积的 Hilbert 空间$\mathcal{X}:=\mathbb{R}^n\times L_2(-h,0;\mathbb{R}^{m_0})$。

$$\langle\boldsymbol{\psi},\boldsymbol{\phi}\rangle:=\boldsymbol{\psi}^{0\mathrm{T}}\boldsymbol{\phi}^0+\int_{-h}^0\boldsymbol{\psi}^{1\mathrm{T}}(\beta)\boldsymbol{\phi}^1(\beta)\mathrm{d}\beta$$
$$\boldsymbol{\psi}=\begin{bmatrix}\boldsymbol{\psi}^0\\ \boldsymbol{\psi}^1\end{bmatrix},\quad \boldsymbol{\phi}=\begin{bmatrix}\boldsymbol{\phi}^0\\ \boldsymbol{\phi}^1\end{bmatrix}\in\mathcal{X}$$

于是，系统(Σ)可表示为如下形式的演化方程：

$$(\Sigma):\dot{\hat{\boldsymbol{x}}}(t)=\mathcal{A}\hat{\boldsymbol{x}}(t)+\mathcal{B}\boldsymbol{u}(t)$$
$$\hat{\boldsymbol{x}}(t)=\begin{bmatrix}\boldsymbol{x}(t)\\ \boldsymbol{w}_t\end{bmatrix} \tag{1.83}$$
$$\boldsymbol{w}_t(\beta)=\boldsymbol{w}(t+\beta),\quad(-h\leqslant\beta\leqslant 0)$$

在式(1.83)中，$\boldsymbol{w}_t$ 表示在时刻 t 存储的干扰。因此可以证明当 $t\geqslant h$ 时 $\boldsymbol{w}_t=\boldsymbol{0}$，因为当 $t=h$ 时，所有存储的干扰都提供给了被控对象。

算子$\mathcal{A}$是空间$\mathcal{X}$上的一个无穷小生成元，定义为

$$\mathcal{A}\boldsymbol{\phi}=\begin{bmatrix}\mathcal{A}\boldsymbol{\phi}^0+D\boldsymbol{\phi}^1(-h)\\ \boldsymbol{\phi}^{1'}\end{bmatrix}$$

$$D(\mathcal{A})=\{\boldsymbol{\phi}\in X:\boldsymbol{\phi}^1\in W^{1,2}(-h,0;\mathbb{R}^{m_0}),\quad \boldsymbol{\phi}^1(0)=\mathbf{0}\}\tag{1.84}$$

其中，$W^{1,2}$表示在导数在$[-h,0]$上具有平方可积的绝对连续函数的 Sobolev 空间。将状态空间$\mathcal{X}$扩展到$\mathcal{V}=D(\mathcal{A}^*)^*$，可以证明$D_{\mathcal{V}}(\mathcal{A})=\mathcal{X}$，并且可分的 Hilbert 空间$\mathcal{V}^*$、$\mathcal{X}$和$\mathcal{V}$具有连续的紧映射，满足$\mathcal{V}^*\subset\mathcal{X}\subset\mathcal{V}(\mathcal{X}=\mathcal{X}^*)$。算子$\mathcal{B}$定义为

$$\mathcal{B}:\mathbb{R}^m\to\mathcal{X},\quad \mathcal{B}v=\begin{bmatrix}\mathcal{B}v\\ \boldsymbol{O}\end{bmatrix}\in\mathcal{X},\quad (v\in\mathbb{R}^m)\tag{1.85}$$

在方程(1.83)下，性能指标函数(1.82)可等价地表述为

$$\boldsymbol{J}=\int_0^{\infty}\{\langle\hat{\boldsymbol{x}}(t),\mathcal{Q}\hat{\boldsymbol{x}}(t)\rangle+\boldsymbol{u}^{\mathrm{T}}(t)\boldsymbol{R}\boldsymbol{u}(t)\}\mathrm{d}t$$

$$\mathcal{Q}=\begin{bmatrix}Q & \boldsymbol{O}\\ \boldsymbol{O} & \boldsymbol{O}\end{bmatrix}\in\mathcal{L}(\mathcal{X})\tag{1.86}$$

其中，$\mathcal{L}(\mathcal{X})$表示从$\mathcal{X}$到$\mathcal{X}$的一个有界线性算子。

下面给出主要结果。

定理 1.6 令$\mathcal{M}\geqslant\boldsymbol{O}(\mathcal{M}\in\mathcal{L}(\mathcal{V},\mathcal{V}^*))$是算子 Riccati 方程的一个半正定解：

$$\mathcal{A}^*\mathcal{M}\phi+\mathcal{M}\mathcal{A}\phi-\mathcal{M}\mathcal{B}\boldsymbol{R}^{-1}\mathcal{B}^*\mathcal{M}\phi+\mathcal{Q}\phi=\boldsymbol{O},\quad \phi\in\mathcal{X}\tag{1.87}$$

那么最优控制律由下式给出：

$$\boldsymbol{u}(t)=-\boldsymbol{R}^{-1}\mathcal{B}^*\mathcal{M}\hat{\boldsymbol{x}}(t)\tag{1.88}$$

最优性能值：

$$J_{\mathrm{opt}}=\langle\hat{\boldsymbol{x}}(0),\mathcal{M}\hat{\boldsymbol{x}}(0)\rangle,\quad \hat{\boldsymbol{x}}(0)=\begin{bmatrix}\boldsymbol{x}_0\\ \boldsymbol{w}_0\end{bmatrix}\in\mathcal{X}\tag{1.89}$$

此外，如果$\mathcal{M}$是矩阵 *Riccati* 方程的一个正定解：

$$\boldsymbol{A}^{\mathrm{T}}\mathcal{M}+\mathcal{M}\boldsymbol{A}-\mathcal{M}\boldsymbol{B}\boldsymbol{R}^{-1}\boldsymbol{B}^{\mathrm{T}}\mathcal{M}+\mathcal{Q}=\boldsymbol{O}\tag{1.90}$$

那么算子 Riccati 方程(1.87)的解$\mathcal{M}\geqslant\boldsymbol{O}(\mathcal{M}\in\mathcal{L}(\mathcal{V},\mathcal{V}^*))$可由下式构造性地给出：

$$(\mathcal{M}\boldsymbol{\phi})^0=\mathcal{M}_0\boldsymbol{\phi}^0+\int_{-h}^0\mathcal{M}_1(\beta)\boldsymbol{\phi}^1(\beta)\mathrm{d}\beta\tag{1.91}$$

$$(\mathcal{M}\boldsymbol{\phi})^1(\alpha)=\mathcal{M}_1(\alpha)\boldsymbol{\phi}^0+\int_{-h}^0\mathcal{M}_2(\alpha,\beta)\boldsymbol{\phi}^1(\beta)\mathrm{d}\beta,\quad -h\leqslant\alpha\leqslant 0\tag{1.92}$$

$$\mathcal{M}_0=\mathcal{M}$$

$$\mathcal{M}_1(\beta)=\mathcal{M}\mathrm{e}^{\widetilde{\boldsymbol{A}}_{\mathrm{c}}^{\mathrm{T}}(\beta+h)}\boldsymbol{D}$$

$$\mathcal{M}_2(\alpha,\beta)=\boldsymbol{D}^{\mathrm{T}}\mathrm{e}^{\widetilde{\boldsymbol{A}}_{\mathrm{c}}(\alpha+h)}\mathcal{M}\mathrm{e}^{\widetilde{\boldsymbol{A}}_{\mathrm{c}}^{\mathrm{T}}(\beta+h)}\boldsymbol{D}+\int_{-h}^{\min(\alpha,\beta)}\boldsymbol{D}^{\mathrm{T}}\mathrm{e}^{\widetilde{\boldsymbol{A}}_{\mathrm{c}}(-\xi+\alpha)}\mathcal{Q}\mathrm{e}^{\widetilde{\boldsymbol{A}}_{\mathrm{c}}^{\mathrm{T}}(-\xi+\beta)}\boldsymbol{D}\mathrm{d}\xi$$

$$\widetilde{\boldsymbol{A}}_{\mathrm{c}}=\mathcal{M}\boldsymbol{A}_{\mathrm{c}}\mathcal{M}^{-1},\quad \boldsymbol{A}_{\mathrm{c}}=\boldsymbol{A}-\boldsymbol{B}\boldsymbol{R}^{-1}\boldsymbol{B}^{\mathrm{T}}\mathcal{M}$$

其中，$\mathcal{L}(\mathcal{V},\mathcal{V}^*)$为从$\mathcal{V}$到$\mathcal{V}^*$的有界线性算子。

由定理 1.6 可得，在系统(1.81)下，使性能指标函数(1.82)取得极小值的最优控制输入为

$$\boldsymbol{u}(t)=-\boldsymbol{R}^{-1}\boldsymbol{B}^{\mathrm{T}}\left\{\mathcal{M}\boldsymbol{x}(t)+\int_{-h}^0\mathrm{e}^{\boldsymbol{A}_{\mathrm{c}}^{\mathrm{T}}(\beta+h)}\mathcal{M}\boldsymbol{D}\boldsymbol{w}(t+\beta)\mathrm{d}\beta\right\}$$

$$\boldsymbol{w}(\tau)=\begin{cases}\boldsymbol{w}_0(\tau), & -h\leqslant\tau\leqslant 0\\ \boldsymbol{O}, & 0<\tau\end{cases}\tag{1.93}$$

1.3 预备知识

本节给出在多智能体系统中常用的一些记号，简要地回顾代数图论和相关的矩阵理论中的一些基本概念和引理。

1. 常用记号

如无特殊说明，本书用$\mathbb{R}^{n\times m}$表示$n\times m$实数矩阵的集合，用$\mathbb{C}^{n\times m}$表示$n\times m$复数矩阵的集合，用$\bar{\mathbb{C}}^-$（$\mathbb{C}^-$）表示左半闭（开）复平面，用$\bar{\mathbb{C}}^+$（$\mathbb{C}^+$）表示右半闭（开）复平面，用$\mathbf{1}_n\in\mathbb{R}^n$表示元素都为1的列向量，用$\Lambda(\boldsymbol{A})$表示方阵$\boldsymbol{A}$的谱，用$\rho(\boldsymbol{A})$表示矩阵$\boldsymbol{A}$的谱半径，用$\mathrm{diag}\{a_i\}$表示对角元素为$a_1,a_2,\cdots,a_n$的对角矩阵，用$\boldsymbol{A}\otimes\boldsymbol{B}$表示矩阵$\boldsymbol{A}$与$\boldsymbol{B}$的Kronecker积。具体地，$m\times n$矩阵$\boldsymbol{A}$和$p\times q$矩阵$\boldsymbol{B}$的右Kronecker积$\boldsymbol{A}\otimes\boldsymbol{B}$定义为

$$\boldsymbol{A}\otimes\boldsymbol{B}=[a_{ij}\boldsymbol{B}]=\begin{bmatrix}a_{11}\boldsymbol{B} & \cdots & a_{1n}\boldsymbol{B}\\ \vdots & & \vdots\\ a_{m1}\boldsymbol{B} & \cdots & a_{mn}\boldsymbol{B}\end{bmatrix}$$

容易验证，右Kronecker积具有如下性质：

$$(k\boldsymbol{A})\otimes\boldsymbol{B}=\boldsymbol{A}\otimes(k\boldsymbol{B})=k(\boldsymbol{A}\otimes\boldsymbol{B}),\quad k\text{为标量}$$

$$(\boldsymbol{A}\otimes\boldsymbol{B})(\boldsymbol{C}\otimes\boldsymbol{D})=(\boldsymbol{AC})\otimes(\boldsymbol{BD})$$

$$(\boldsymbol{A}\otimes\boldsymbol{B})^{\mathrm{T}}=\boldsymbol{A}^{\mathrm{T}}\otimes\boldsymbol{B}^{\mathrm{T}}$$

$$\boldsymbol{A}\otimes\boldsymbol{B}+\boldsymbol{A}\otimes\boldsymbol{C}=\boldsymbol{A}\otimes(\boldsymbol{B}+\boldsymbol{C})$$

有关Kronecker积的其他性质，可参考文献[191]～文献[193]。若$\boldsymbol{A}=(\boldsymbol{A}_1,\boldsymbol{A}_2,\cdots,\boldsymbol{A}_n)$是一个$m\times n$矩阵，则$\boldsymbol{A}$的向量化函数$\mathrm{vec}(\boldsymbol{A})$是一个$mn\times 1$的向量，其表达式是把构成$\boldsymbol{A}$的列向量$\boldsymbol{A}_i,i=1,2,\cdots,n$按顺序进行排列，即

$$\mathrm{vec}(\boldsymbol{A})=\begin{bmatrix}\boldsymbol{A}_1\\ \boldsymbol{A}_2\\ \vdots\\ \boldsymbol{A}_n\end{bmatrix}$$

2. 图论的相关概念

在多智能体系统中，个体之间的信息交互通常被建模成有向图。接下来，我们简单介绍图论的相关概念。

令$\bar{\mathcal{G}}=(\mathcal{V}(\bar{\mathcal{G}}),\mathcal{E}(\bar{\mathcal{G}}))$为一有向图，其中$\mathcal{V}(\bar{\mathcal{G}})=\{v_0,v_1,\cdots,v_N\}$是顶点集，$\mathcal{E}(\bar{\mathcal{G}})\subseteq\mathcal{V}(\bar{\mathcal{G}})\times\mathcal{V}(\bar{\mathcal{G}})$是弧集。通常，顶点$v_0$用于表示领导者，其余顶点用于表示跟随者。如果$(v_i,v_j)\in\mathcal{E}(\bar{\mathcal{G}})$，那么称顶点$v_i$为顶点$v_j$的父，并且称顶点$v_j$为顶点$v_i$的子。所有以$v_i$为子的顶点构成顶点$v_i$的邻居集，并将其记为$\mathcal{N}_i$，即$\mathcal{N}_i=\{v_j\in\mathcal{V}(\bar{\mathcal{G}}):(v_j,v_i)\in\mathcal{E}(\bar{\mathcal{G}})\}$。

对于一个有限非空序列$\xi=v_1e_1v_2e_2\cdots v_{k-1}e_{k-1}v_k$，其中$e_i=(v_i,v_{i+1})\in\mathcal{E}(\bar{\mathcal{G}})(i=1,2,\cdots,k-1)$，如果从顶点$v_i$到顶点$v_j$存在一条路，则说顶点$v_i$到$v_j$可达；如果$v_i$到$\bar{\mathcal{G}}$中其他顶点都可达，那么称$v_i$全局可达。若$\xi$中的弧与顶点各不相同，则称$\xi$为有向通路。进一步，若起点和终点

重合,则称有向通路 ξ 为有向回路(有向环)。如果对于任意两个不同顶点 v_i 和 v_j,都存在路径,始于 v_i 而终于 v_j,则称有向图$\bar{\mathcal{G}}$是强连通的。

有向树是一类特殊的有向图,它具有如下性质:

(1) 存在一个没有父的特殊顶点,通常称其为根顶点;

(2) 其他顶点有且仅有一个父;

(3) 根顶点全局可达。

此外,如果存在$\mathcal{E}(\bar{\mathcal{G}})$的子集$\mathcal{E}'(\bar{\mathcal{G}})$使得$(\mathcal{V}(\bar{\mathcal{G}}),\mathcal{E}'(\bar{\mathcal{G}}))$为一有向树,那么称有向图$\bar{\mathcal{G}}$包含一棵有向生成树。如果$\bar{\mathcal{G}}$不包含有向环,那么称$\bar{\mathcal{G}}$为一有向无环图。

在有向图$\bar{\mathcal{G}}$中移除顶点 v_0 和与其相关的弧后得到有向图$\mathcal{G}$,该图描述了 N 个跟随者间的信息交互。定义有向图$\mathcal{G}$的邻接矩阵为$\boldsymbol{\mathcal{A}}=(a_{ij})_{N\times N}$,若$(v_j,v_i)\in\mathcal{E}(\mathcal{G})$,则 $a_{ij}>0$,否则 $a_{ij}=0$。Laplacian 矩阵 $\boldsymbol{L}=[l_{ij}]\in\mathbb{R}^{N\times N}$,定义为 $l_{ii}=\sum_{j\neq i}a_{ij}$,$l_{ij}=-a_{ij}$,$i\neq j$。显然 $\boldsymbol{L}\boldsymbol{1}_N=0$。

全书视参考信号 $\boldsymbol{y}_d(t)$为领导者(标记为顶点 v_0)的输出信号。若智能体 $j(j=1,2,\cdots,N)$ 可获得来自领导者的信息,则弧(v_0,v_j)存在且其权重 $m_j>0$,否则 $m_j=0$。我们将 $m_j>0$ 的顶点 v_i 称为牵引顶点或者控制顶点[68]。在有向图 $\bar{\mathcal{G}}$ 中,用对角矩阵 $\boldsymbol{M}=\mathrm{diag}\{m_1,m_2,\cdots,m_N\}$ 表示领导者邻接矩阵,并用 $\boldsymbol{H}=\boldsymbol{L}+\boldsymbol{M}$ 表示有向图 $\bar{\mathcal{G}}$ 的连通度。另外,由 $\boldsymbol{L}\boldsymbol{1}_N=0$ 容易得到 $\boldsymbol{H}\boldsymbol{1}_N=\boldsymbol{M}\boldsymbol{1}_N$。当通信拓扑中存在多个领导者时,首先记$\mathcal{F}=\{1,2,\cdots,N\}$和$\mathcal{R}=\{N+1,N+2,\cdots,N+M\}$分别为跟随者与领导者的集合,其次用对角矩阵 $\boldsymbol{\Delta}_k=\mathrm{diag}\{a_{ik}\}$表示第 $k(k\in\mathcal{R})$个领导者到第 $i(i\in\mathcal{F})$个跟随者的信息流向情况。若在通信拓扑$\bar{\mathcal{G}}$中存在从第 k 个领导者到第 i 个跟随者的有向边,则 $a_{ik}>0$,否则 $a_{ik}=0$。另外,本书假设领导者之间不存在信息交互。

关于图论的其他内容可参见文献[194]和文献[195]。以下是本书使用的主要引理。

引理 1.3[26,196]

(1) 0 是 $\boldsymbol{L}$ 的特征值,$\boldsymbol{1}_N$ 是相应的特征向量;

(2) 0 是 $\boldsymbol{L}$ 的代数简单特征值,其他所有特征值都具有正的实部的充要条件为有向图 G 包含一棵生成树。

引理 1.4[83] 矩阵 $\boldsymbol{H}$ 非奇异并且其所有特征值具有正实部的重要条件为有向图$\bar{\mathcal{G}}$包含一棵生成树。

引理 1.5[197] $(\boldsymbol{A},\boldsymbol{B})$可镇定的充分必要条件是对所有 $s\in\bar{\mathbb{C}}^+$,矩阵$[s\boldsymbol{I}-\boldsymbol{A}\quad\boldsymbol{B}]$行满秩;$(\boldsymbol{C},\boldsymbol{A})$可检测的充分必要条件是对所有 $s\in\bar{\mathbb{C}}^+$,矩阵$\begin{bmatrix}s\boldsymbol{I}-\boldsymbol{A}\\ \boldsymbol{C}\end{bmatrix}$列满秩。

其中,引理 1.5 称为 Popov-Belevitch-Hautus(PBH)秩判据,它用于判别连续时间线性系统的可镇定性和可检测性。此外,离散时间线性系统的情形也有类似于引理 1.5 的判别方法[198],此处不再赘述。

2

连续时间线性多智能体系统的协调最优预见跟踪控制

本章考虑这样的问题：如果领导者的参考信号和(或)系统的干扰信号是可预见的，那么是否可以利用可预见的信息设计预见控制器，使得多智能体系统的闭环系统能够比用以往方法获得更好的跟踪性能，如减少超调、缩短调整时间等。我们称该问题为“多智能体系统的协调预见跟踪问题”。本章假设信息交换拓扑所对应的有向图包含一棵生成树，并且根顶点能够观测到来自领导者的信息；先通过全局输出误差及受控对象，导出包含可预见的参考信号的增广系统，将问题转化为增广系统的最优调节问题；再应用文献[151]和文献[152]中的相应结论，得到增广系统的最优预见控制器，回到原系统就能得到最优预见控制器；最后，通过仿真检验控制器的有效性。

2.1 问题描述

考虑由 N 个相同的智能体构成的一个多智能体系统，每个个体的动力学行为由下面的状态方程表述：

$$\begin{cases}\dot{\boldsymbol{x}}_i(t)=\boldsymbol{A}\boldsymbol{x}_i(t)+\boldsymbol{B}\boldsymbol{u}_i(t), \\ \boldsymbol{y}_i(t)=\boldsymbol{C}\boldsymbol{x}_i(t),\end{cases} \quad \boldsymbol{x}_i(0)=\boldsymbol{x}_{i0}, \quad i=1,2,\cdots,N \tag{2.1}$$

其中，$\boldsymbol{x}_i(t)\in\mathbb{R}^n$、$\boldsymbol{u}_i(t)\in\mathbb{R}^r$、$\boldsymbol{y}_i(t)\in\mathbb{R}^m$ 分别表示状态、输入和输出；$\boldsymbol{x}_{i0}$ 表示 $\boldsymbol{x}_i(t)$ 的初值；$\boldsymbol{A}$、$\boldsymbol{B}$、$\boldsymbol{C}$ 分别为 $n\times n$、$n\times r$ 和 $m\times n$ 矩阵。对于取定的 i，方程(2.1)就是第 i 个智能体的状态方程。

引入向量：

$$\boldsymbol{x}(t)=\begin{bmatrix}\boldsymbol{x}_1(t)\\ \boldsymbol{x}_2(t)\\ \vdots\\ \boldsymbol{x}_N(t)\end{bmatrix}\in\mathbb{R}^{nN}, \quad \boldsymbol{u}(t)=\begin{bmatrix}\boldsymbol{u}_1(t)\\ \boldsymbol{u}_2(t)\\ \vdots\\ \boldsymbol{u}_N(t)\end{bmatrix}\in\mathbb{R}^{rN}, \quad \boldsymbol{y}(t)=\begin{bmatrix}\boldsymbol{y}_1(t)\\ \boldsymbol{y}_2(t)\\ \vdots\\ \boldsymbol{y}_N(t)\end{bmatrix}\in\mathbb{R}^{mN}$$

利用矩阵的 Kronecker 积的概念，系统(2.1)可以写为

$$\begin{cases}\dot{\boldsymbol{x}}(t)=(\boldsymbol{I}_N\otimes\boldsymbol{A})\boldsymbol{x}(t)+(\boldsymbol{I}_N\otimes\boldsymbol{B})\boldsymbol{u}(t), \\ \boldsymbol{y}(t)=(\boldsymbol{I}_N\otimes\boldsymbol{C})\boldsymbol{x}(t),\end{cases} \quad \boldsymbol{x}(0)=\boldsymbol{x}_0 \tag{2.2}$$

令参考信号为 $\boldsymbol{y}_{\mathrm{d}}(t)\in\mathbb{R}^m$。对 $\boldsymbol{y}_{\mathrm{d}}(t)$ 作如下假设：

A2.1 设 $\boldsymbol{y}_{\mathrm{d}}(t)$是分段连续可微的，且满足

$$\lim_{t\to+\infty}\boldsymbol{y}_{\mathrm{d}}(t)=\bar{\boldsymbol{y}}_{\mathrm{d}},\quad \lim_{t\to+\infty}\dot{\boldsymbol{y}}_{\mathrm{d}}(t)=0 \tag{2.3}$$

其中，$\bar{\boldsymbol{y}}_{\mathrm{d}}$ 是常数向量，并且 $\boldsymbol{y}_{\mathrm{d}}(t)$是可预见的，即在每个时刻 t，$y_{\mathrm{d}}(\tau)$的值在$\{\tau|t\leqslant\tau\leqslant t+l_{\mathrm{r}}\}$内是已知的。这里，$l_{\mathrm{r}}$ 是预见步长。

对于协调跟踪问题，定义顶点 $i(i=1,2,\cdots,N)$的局部邻居输出误差(虚拟调节输出)为

$$\boldsymbol{e}_i(t)=\sum_{j\in\mathcal{N}_i}a_{ij}(\boldsymbol{y}_j(t)-\boldsymbol{y}_i(t))+m_i(\boldsymbol{y}_{\mathrm{d}}(t)-\boldsymbol{y}_i(t)) \tag{2.4}$$

我们称

$$\boldsymbol{e}(t)=\begin{bmatrix}\boldsymbol{e}_1(t)\\ \boldsymbol{e}_2(t)\\ \vdots\\ \boldsymbol{e}_N(t)\end{bmatrix}\in\mathbb{R}^{mN}$$

为全局输出误差。令 $\boldsymbol{y}_{\mathrm{r}}(t)=\boldsymbol{1}_N\otimes\boldsymbol{y}_{\mathrm{d}}(t)\in\mathbb{R}^{mN}$，则有

$$\boldsymbol{e}(t)=-(\boldsymbol{H}\otimes\boldsymbol{C})\boldsymbol{x}(t)+(\boldsymbol{M}\otimes\boldsymbol{I}_{\mathrm{m}})\boldsymbol{y}_{\mathrm{r}}(t) \tag{2.5}$$

其中，$\boldsymbol{H}$ 表示有向图$\bar{\mathcal{G}}$的连通度(具体表达可参见本书 1.3 节)，$\boldsymbol{M}$ 为牵引矩阵。

此外，对系统(2.1)及与多智能体所对应的有向图$\mathcal{G}$给出下面的两个假设。

A2.2 假设矩阵对$(\boldsymbol{A},\boldsymbol{B})$可镇定，对$(\boldsymbol{C},\boldsymbol{A})$可检测。

A2.3 假设有向图$\mathcal{G}$包含一棵生成树，而且根顶点 $v_{i_{\mathrm{r}}}$ 能够观测到来自领导者的信息，即 $m_{i_{\mathrm{r}}}=1$。

在随后的讨论中，本节还需要用到引理 2.1。

引理 2.1 在 A2.3 成立时，矩阵$\begin{bmatrix}\boldsymbol{H}\otimes\boldsymbol{C} & \boldsymbol{O}\\ -(\boldsymbol{I}_N\otimes\boldsymbol{A}) & \boldsymbol{I}_N\otimes\boldsymbol{B}\end{bmatrix}$行满秩的充分必要条件是$\begin{bmatrix}\boldsymbol{A} & \boldsymbol{B}\\ \boldsymbol{C} & \boldsymbol{O}\end{bmatrix}$行满秩。

证明 显然，证明 $rank\begin{bmatrix}\boldsymbol{H}\otimes\boldsymbol{C} & \boldsymbol{O}\\ -(\boldsymbol{I}_N\otimes\boldsymbol{A}) & \boldsymbol{I}_N\otimes\boldsymbol{B}\end{bmatrix}=N\cdot\mathrm{rank}\begin{bmatrix}\boldsymbol{A} & \boldsymbol{B}\\ \boldsymbol{C} & \boldsymbol{O}\end{bmatrix}$即可。从引理 1.4 知 $\boldsymbol{H}^{-1}$存在，因此矩阵

$$\bar{\boldsymbol{H}}=\begin{bmatrix}\boldsymbol{H}^{-1}\otimes\boldsymbol{I}_m & \boldsymbol{O}\\ \boldsymbol{O} & \boldsymbol{I}_N\otimes\boldsymbol{I}_n\end{bmatrix}$$

非奇异。由 Kronecker 积的性质得到

$$\bar{\boldsymbol{H}}\begin{bmatrix}\boldsymbol{H}\otimes\boldsymbol{C} & \boldsymbol{O}\\ -(\boldsymbol{I}_N\otimes\boldsymbol{A}) & \boldsymbol{I}_N\otimes\boldsymbol{B}\end{bmatrix}=\begin{bmatrix}\boldsymbol{I}_N\otimes\boldsymbol{C} & \boldsymbol{O}\\ -(\boldsymbol{I}_N\otimes\boldsymbol{A}) & \boldsymbol{I}_N\otimes\boldsymbol{B}\end{bmatrix}=$$

$$\left[\begin{array}{cccc|cccc}\boldsymbol{C} & & & & & & & \\ & \boldsymbol{C} & & & & & & \\ & & \ddots & & & & & \\ & & & \boldsymbol{C} & & & & \\ \hline -\boldsymbol{A} & & & & \boldsymbol{B} & & & \\ & -\boldsymbol{A} & & & & \boldsymbol{B} & & \\ & & \ddots & & & & \ddots & \\ & & & -\boldsymbol{A} & & & & \boldsymbol{B}\end{array}\right]$$

经过行和列的交换(初等变换)可以把上述矩阵化为

$$\begin{bmatrix}\begin{bmatrix}C & O\\-A & B\end{bmatrix} & & & \\ & \begin{bmatrix}C & O\\-A & B\end{bmatrix} & & \\ & & \ddots & \\ & & & \begin{bmatrix}C & O\\-A & B\end{bmatrix}\end{bmatrix}$$

因为初等变换不改变矩阵的秩,所以得到

$$\operatorname{rank}\begin{bmatrix}\boldsymbol{H}\otimes\boldsymbol{C} & \boldsymbol{O}\\-(\boldsymbol{I}_N\otimes\boldsymbol{A}) & \boldsymbol{I}_N\otimes\boldsymbol{B}\end{bmatrix}=N\cdot\operatorname{rank}\begin{bmatrix}\boldsymbol{C} & \boldsymbol{O}\\-\boldsymbol{A} & \boldsymbol{B}\end{bmatrix}$$

又因为

$$\begin{bmatrix}\boldsymbol{O} & -\boldsymbol{I}\\\boldsymbol{I} & \boldsymbol{O}\end{bmatrix}\begin{bmatrix}\boldsymbol{C} & \boldsymbol{O}\\-\boldsymbol{A} & \boldsymbol{B}\end{bmatrix}\begin{bmatrix}\boldsymbol{I} & \boldsymbol{O}\\\boldsymbol{O} & -\boldsymbol{I}\end{bmatrix}=\begin{bmatrix}\boldsymbol{A} & \boldsymbol{B}\\\boldsymbol{C} & \boldsymbol{O}\end{bmatrix}$$

而$\begin{bmatrix}\boldsymbol{O} & -\boldsymbol{I}\\\boldsymbol{I} & \boldsymbol{O}\end{bmatrix}$与$\begin{bmatrix}\boldsymbol{I} & \boldsymbol{O}\\\boldsymbol{O} & -\boldsymbol{I}\end{bmatrix}$都可逆,所以又得到

$$\operatorname{rank}\begin{bmatrix}\boldsymbol{C} & \boldsymbol{O}\\-\boldsymbol{A} & \boldsymbol{B}\end{bmatrix}=\operatorname{rank}\begin{bmatrix}\boldsymbol{A} & \boldsymbol{B}\\\boldsymbol{C} & \boldsymbol{O}\end{bmatrix}$$

综合以上两个结果,即得到

$$\operatorname{rank}\begin{bmatrix}\boldsymbol{H}\otimes\boldsymbol{C} & \boldsymbol{O}\\-(\boldsymbol{I}_N\otimes\boldsymbol{A}) & \boldsymbol{I}_N\otimes\boldsymbol{B}\end{bmatrix}=N\cdot\operatorname{rank}\begin{bmatrix}\boldsymbol{A} & \boldsymbol{B}\\\boldsymbol{C} & \boldsymbol{O}\end{bmatrix}$$

引理 2.1 得证。

证毕

本章将设计一个控制器,使得系统(2.1)的闭环系统满足

$$\lim_{t\to+\infty}[\boldsymbol{y}_i(t)-\boldsymbol{y}_{\mathrm{d}}(t)]=0,\quad i=1,2,\cdots,N \tag{2.6}$$

为此,引入二次型性能指标函数:

$$J=\int_0^{\infty}[\boldsymbol{e}^{\mathrm{T}}(t)\boldsymbol{Q}_{\mathrm{e}}\boldsymbol{e}(t)+\dot{\boldsymbol{u}}^{\mathrm{T}}(t)\boldsymbol{R}\dot{\boldsymbol{u}}(t)]\mathrm{d}t \tag{2.7}$$

其中,$\boldsymbol{Q}_{\mathrm{e}}$ 和 $\boldsymbol{R}$ 分别是 $mN\times mN$ 和 $rN\times rN$ 的正定矩阵。文献[188]指出,在性能指标函数中引入输入信号的导数 $\dot{\boldsymbol{u}}(t)$,可以使闭环系统中包含积分器,有助于消除静态误差。

由于参考信号的预见信息将会包含在控制器之中,所以我们很自然地给出定义 2.1。

定义 2.1 协调最优预见跟踪问题是指为一组智能体设计一个最优预见控制律,使得式(2.6)成立。

2.2 增广系统的推导及控制器设计

本节采用预见控制理论中的状态增广技术构造一个增广系统,将 2.1 节描述的多智能体系统的协调跟踪问题转化为增广系统的最优调节问题,并设计对应的控制器。

对式(2.2)和式(2.5)两边同时求导[151],得到

$$\ddot{\boldsymbol{x}}(t)=(\boldsymbol{I}_N\otimes\boldsymbol{A})\dot{\boldsymbol{x}}(t)+(\boldsymbol{I}_N\otimes\boldsymbol{B})\dot{\boldsymbol{u}}(t) \tag{2.8}$$

$$\dot{\boldsymbol{e}}(t)=-((\boldsymbol{L}+\boldsymbol{M})\otimes\boldsymbol{C})\dot{\boldsymbol{x}}(t)+(\boldsymbol{M}\otimes\boldsymbol{I}_m)\dot{\boldsymbol{y}}_{\mathrm{r}}(t) \tag{2.9}$$

引入新的状态向量：

$$\boldsymbol{z}(t)=\begin{bmatrix}\boldsymbol{e}(t)\\ \dot{\boldsymbol{x}}(t)\end{bmatrix}$$

于是，由式(2.8)和式(2.9)得到关于变量 $\boldsymbol{z}(t)$ 的状态方程：

$$\dot{\boldsymbol{z}}(t)=\widetilde{\boldsymbol{A}}\boldsymbol{z}(t)+\widetilde{\boldsymbol{B}}\dot{\boldsymbol{u}}(t)+\widetilde{\boldsymbol{D}}\dot{\boldsymbol{y}}_{\mathrm{r}}(t) \tag{2.10}$$

其中：

$$\widetilde{\boldsymbol{A}}=\begin{bmatrix}\boldsymbol{O} & -(\boldsymbol{L}+\boldsymbol{M})\otimes\boldsymbol{C}\\ \boldsymbol{O} & \boldsymbol{I}_N\otimes\boldsymbol{A}\end{bmatrix},\quad \widetilde{\boldsymbol{B}}=\begin{bmatrix}\boldsymbol{O}\\ \boldsymbol{I}_N\otimes\boldsymbol{B}\end{bmatrix},\quad \widetilde{\boldsymbol{D}}=\begin{bmatrix}\boldsymbol{M}\otimes\boldsymbol{I}_m\\ \boldsymbol{O}\end{bmatrix}$$

它们分别为$[(m+n)N]\times[(m+n)N]$矩阵、$[(m+n)N]\times(rN)$矩阵和$[(m+n)N]\times(mN)$矩阵。

根据文献[151]和文献[152]，观测方程可以取为

$$\boldsymbol{e}(t)=\widetilde{\boldsymbol{C}}\boldsymbol{z}(t),\quad \widetilde{\boldsymbol{C}}=[\boldsymbol{I}\quad \boldsymbol{O}]$$

最后得到增广系统：

$$\begin{cases}\dot{\boldsymbol{z}}(t)=\widetilde{\boldsymbol{A}}\boldsymbol{z}(t)+\widetilde{\boldsymbol{B}}\dot{\boldsymbol{u}}(t)+\widetilde{\boldsymbol{D}}\dot{\boldsymbol{y}}_{\mathrm{r}}(t)\\ \boldsymbol{e}(t)=\widetilde{\boldsymbol{C}}\boldsymbol{z}(t)\end{cases} \tag{2.11}$$

我们称系统(2.11)为增广系统。

将性能指标函数(2.7)用增广系统(2.11)中的相关量表示，得到

$$\boldsymbol{J}=\int_0^{\infty}[\boldsymbol{z}^{\mathrm{T}}(t)\widetilde{\boldsymbol{Q}}\boldsymbol{z}(t)+\dot{\boldsymbol{u}}^{\mathrm{T}}(t)\boldsymbol{R}\dot{\boldsymbol{u}}(t)]\mathrm{d}t \tag{2.12}$$

其中，$\widetilde{\boldsymbol{Q}}=\begin{bmatrix}\boldsymbol{Q}_{\mathrm{e}} & \\ & \boldsymbol{O}_{(nN)\times(nN)}\end{bmatrix}$。

于是，问题转化为求系统(2.11)在性能指标函数(2.12)下的最优控制输入 $\dot{\boldsymbol{u}}(t)$。一个已知的事实是：利用这样求出的 $\dot{\boldsymbol{u}}(t)$ 作用于系统(2.11)，得到的闭环系统的零解是渐近稳定的[152]，从而 $\boldsymbol{z}(t)$ 稳定到 $\mathbf{0}$，于是作为 $\boldsymbol{z}(t)$ 的部分向量的 $\boldsymbol{e}(t)$ 也稳定到 $\mathbf{0}$。从 $\dot{\boldsymbol{u}}(t)$ 求出 $\boldsymbol{u}(t)$，就得到了系统(2.1)的控制输入，它使系统(2.1)的闭环系统实现式(2.6)所要求的目标。使性能指标函数(2.12)取最小值的最优控制输入 $\dot{\boldsymbol{u}}(t)$ 由定理 2.1 给出[151,152]。

定理 2.1 如果$(\widetilde{\boldsymbol{A}},\widetilde{\boldsymbol{B}})$可镇定，$(\widetilde{\boldsymbol{Q}}^{1/2},\widetilde{\boldsymbol{A}})$可检测，则系统(2.11)在性能指标函数(2.12)下的最优控制输入为

$$\dot{\boldsymbol{u}}(t)=-\boldsymbol{R}^{-1}\widetilde{\boldsymbol{B}}^{\mathrm{T}}X\boldsymbol{z}(t)-\boldsymbol{R}^{-1}\widetilde{\boldsymbol{B}}^{\mathrm{T}}\boldsymbol{g}(t) \tag{2.13}$$

其中，$\boldsymbol{X}$ 是$[N(n+p)]\times[N(n+p)]$的对称半正定矩阵，满足 Riccati 方程：

$$\widetilde{\boldsymbol{A}}^{\mathrm{T}}\boldsymbol{X}+\boldsymbol{X}\widetilde{\boldsymbol{A}}-\boldsymbol{X}\widetilde{\boldsymbol{B}}\boldsymbol{R}^{-1}\widetilde{\boldsymbol{B}}^{\mathrm{T}}\boldsymbol{X}+\widetilde{\boldsymbol{Q}}=\boldsymbol{O} \tag{2.14}$$

$\boldsymbol{g}(t)$ 由下式确定：

$$\boldsymbol{g}(t)=\int_0^{l_{\mathrm{r}}}\exp(\sigma\widetilde{\boldsymbol{A}}_{\mathrm{c}}^{\mathrm{T}})\boldsymbol{X}\widetilde{\boldsymbol{D}}\dot{\boldsymbol{y}}_{\mathrm{r}}(t+\sigma)\mathrm{d}\sigma \tag{2.15}$$

这里：

$$\widetilde{\boldsymbol{A}}_{\mathrm{c}}=\widetilde{\boldsymbol{A}}-\widetilde{\boldsymbol{B}}\boldsymbol{R}^{-1}\widetilde{\boldsymbol{B}}^{\mathrm{T}}\boldsymbol{X},\quad \mathrm{Re}[\lambda(\widetilde{\boldsymbol{A}}_{\mathrm{c}})]\in\mathbb{C}^-$$

2.3 定理 2.1 的保证性条件

为保证最优控制输入 $\dot{\boldsymbol{u}}(t)$ 的存在性,需要用系统(2.1)的相关假设给出($\tilde{\boldsymbol{A}},\tilde{\boldsymbol{B}}$)可镇定和($\tilde{\boldsymbol{Q}}^{1/2},\tilde{\boldsymbol{A}}$)可检测的条件。

1. ($\tilde{\boldsymbol{A}},\tilde{\boldsymbol{B}}$)可镇定

($\tilde{\boldsymbol{A}},\tilde{\boldsymbol{B}}$)可镇定的充要条件由定理 2.2 描述。

定理 2.2 在假设 A2.3 成立的情况下,($\tilde{\boldsymbol{A}},\tilde{\boldsymbol{B}}$)可镇定的充分必要条件是($\boldsymbol{A},\boldsymbol{B}$)可镇定且$\begin{bmatrix} A & \boldsymbol{B} \\ \boldsymbol{C} & \boldsymbol{O} \end{bmatrix}$行满秩。

证明 先证充分性。设($\boldsymbol{A},\boldsymbol{B}$)可镇定且$\begin{bmatrix} \boldsymbol{A} & \boldsymbol{B} \\ \boldsymbol{C} & \boldsymbol{O} \end{bmatrix}$行满秩。由引理 1.5 知,要证明($\tilde{\boldsymbol{A}},\tilde{\boldsymbol{B}}$)可镇定,只需证明对任意的 $s\in\bar{\mathbb{C}}^+$,$[s\boldsymbol{I}-\tilde{\boldsymbol{A}} \quad \tilde{\boldsymbol{B}}]$行满秩。由 $\tilde{\boldsymbol{A}}$ 和 $\tilde{\boldsymbol{B}}$ 的具体结构知

$$[s\boldsymbol{I}-\tilde{\boldsymbol{A}} \quad \tilde{\boldsymbol{B}}]=\begin{bmatrix} s\boldsymbol{I} & \boldsymbol{H}\otimes\boldsymbol{C} & \boldsymbol{O} \\ \boldsymbol{O} & s\boldsymbol{I}-(\boldsymbol{I}_N\otimes\boldsymbol{A}) & \boldsymbol{I}_N\otimes\boldsymbol{B} \end{bmatrix} \tag{2.16}$$

(1) $s\neq 0$ 的情况。由于此时左上角的 $s\boldsymbol{I}$ 可逆,从而行满秩,因此从式(2.16)知$[s\boldsymbol{I}-\tilde{\boldsymbol{A}} \quad \tilde{\boldsymbol{B}}]$行满秩的充分必要条件是$[s\boldsymbol{I}-(\boldsymbol{I}_N\otimes\boldsymbol{A}) \quad \boldsymbol{I}_N\otimes\boldsymbol{B}]$行满秩。因为

$$[s\boldsymbol{I}-(\boldsymbol{I}_N\otimes\boldsymbol{A}) \quad \boldsymbol{I}_N\otimes\boldsymbol{B}]=\left[\begin{array}{cccc:cccc} s\boldsymbol{I}-\boldsymbol{A} & & & & \boldsymbol{B} & & & \\ & s\boldsymbol{I}-\boldsymbol{A} & & & & \boldsymbol{B} & & \\ & & \ddots & & & & \ddots & \\ & & & s\boldsymbol{I}-\boldsymbol{A} & & & & \boldsymbol{B} \end{array}\right]$$

所以经过列交换可以把$[s\boldsymbol{I}-(\boldsymbol{I}_N\otimes\boldsymbol{A}) \quad \boldsymbol{I}_N\otimes\boldsymbol{B}]$化为

$$\begin{bmatrix} [s\boldsymbol{I}-\boldsymbol{A} \quad \boldsymbol{B}] & & & \\ & [s\boldsymbol{I}-\boldsymbol{A} \quad \boldsymbol{B}] & & \\ & & \ddots & \\ & & & [s\boldsymbol{I}-\boldsymbol{A} \quad \boldsymbol{B}] \end{bmatrix}$$

从而$[s\boldsymbol{I}-(\boldsymbol{I}_N\otimes\boldsymbol{A}) \quad \boldsymbol{I}_N\otimes\boldsymbol{B}]$行满秩的充分必要条件是$[s\boldsymbol{I}-\boldsymbol{A} \quad \boldsymbol{B}]$行满秩。因此,$s\neq 0$ 时可推出$[s\boldsymbol{I}-(\boldsymbol{I}_N\otimes\boldsymbol{A}) \quad \boldsymbol{I}_N\otimes\boldsymbol{B}]$行满秩。

(2) $s=0$ 的情况。由于

$$[s\boldsymbol{I}-\tilde{\boldsymbol{A}} \quad \tilde{\boldsymbol{B}}]_{s=0}=\begin{bmatrix} \boldsymbol{O} & \boldsymbol{H}\otimes\boldsymbol{C} & \boldsymbol{O} \\ \boldsymbol{O} & -(\boldsymbol{I}_N\otimes\boldsymbol{A}) & \boldsymbol{I}_N\otimes\boldsymbol{B} \end{bmatrix}$$

所以$[s\boldsymbol{I}-\tilde{\boldsymbol{A}} \quad \tilde{\boldsymbol{B}}]_{s=0}$行满秩的充分必要条件是$\begin{bmatrix} \boldsymbol{H}\otimes\boldsymbol{C} & \boldsymbol{O} \\ -(\boldsymbol{I}_N\otimes\boldsymbol{A}) & \boldsymbol{I}_N\otimes\boldsymbol{B} \end{bmatrix}$行满秩。基于此并利用引理 2.1 知,若$\begin{bmatrix} \boldsymbol{A} & \boldsymbol{B} \\ \boldsymbol{C} & \boldsymbol{O} \end{bmatrix}$行满秩则$[s\boldsymbol{I}-\tilde{\boldsymbol{A}} \quad \tilde{\boldsymbol{B}}]_{s=0}$行满秩。

再证必要性。设$(\tilde{\boldsymbol{A}},\tilde{\boldsymbol{B}})$可镇定，即对任意的$s\in\mathbb{C}^+$，$[s\boldsymbol{I}-\tilde{\boldsymbol{A}}\quad\tilde{\boldsymbol{B}}]$行满秩。利用充分性中的推导容易得到：$s\neq 0$时$[s\boldsymbol{I}-\boldsymbol{A}\quad\boldsymbol{B}]$行满秩以及$s=0$时$\begin{bmatrix}\boldsymbol{A} & \boldsymbol{B}\\ \boldsymbol{C} & \boldsymbol{O}\end{bmatrix}$行满秩。因为$\begin{bmatrix}\boldsymbol{A} & \boldsymbol{B}\\ \boldsymbol{C} & \boldsymbol{O}\end{bmatrix}$行满秩蕴含着$[s\boldsymbol{I}-\tilde{\boldsymbol{A}}\quad\tilde{\boldsymbol{B}}]_{s=0}$行满秩，因此结论蕴含了$(\boldsymbol{A},\boldsymbol{B})$可镇定且$\begin{bmatrix}\boldsymbol{A} & \boldsymbol{B}\\ \boldsymbol{C} & \boldsymbol{O}\end{bmatrix}$行满秩。 **证毕**

2. $(\tilde{\boldsymbol{Q}}^{1/2},\tilde{\boldsymbol{A}})$可检测

本节通过引理2.2和引理2.3推出所需的结果。

引理2.2 $(\tilde{\boldsymbol{Q}}^{1/2},\tilde{\boldsymbol{A}})$可检测的充分必要条件是$(\boldsymbol{H}\otimes\boldsymbol{C},\boldsymbol{I}_N\otimes\boldsymbol{A})$可检测。

证明 根据引理1.5，$(\tilde{\boldsymbol{Q}}^{1/2},\tilde{\boldsymbol{A}})$可检测的充要条件为矩阵

$$\begin{bmatrix}s\boldsymbol{I}-\tilde{\boldsymbol{A}}\\ \tilde{\boldsymbol{Q}}^{1/2}\end{bmatrix}=\begin{bmatrix}s\boldsymbol{I} & \boldsymbol{H}\otimes\boldsymbol{C}\\ \boldsymbol{O} & s\boldsymbol{I}-(\boldsymbol{I}_N\otimes\boldsymbol{A})\\ \boldsymbol{Q}_e^{1/2} & \boldsymbol{O}\\ \boldsymbol{O} & \boldsymbol{O}\end{bmatrix}$$

列满秩，其中$s\in\bar{\mathbb{C}}^+$。由于$\boldsymbol{Q}_e$对称正定，从而可逆，经初等变换得到

$$\begin{bmatrix}s\boldsymbol{I}-\tilde{\boldsymbol{A}}\\ \tilde{\boldsymbol{Q}}^{1/2}\end{bmatrix}\to\begin{bmatrix}\boldsymbol{O} & \boldsymbol{H}\otimes\boldsymbol{C}\\ \boldsymbol{O} & s\boldsymbol{I}-(\boldsymbol{I}_N\otimes\boldsymbol{A})\\ \boldsymbol{I} & \boldsymbol{O}\\ \boldsymbol{O} & \boldsymbol{O}\end{bmatrix}\to\begin{bmatrix}\boldsymbol{O} & s\boldsymbol{I}-(\boldsymbol{I}_N\otimes\boldsymbol{A})\\ \boldsymbol{O} & \boldsymbol{H}\otimes\boldsymbol{C}\\ \boldsymbol{I} & \boldsymbol{O}\\ \boldsymbol{O} & \boldsymbol{O}\end{bmatrix}$$

注意到初等变换不改变矩阵的秩，于是对任意的$s\in\bar{\mathbb{C}}^+$，$\begin{bmatrix}s\boldsymbol{I}-\tilde{\boldsymbol{A}}\\ \tilde{\boldsymbol{Q}}^{1/2}\end{bmatrix}$列满秩的充要条件是$\begin{bmatrix}s\boldsymbol{I}-(\boldsymbol{I}_N\otimes\boldsymbol{A})\\ \boldsymbol{H}\otimes\boldsymbol{C}\end{bmatrix}$列满秩，即$(\boldsymbol{H}\otimes\boldsymbol{C},\boldsymbol{I}_N\otimes\boldsymbol{A})$可检测。利用命题间的传递性即可得到引理2.2成立。 **证毕**

引理2.3 在假设A2.3成立的情况下，$(\boldsymbol{H}\otimes\boldsymbol{C},\boldsymbol{I}_N\otimes\boldsymbol{A})$可检测的充分必要条件是$(\boldsymbol{C},\boldsymbol{A})$可检测。

证明 根据引理1.5，$(\boldsymbol{H}\otimes\boldsymbol{C},\boldsymbol{I}_N\otimes\boldsymbol{A})$可检测的充分必要条件是对任意的$s\in\bar{\mathbb{C}}^+$，矩阵$\boldsymbol{U}_o=\begin{bmatrix}s\boldsymbol{I}-(\boldsymbol{I}_N\otimes\boldsymbol{A})\\ \boldsymbol{H}\otimes\boldsymbol{C}\end{bmatrix}$列满秩。与证明引理2.1时类似，引入可逆矩阵：

$$\hat{\boldsymbol{H}}=\begin{bmatrix}\boldsymbol{I}_N\otimes\boldsymbol{I}_n & \boldsymbol{O}\\ \boldsymbol{O} & \boldsymbol{H}^{-1}\otimes\boldsymbol{I}_m\end{bmatrix}$$

右乘$\boldsymbol{U}_o$，求得

$$
\hat{H}U_{\circ}=\begin{bmatrix} sI-(I_N\otimes A) \\ I_N\otimes C \end{bmatrix}=\begin{bmatrix} sI-A & & & \\ & sI-A & & \\ & & \ddots & \\ & & & sI-A \\ \hdashline C & & & \\ & C & & \\ & & \ddots & \\ & & & C \end{bmatrix}
$$

经过行的交换,可以把 $\hat{H}U_{\circ}$ 变为

$$
\hat{H}U_{\circ}\to\begin{bmatrix} \begin{bmatrix} sI-A \\ C \end{bmatrix} & & & \\ & \begin{bmatrix} sI-A \\ C \end{bmatrix} & & \\ & & \ddots & \\ & & & \begin{bmatrix} sI-A \\ C \end{bmatrix} \end{bmatrix}
$$

由矩阵秩的性质,立即得到 $U_{\circ}$ 列满秩的充分必要条件是 $\begin{bmatrix} sI-A \\ C \end{bmatrix}$ 列满秩。 **证毕**

从引理 2.2 和引理 2.3 可得到定理 2.3。

定理 2.3 在假设 A2.3 成立的情况下,$(\widetilde{Q}^{1/2},\widetilde{A})$ 可检测的充分必要条件是 (C,A) 可检测。

附注 2.1 假设 A2.3 是很重要的,它不仅是处理在有向图下多智能体系统实现一致性的基本假设,而且是保证 $(\widetilde{A},\widetilde{B})$ 的可镇定性和 $(\widetilde{Q}^{1/2},\widetilde{A})$ 的可检测性的重要条件。另外,我们得到了如下结论:在假设 A2.3 成立时,只要系统(2.1)的每个子系统可镇定且可检测,并且 $\begin{bmatrix} A & B \\ C & O \end{bmatrix}$ 行满秩,扩大误差系统(2.11)就具有 $(\widetilde{A},\widetilde{B})$ 可镇定和 $(\widetilde{Q}^{1/2},\widetilde{A})$ 可检测的性质。也就是说,这时定理 2.1 的条件完全满足。

2.4 原系统的最优跟踪一致性

本节给出本章的主要定理。

定理 2.4 如果下面的条件成立:

(1) Q_e 和 R 是正定的;

(2) 系统(2.1)是可镇定和可检测的,即假设 A2.2 成立;

(3) 矩阵 $\begin{bmatrix} A & B \\ C & O \end{bmatrix}$ 行满秩;

(4) 参考信号 $y_d(t)$ 是分段连续可微的函数,且满足假设 A2.1;

(5) 假设 A2.3 成立。

则系统(2.2)保证 $\lim_{t\to\infty} \boldsymbol{e}(t)=0$ 的带有预见作用的控制输入为

$$\boldsymbol{u}(t)=-\boldsymbol{K}_{\mathrm{e}}\int_0^t \boldsymbol{e}(\sigma)\mathrm{d}\sigma-\boldsymbol{K}_{\mathrm{x}}[\boldsymbol{x}(t)-\boldsymbol{x}_0]-\boldsymbol{R}^{-1}\widetilde{\boldsymbol{B}}^{\mathrm{T}}\boldsymbol{f}(t) \tag{2.17}$$

其中，$\boldsymbol{K}_{\mathrm{e}}=\boldsymbol{R}^{-1}\widetilde{\boldsymbol{B}}^{\mathrm{T}}\boldsymbol{X}_{\mathrm{e}}$，$\boldsymbol{K}_{\mathrm{x}}=\boldsymbol{R}^{-1}\widetilde{\boldsymbol{B}}^{\mathrm{T}}\boldsymbol{X}_{\mathrm{x}}$，$\boldsymbol{X}=[\boldsymbol{X}_{\mathrm{e}}\quad \boldsymbol{X}_{\mathrm{x}}]$，$\boldsymbol{f}(t)$ 是一个函数：

$$\boldsymbol{f}(t)=\int_0^{l_r}\exp(\sigma\widetilde{\boldsymbol{A}}_{\mathrm{c}}^{\mathrm{T}})\boldsymbol{X}\widetilde{\boldsymbol{D}}\boldsymbol{y}_{\mathrm{r}}(t+\sigma)\mathrm{d}\sigma \tag{2.18}$$

这里，$\widetilde{\boldsymbol{A}}_{\mathrm{c}}=\widetilde{\boldsymbol{A}}-\widetilde{\boldsymbol{B}}\boldsymbol{R}^{-1}\widetilde{\boldsymbol{B}}^{\mathrm{T}}\boldsymbol{X}$，$\boldsymbol{X}$ 是 Riccati 方程(2.14)的解。

证明　当条件(1)～(5)满足时，定理 2.1 的条件全部满足，于是得到扩大误差系统(2.11)的最优控制输入，即式(2.13)。设 $t<0$ 时，$\boldsymbol{x}(t)=\boldsymbol{0}$，$\boldsymbol{u}(t)=\boldsymbol{0}$，$\boldsymbol{y}_{\mathrm{r}}(t)=0$，对式(2.13)在区间 $[0,t]$ 上积分，得到式(2.17)给出的输入 $\boldsymbol{u}(t)$ 和式(2.18)给出的 $\boldsymbol{f}(t)$。　**证毕**

附注 2.2　在式(2.17)中，$-\boldsymbol{K}_{\mathrm{e}}\int_0^t \boldsymbol{e}(\sigma)\mathrm{d}\sigma$ 是积分器，$-\boldsymbol{K}_{\mathrm{x}}\boldsymbol{x}(t)$ 是状态反馈项，$-\boldsymbol{R}^{-1}\widetilde{\boldsymbol{B}}^{\mathrm{T}}f(t)$ 是预见前馈项。

2.5　数值仿真

以文献[84]中的一种信息交换拓扑为例，如图 2.1 所示，显然该有向图满足假设 A2.3。

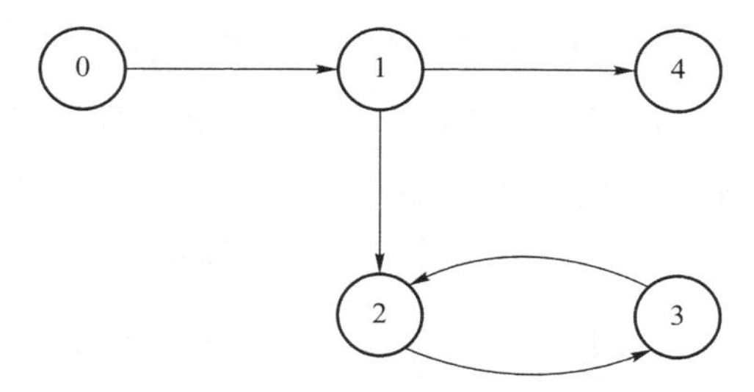

图 2.1　信息交换拓扑

取系统(2.1)的系数矩阵：

$$\boldsymbol{A}=\begin{bmatrix}1 & 0\\ 0 & 2\end{bmatrix},\quad \boldsymbol{B}=\begin{bmatrix}1\\ 1\end{bmatrix},\quad \boldsymbol{C}=[1\quad 2]$$

利用 PBH 秩判据，容易验证 $(\boldsymbol{A},\boldsymbol{B})$ 的可镇定性和 $(\boldsymbol{C},\boldsymbol{A})$ 的可检测性。另外还可验证得到 $\begin{bmatrix}\boldsymbol{A} & \boldsymbol{B}\\ \boldsymbol{C} & \boldsymbol{O}\end{bmatrix}$ 是行满秩的，因此假设 A2.2 满足。

设四个智能体系统的初始状态分别是

$$\boldsymbol{x}_1(0)=\begin{bmatrix}0.30\\ 0.22\end{bmatrix},\quad \boldsymbol{x}_2(0)=\begin{bmatrix}-0.15\\ -0.12\end{bmatrix},\quad \boldsymbol{x}_3(0)=\begin{bmatrix}0.22\\ 0.17\end{bmatrix},\quad \boldsymbol{x}_4(0)=\begin{bmatrix}-0.13\\ -0.15\end{bmatrix}$$

与图 2.1 相应的矩阵 $\boldsymbol{L}$ 和 $\boldsymbol{M}$ 为

$$L=\begin{bmatrix}0&0&0&0\\-1&2&-1&0\\0&-1&1&0\\-1&0&0&1\end{bmatrix},\quad M=\begin{bmatrix}1&0&0&0\\0&0&0&0\\0&0&0&0\\0&0&0&0\end{bmatrix}$$

令 $\boldsymbol{P}$、$\boldsymbol{Q}$ 和 $\boldsymbol{R}$ 分别为

$$\boldsymbol{Q}_{\mathrm{e}}=\begin{bmatrix}4.0&1.2&0.8&-1.2\\1.2&5.6&0&1.2\\0.8&0&10.4&-0.8\\-1.2&1.2&-0.8&4.0\end{bmatrix},$$

$$\boldsymbol{R}=\begin{bmatrix}0.67&-0.03&-0.06&-0.05\\-0.03&0.93&0.00&-0.09\\-0.06&0.00&0.80&0.15\\-0.05&-0.09&0.15&1.14\end{bmatrix}$$

在用 MATLAB 求得代数 Riccati 方程(2.14)的解后，根据系统(2.17)可得增益矩阵 $\boldsymbol{K}_{\mathrm{e}}$ 和 $\boldsymbol{K}_{\mathrm{x}}$，即

$$\boldsymbol{K}_{\mathrm{e}}=\begin{bmatrix}-1.8891&1.0025&0.2941&1.5374\\-1.1835&-2.2659&0.4150&-0.0863\\-0.6870&-0.1312&-3.5992&0.4347\\-0.5320&-0.0794&0.5940&-1.4264\end{bmatrix}$$

$$\boldsymbol{K}_{\mathrm{x}}=\left[\begin{matrix}4.0696&3.8653&-0.5072&-0.8989\\-0.3398&-0.6054&4.1097&3.9902\\0.2703&0.4928&-1.1373&-1.9496\\-0.3647&-0.6106&0.2082&0.3810\end{matrix}\right.\rightarrow$$

$$\leftarrow\left.\begin{matrix}0.1397&0.2843&-0.6185&-1.0181\\-0.9312&-1.5880&-0.0383&-0.0323\\3.6074&3.1291&-0.1656&-0.2700\\-0.2447&-0.4080&2.8960&1.9193\end{matrix}\right]$$

同时算得矩阵 $\widetilde{\boldsymbol{A}}_{\mathrm{c}}$ 的特征值为 $-2,-2,-2,-2,-2.0874\pm1.9640\mathrm{i},-1.4840\pm1.3047\mathrm{i},-0.8168\pm0.4088\mathrm{i},-0.9532\pm0.6392\mathrm{i}$，显然 $\widetilde{\boldsymbol{A}}_{\mathrm{c}}$ 的特征值均具有负实部。

令参考信号为

$$\boldsymbol{y}_{\mathrm{d}}(t)=\begin{cases}0, & t\leqslant 6\\ 1, & t>6\end{cases}$$

图 2.2、图 2.3 和图 2.4 分别展示了预见步长为 0、0.25、0.35 时智能体的输出轨迹。可以看出，相较于没有预见时的情形，带有预见补偿作用的多智能体系统的闭环系统，其上升时间更快，跟踪精度更高。也即是说，带有预见行为的闭环系统不仅能够更快地实现一致性，而且能够更好地跟踪参考信号。这也间接地反映了本章中将全局输出误差进行状态

增广的做法是可行的。

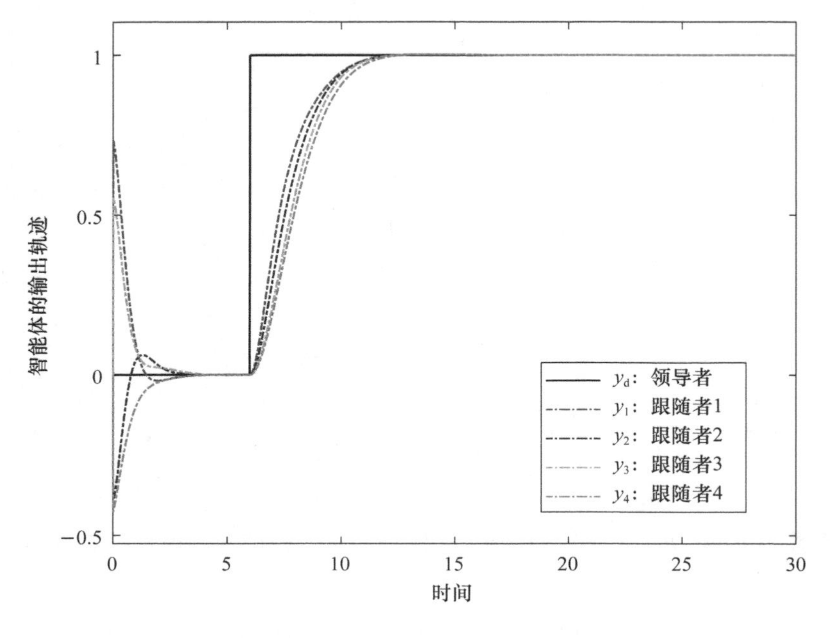

图 2.2　$l_r=0$ 时智能体的输出轨迹

图 2.2 彩图

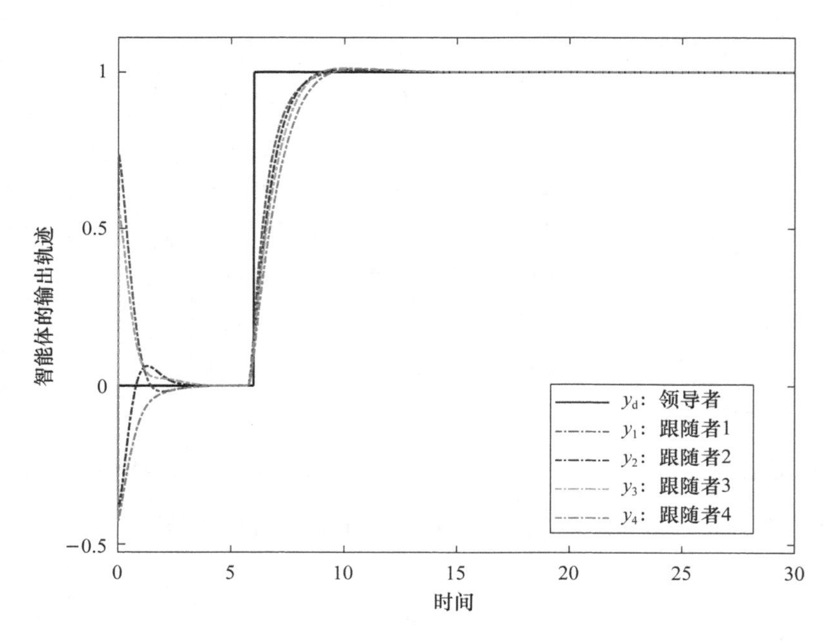

图 2.3　$l_r=0.25$ 时智能体的输出轨迹

图 2.3 彩图

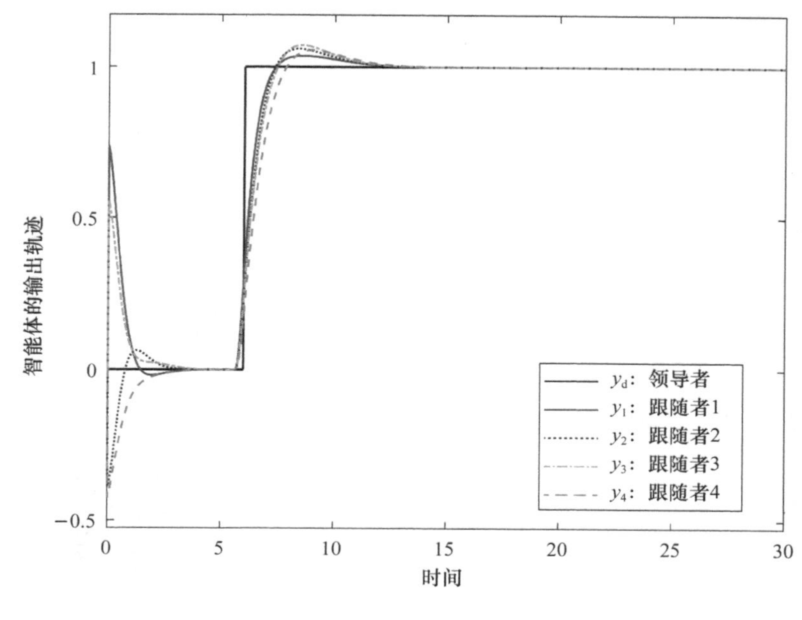

图 2.4　$l_r=0.35$ 时智能体的输出轨迹

图 2.4 彩图

图 2.5 表示跟随者 1 在不同预见步长下的输出轨迹。可以看出，尽管超调量会随着预见步长的增加而升高，但是跟踪速度和跟踪准备性都得到了明显改善。图 2.6 表示跟随者 1 在不同预见步长下的跟踪误差轨迹。其他智能体在不同预见步长下的输出轨迹与图 2.5 类似，故此省略。

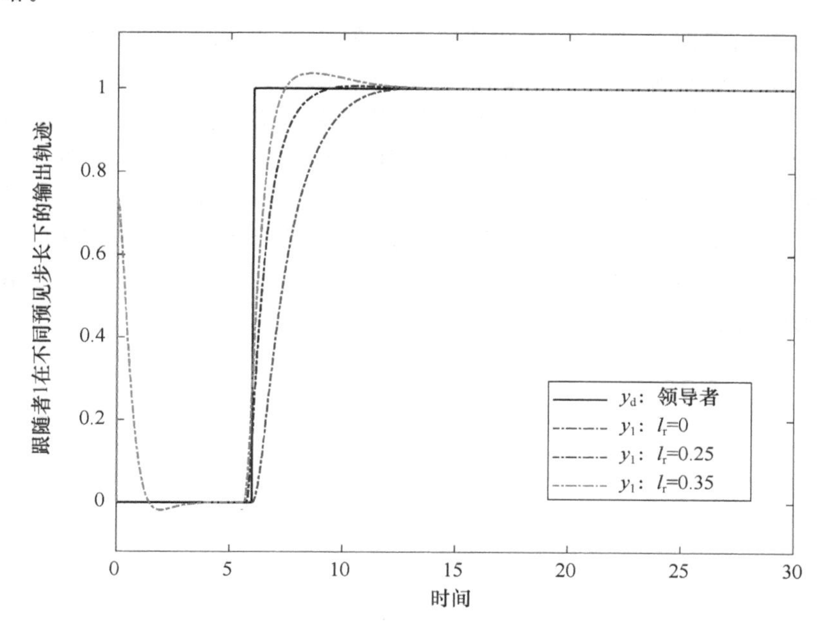

图 2.5　跟随者 1 在不同预见步长下的输出轨迹

图 2.5 彩图

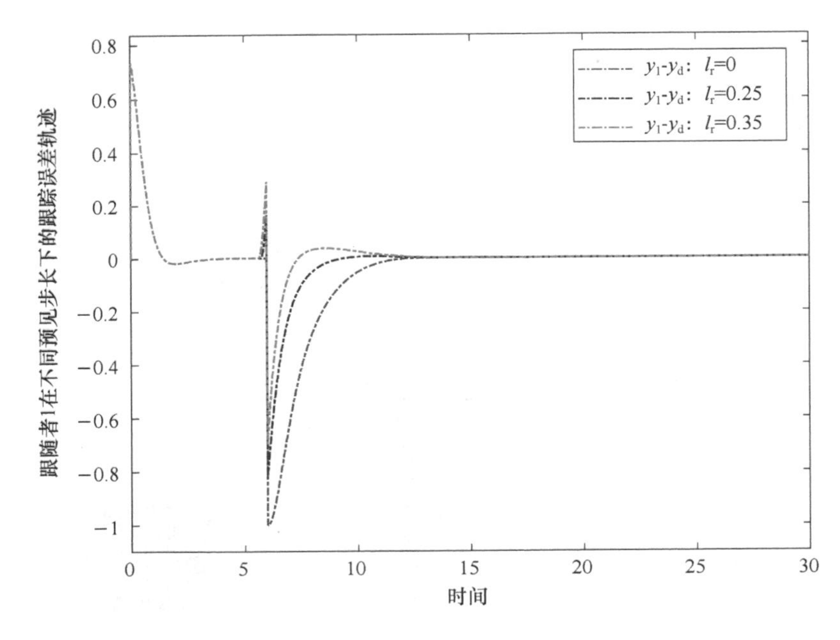

图 2.6　跟随者 1 在不同预见步长下的跟踪误差轨迹

图 2.6 彩图

2.6　本章小结

本章在具有固定拓扑的有向图上，讨论了多智能体系统的协调最优预见控制问题，所考虑的智能体的动力学方程为具有任意维数的一般线性系统。通过假设领导者的输出信号是可预见的，本章应用最优预见控制的结论，得到了包含误差积分和预见前馈补偿的最优状态反馈控制器，并且在原系统可镇定、可检测，以及根顶点能够观测到领导者信号的假设下，证明了闭环系统的渐近稳定性，从而保证了多智能体系统跟踪一致性的实现。实际上，本章的结果可看作对文献[151]和文献[152]中结果的延伸。但是，与上述文献相比，本章有两点不同之处：一是增广系统可镇定性与可检测性的证明与假设 A2.3 紧密相关；二是最优预见控制理论被用于解决多智能体系统的协调跟踪问题。

3

连续时间广义线性多智能体系统的协调最优预见跟踪控制

文献[167]中研究了广义线性系统的最优预见控制问题。需要指出的是,文献[167]中的最优预见控制器是在第二受限等价变换的基础上给出的,于是很自然地提出了下面的问题:能否根据系统间的受限等价关系,构造性地导出基于原始系统的最优预见控制器。另外,如何根据智能体间的信息交换拓扑设计分布式的最优预见控制器。在上述问题的启发下,本章研究了无脉冲广义多智能体系统的分布式协调最优预见跟踪问题。

相较于文献[167]和第 2 章中的结果,本章内容有以下四个新的特点。第一,本章研究连续时间广义线性多智能体系统的分布式协调预见跟踪问题,第 2 章中考虑的多智能系统的协调预见跟踪问题是本章的一种特殊情形。第二,与第 2 章中使用的集中控制方法不同,本章提供的分布式设计不仅能够减少计算复杂度,而且从控制器的结构看只需对部分跟随者(能直接观测到领导者的信息)设计预见补偿,便可使全部跟随者实现对领导者的协调预见跟踪。第三,本章从两方面发展了文献[167]的结果,一是基于原始矩阵给出广义系统实现预见跟踪的相关结论,二是从原系统出发建立梯形迭代格式进行数值仿真。第四,本章给出的分布式设计方法具有可扩展性,对于智能体为异质以及跟随者的动力学方程为脉冲能控且脉冲能观的情形均是适用的。

3.1 基本概念和问题描述

3.1.1 广义系统的基本概念

考虑如下广义线性系统:

$$\begin{cases} \boldsymbol{E}\dot{\boldsymbol{x}}(t)=\boldsymbol{A}\boldsymbol{x}(t)+\boldsymbol{B}\boldsymbol{u}(t) \\ \boldsymbol{y}(t)=\boldsymbol{C}\boldsymbol{x}(t) \end{cases} \tag{3.1}$$

其中,$\boldsymbol{E},\boldsymbol{A}\in\mathbb{R}^{n\times n}$,$\boldsymbol{B}\in\mathbb{R}^{n\times r}$,$\boldsymbol{C}\in\mathbb{R}^{m\times n}$。本章假设$(\boldsymbol{E},\boldsymbol{A})$正则且 $\mathrm{rank}(\boldsymbol{E})=q<n$。

首先,给出如下广义线性系统中的基本定义[199,200]。

定义 3.1 若存在常数 $s_0\in\mathbb{C}$ 使 $\det(s_0\boldsymbol{E}-\boldsymbol{A})\neq 0$,则称$(\boldsymbol{E},\boldsymbol{A})$正则。

定义 3.2 对任意的 $s\in\mathbb{C}$，若 $\deg(\det(s\boldsymbol{E}-\boldsymbol{A}))=\operatorname{rank}\boldsymbol{E}$，则称$(\boldsymbol{E},\boldsymbol{A})$无脉冲。

定义 3.3 若 $\det(s\boldsymbol{E}-\boldsymbol{A})=0$ 的所有根都具有负实部，则称$(\boldsymbol{E},\boldsymbol{A})$稳定。

定义 3.4 若$(\boldsymbol{E},\boldsymbol{A})$稳定且无脉冲，则称$(\boldsymbol{E},\boldsymbol{A})$容许。

其次，给出系统分析时所用到的基本判据：引理 3.1 和引理 3.2[199-202]。

引理 3.1 $(\boldsymbol{E},\boldsymbol{A})$正则且无脉冲的充要条件是

$$\operatorname{rank}\begin{bmatrix}\boldsymbol{E} & \boldsymbol{O}\\ \boldsymbol{A} & \boldsymbol{E}\end{bmatrix}=n+\operatorname{rank}(\boldsymbol{E}) \tag{3.2}$$

引理 3.2 $(\boldsymbol{E},\boldsymbol{A},\boldsymbol{B})$可镇定的充要条件是对所有的 $s\in\bar{\mathbb{C}}^{+}$，矩阵$[s\boldsymbol{E}-\boldsymbol{A}\quad \boldsymbol{B}]$行满秩；$(\boldsymbol{E},\boldsymbol{A},\boldsymbol{C})$可检测的充要条件是对所有的 $s\in\bar{\mathbb{C}}^{+}$，矩阵$\begin{bmatrix}s\boldsymbol{E}-\boldsymbol{A}\\ \boldsymbol{C}\end{bmatrix}$列满秩。

最后，若$(\boldsymbol{E},\boldsymbol{A})$正则且无脉冲，那么存在两个非奇异矩阵 $\boldsymbol{U}$ 和 $\boldsymbol{S}$ 满足

$$\boldsymbol{UES}=\begin{bmatrix}\boldsymbol{I}_q & \\ & \boldsymbol{O}\end{bmatrix},\quad \boldsymbol{UAS}=\begin{bmatrix}\boldsymbol{A}_1 & \\ & \boldsymbol{I}\end{bmatrix},\quad \boldsymbol{UB}=\begin{bmatrix}\boldsymbol{B}_1\\ \boldsymbol{B}_2\end{bmatrix},\quad \boldsymbol{CS}=[\boldsymbol{C}_1\quad \boldsymbol{C}_2] \tag{3.3}$$

当$(\boldsymbol{E},\boldsymbol{A})$稳定时，由定义 3.3 知 $\boldsymbol{A}_1$ 是稳定的。

3.1.2 问题描述

考虑由 N 个跟随者和 1 个领导者组成的多智能体系统，跟随者的状态方程为

$$\begin{cases}\boldsymbol{E}\dot{\boldsymbol{x}}_i(t)=\boldsymbol{A}\boldsymbol{x}_i(t)+\boldsymbol{B}\boldsymbol{u}_i(t),\\ \boldsymbol{y}_i(t)=\boldsymbol{C}\boldsymbol{x}_i(t),\end{cases}\quad i=1,2,\cdots,N \tag{3.4}$$

其中，$\boldsymbol{x}_i(t)\in\mathbb{R}^n$是第 i 个跟随者的状态，$\boldsymbol{u}_i(t)\in\mathbb{R}^r$是控制输入，$\boldsymbol{y}_i(t)\in\mathbb{R}^m$是输出。另外，设领导者的输出为 $\boldsymbol{y}_{\mathrm{d}}(t)\in\mathbb{R}^m$，即参考信号。

令

$$\boldsymbol{x}(t)=\begin{bmatrix}\boldsymbol{x}_1(t)\\ \boldsymbol{x}_2(t)\\ \vdots\\ \boldsymbol{x}_N(t)\end{bmatrix},\quad \boldsymbol{u}(t)=\begin{bmatrix}\boldsymbol{u}_1(t)\\ \boldsymbol{u}_2(t)\\ \vdots\\ \boldsymbol{u}_N(t)\end{bmatrix},\quad \boldsymbol{y}(t)=\begin{bmatrix}\boldsymbol{y}_1(t)\\ \boldsymbol{y}_2(t)\\ \vdots\\ \boldsymbol{y}_N(t)\end{bmatrix}$$

则系统(3.4)可写为

$$\begin{cases}(\boldsymbol{I}_N\otimes\boldsymbol{E})\dot{\boldsymbol{x}}(t)=(\boldsymbol{I}_N\otimes\boldsymbol{A})\boldsymbol{x}(t)+(\boldsymbol{I}_N\otimes\boldsymbol{B})\boldsymbol{u}(t)\\ \boldsymbol{y}(t)=(\boldsymbol{I}_N\otimes\boldsymbol{C})\boldsymbol{x}(t)\end{cases} \tag{3.5}$$

为便于问题解决，我们对有向图$\mathcal{G}$和$\bar{\mathcal{G}}$作如下假设。

A3.1 设$\mathcal{G}$无环，且有向图$\bar{\mathcal{G}}$包含一棵以 v_0 为根顶点的有向生成树。

跟随者 v_i 的输出与参考信号间的调节输出定义为

$$\boldsymbol{\xi}_i(t)=\boldsymbol{y}_i(t)-\boldsymbol{y}_{\mathrm{d}}(t),\quad i=1,2,\cdots,N \tag{3.6}$$

系统(3.5)的协调最优预见跟踪问题是指为每个跟随者 $v_i(i=1,2,\cdots,N)$设计局部最优预见控制律 $\boldsymbol{u}_i(t)$，使得对任意的容许初始条件 $\boldsymbol{x}_i(0)=\boldsymbol{x}_{i0}$，有$\lim\limits_{t\to\infty}\boldsymbol{\xi}_i(t)=\boldsymbol{0}(i=1,2,\cdots,N)$。

然而，对信息交换拓扑$\bar{\mathcal{G}}$中的每个跟随者而言，$\boldsymbol{y}_{\mathrm{d}}(t)$的值并不总是可测量的，从而 $\xi_i(t)$也

并不总是可测量的，为此定义顶点 v_i 的虚拟调节误差为

$$\boldsymbol{e}_i(t)=\sum_{j\in\mathcal{N}_i}a_{ij}(\boldsymbol{y}_i(t)-\boldsymbol{y}_j(t))+m_i(\boldsymbol{y}_i(t)-\boldsymbol{y}_{\rm d}(t)) \tag{3.7}$$

其中，$a_{ij}(j\in\mathcal{N}_i)$是邻接矩阵$\boldsymbol{\mathcal{A}}$的元素。

记全局虚拟调节误差为 $\boldsymbol{e}(t)=[\boldsymbol{e}_1^{\rm T}(t)\quad \boldsymbol{e}_2^{\rm T}(t)\quad \cdots\quad \boldsymbol{e}_N^{\rm T}(t)]^{\rm T}$，则由式(3.7)得到

$$\boldsymbol{e}(t)=(\boldsymbol{H}\otimes\boldsymbol{I}_m)\boldsymbol{y}(t)-(\boldsymbol{M}\otimes\boldsymbol{I}_m)\boldsymbol{y}_{\rm r}(t) \tag{3.8}$$

其中 $\boldsymbol{y}_{\rm r}(t)=\boldsymbol{1}_N\otimes\boldsymbol{y}_{\rm d}(t)$。另记全局调节误差为 $\boldsymbol{\xi}(t)=[\boldsymbol{\xi}_1^{\rm T}(t)\quad \boldsymbol{\xi}_2^{\rm T}(t)\quad \cdots\quad \boldsymbol{\xi}_N^{\rm T}(t)]^{\rm T}$，注意到 $\boldsymbol{H}\boldsymbol{1}_N=\boldsymbol{M}\boldsymbol{1}_N$，则式(3.8)可进一步写为

$$\boldsymbol{e}(t)=(\boldsymbol{H}\otimes\boldsymbol{I}_m)\boldsymbol{\xi}(t) \tag{3.9}$$

由假设 A3.1 和引理 1.4 知矩阵 $\boldsymbol{H}$ 是非奇异的，于是由式(3.9)得到 $\lim\limits_{t\to+\infty}\boldsymbol{\xi}(t)=\boldsymbol{0}$ 的充要条件是 $\lim\limits_{t\to+\infty}\boldsymbol{e}(t)=0$。为实现协调最优预见跟踪，本章为系统(3.5)引入如下的二次型性能指标函数：

$$\boldsymbol{J}=\sum_{i=1}^{N}\int_0^{\infty}(\boldsymbol{e}_i^{\rm T}(t)\boldsymbol{Q}_{{\rm e}i}\boldsymbol{e}_i(t)+\dot{\boldsymbol{x}}_i^{\rm T}(t)\boldsymbol{Q}_{{\rm x}i}\dot{\boldsymbol{x}}_i(t)+\dot{\boldsymbol{u}}_i^{\rm T}(t)\boldsymbol{R}_i\dot{\boldsymbol{u}}_i(t))\,{\rm d}t \tag{3.10}$$

这里，$\boldsymbol{Q}_{{\rm e}i}\in\mathbb{R}^{m\times m}$ 和 $\boldsymbol{R}_i\in\mathbb{R}^{r\times r}(i=1,2,\cdots,N)$ 均为对称正定矩阵，$\boldsymbol{Q}_{{\rm x}i}\in\mathbb{R}^{n\times n}$ 为半正定矩阵且具有如下形式：

$$\boldsymbol{Q}_{{\rm x}i}=(\boldsymbol{S}^{-1})^{\rm T}\begin{bmatrix}\boldsymbol{Q}_i & \boldsymbol{O}\\ \boldsymbol{O} & \boldsymbol{O}\end{bmatrix}\boldsymbol{S}^{-1},\quad i=1,2,\cdots,N \tag{3.11}$$

其中，$\boldsymbol{Q}_i\in\mathbb{R}^{q\times q}$为对称正定矩阵，$\boldsymbol{S}$ 由式(3.3)给出。

注意，本章在性能指标函数(3.10)中用了 $\dot{\boldsymbol{u}}_i(t)$而不是通常最优控制问题中用的 $\boldsymbol{u}_i(t)$，这样可使所设计的局部控制器中包含 $\boldsymbol{e}_i(t)$的积分，从而有利于消除闭环系统可能的静态输出误差[151, 152]。

在解决系统(3.5)的协调最优预见跟踪问题时，还需要用到基本假设 A3.2～A3.5。

A3.2 设参考信号 $\boldsymbol{y}_{\rm d}(t)$在$[0,+\infty)$上最多只有有限个间断点，且分段可微，并满足

$$\lim_{t\to+\infty}\boldsymbol{y}_{\rm d}(t)=\bar{\boldsymbol{y}}_{\rm d},\quad \lim_{t\to+\infty}\dot{\boldsymbol{y}}_{\rm d}(t)=\boldsymbol{0}$$

此外，设 $\boldsymbol{y}_{\rm d}(t)$是可预见的，即在每个时刻 t，$\boldsymbol{y}_{\rm d}(\tau)$在区间$\{\tau\,|\,t\leqslant\tau\leqslant t+l_{\rm r}\}$上的值对系统(3.5)是可利用的，并且设 $\tau>t+l_{\rm r}$ 时 $\boldsymbol{y}_{\rm d}(\tau)=\boldsymbol{0}$。其中，$l_{\rm r}$ 为预见步长，$\bar{\boldsymbol{y}}_{\rm d}$ 是常数向量。

A3.3 设$(\boldsymbol{E},\boldsymbol{A})$无脉冲。

A3.4 设$(\boldsymbol{E},\boldsymbol{A},\boldsymbol{B})$可镇定且$\begin{bmatrix}\boldsymbol{A} & \boldsymbol{B}\\ \boldsymbol{C} & \boldsymbol{O}\end{bmatrix}$行满秩。

A3.5 设$(\boldsymbol{E},\boldsymbol{A},\boldsymbol{C})$可检测。

附注 3.1 假设 A3.2 蕴含着 $\boldsymbol{y}_{\rm d}(t)$和 $\dot{\boldsymbol{y}}_{\rm d}(t)$在$[0,+\infty)$上有界。假设 A3.3 确保了式(3.3)的成立，这样便于将问题转化为降阶系统进行处理。假设 A3.4、A3.5 与 A3.1 一起保证了分布式最优预见控制器的存在性。

最后，为证明下文闭环增广系统的渐近稳定性，本章要用到引理 3.3。

引理 3.3 如果连续时间广义线性系统：

$$\boldsymbol{E}\dot{\boldsymbol{x}}(t)=\boldsymbol{A}\boldsymbol{x}(t)+\boldsymbol{f}(t),\quad \boldsymbol{x}(t_0)=x_0\in\mathbb{R}^n \tag{3.12}$$

其中，$(\boldsymbol{E},\boldsymbol{A})$容许，$\boldsymbol{f}(t)\in\mathbb{R}^n$在$[0,+\infty)$上有界且$\lim\limits_{t\to\infty}\boldsymbol{f}(t)=\boldsymbol{0}$，那么系统(3.12)是渐近稳定的。

3.2 分布式最优预见控制器的设计

3.2.1 增广系统的建立

下面采用预见控制理论的方法，建立包含全局虚拟调节误差 $\boldsymbol{e}(t)$ 和全局状态向量 $\boldsymbol{x}(t)$ 导数的增广系统。对式(3.8)和式(3.5)中第一式两边同时求导得到

$$\dot{\boldsymbol{e}}(t)=(\boldsymbol{H}\otimes\boldsymbol{C})\dot{\boldsymbol{x}}(t)-(\boldsymbol{M}\otimes\boldsymbol{I}_m)\dot{\boldsymbol{y}}_{\mathrm{r}}(t) \tag{3.13}$$

$$(\boldsymbol{I}_N\otimes\boldsymbol{E})\ddot{\boldsymbol{x}}(t)=(\boldsymbol{I}_N\otimes\boldsymbol{A})\dot{\boldsymbol{x}}(t)+(\boldsymbol{I}_N\otimes\boldsymbol{B})\dot{\boldsymbol{u}}(t) \tag{3.14}$$

定义增广状态向量：

$$\bar{\boldsymbol{z}}(t)=\begin{bmatrix}\boldsymbol{e}(t)\\ \dot{\boldsymbol{x}}(t)\end{bmatrix}$$

则由式(3.13)和式(3.14)得到

$$\bar{\boldsymbol{E}}\dot{\bar{\boldsymbol{z}}}(t)=\bar{\boldsymbol{A}}\bar{\boldsymbol{z}}(t)+\bar{\boldsymbol{B}}\dot{\boldsymbol{u}}(t)-\bar{\boldsymbol{D}}\dot{\boldsymbol{y}}_{\mathrm{r}}(t) \tag{3.15a}$$

其中：

$$\bar{\boldsymbol{E}}=\begin{bmatrix}\boldsymbol{I} & \\ & \boldsymbol{I}_N\otimes\boldsymbol{E}\end{bmatrix},\quad \bar{\boldsymbol{A}}=\begin{bmatrix}\boldsymbol{O} & \boldsymbol{H}\otimes\boldsymbol{C}\\ \boldsymbol{O} & \boldsymbol{I}_N\otimes\boldsymbol{A}\end{bmatrix},\quad \bar{\boldsymbol{B}}=\begin{bmatrix}\boldsymbol{O}\\ \boldsymbol{I}_N\otimes\boldsymbol{B}\end{bmatrix},\quad \bar{\boldsymbol{D}}=\begin{bmatrix}\boldsymbol{M}\otimes\boldsymbol{I}_N\\ \boldsymbol{O}\end{bmatrix}$$

根据本章的控制目的，取观测方程为

$$\boldsymbol{e}(t)=\bar{\boldsymbol{C}}\bar{\boldsymbol{z}}(t),\quad \bar{\boldsymbol{C}}=[\boldsymbol{I}\quad \boldsymbol{O}] \tag{3.15b}$$

那么状态方程(3.15)即为所需的增广系统。

在增广系统(3.15)下，性能指标函数(3.10)可表示为

$$J=\int_0^{\infty}(\bar{\boldsymbol{z}}^{\mathrm{T}}(t)\boldsymbol{Q}_{\mathrm{z}}\bar{\boldsymbol{z}}(t)+\dot{\boldsymbol{u}}^{\mathrm{T}}(t)\boldsymbol{R}\dot{\boldsymbol{u}}(t))\mathrm{d}t \tag{3.16}$$

其中，$\boldsymbol{Q}_{\mathrm{z}}=\mathrm{diag}\{\boldsymbol{Q}_{\mathrm{e}},\boldsymbol{Q}_{\mathrm{x}}\}$，$\boldsymbol{Q}_{\mathrm{e}}=\mathrm{diag}\{\boldsymbol{Q}_{\mathrm{e1}},\boldsymbol{Q}_{\mathrm{e2}},\cdots,\boldsymbol{Q}_{\mathrm{e}N}\}$，$\boldsymbol{Q}_{\mathrm{x}}=\mathrm{diag}\{\boldsymbol{Q}_{\mathrm{x1}},\boldsymbol{Q}_{\mathrm{x2}},\cdots,\boldsymbol{Q}_{\mathrm{x}N}\}$，$\boldsymbol{R}=\mathrm{diag}\{\boldsymbol{R}_1,\boldsymbol{R}_2,\cdots,\boldsymbol{R}_N\}$。

3.2.2 问题转换

通过建立增广系统，广义线性多智能体系统的协调预见跟踪问题就转化为系统(3.15)关于性能指标函数(3.16)的全局最优调节问题。然而，当遇到大规模多智能体系统的协调预见跟踪问题时，控制器 $\dot{\boldsymbol{u}}(t)$ 的计算复杂度就会明显地增加。考虑到有向图无环的假设，下面将采用适当的非奇异变换将系统(3.15)转化为某种可解耦的形式，并以此来设计使问题可解的分布式最优预见控制器。

基于假设 A3.1，如果 $(v_j,v_i)\in\mathcal{E}$，则通过对信息交换拓扑 $\mathcal{G}$ 中的顶点重命名可使 $i>j$，于是矩阵 $\boldsymbol{H}$ 相应地变为下三角形[203]。选择 $\boldsymbol{T}=[\boldsymbol{T}_1;\boldsymbol{T}_2;\cdots;\boldsymbol{T}_N]$，其中 $\boldsymbol{T}_k$ 的定义如下：

$$\boldsymbol{T}_k=\begin{bmatrix}\boldsymbol{i}_{(k-1)m+1}\\ \vdots\\ \boldsymbol{i}_{km}\\ \boldsymbol{i}_{Nm+(k-1)n+1}\\ \vdots\\ \boldsymbol{i}_{Nm+kn}\end{bmatrix}$$

$\boldsymbol{i}_r$ 表示 $\boldsymbol{I}_{N(m+n)}$ 的第 r 行。为系统(3.15)引入坐标变换 $\bar{\boldsymbol{z}}=\boldsymbol{T}^{-1}\tilde{\boldsymbol{z}}$,并用 $\boldsymbol{T}$ 左乘(3.15a)得到

$$\begin{cases}\tilde{\boldsymbol{E}}\ \dot{\tilde{\boldsymbol{z}}}(t)=\tilde{\boldsymbol{A}}\tilde{\boldsymbol{z}}(t)+\tilde{\boldsymbol{B}}\dot{\boldsymbol{u}}(t)-\tilde{\boldsymbol{D}}\dot{\boldsymbol{y}}_{\mathrm{r}}(t)\\ \boldsymbol{e}(t)=\tilde{\boldsymbol{C}}\tilde{\boldsymbol{z}}(t)\end{cases}\tag{3.17}$$

其中:

$$\tilde{\boldsymbol{z}}=[\tilde{\boldsymbol{z}}_1^{\mathrm{T}},\tilde{\boldsymbol{z}}_2^{\mathrm{T}},\cdots,\tilde{\boldsymbol{z}}_N^{\mathrm{T}}]^{\mathrm{T}},\quad \tilde{\boldsymbol{z}}_k=\begin{bmatrix}\boldsymbol{e}_k\\ \dot{\boldsymbol{x}}_k\end{bmatrix}$$

$$\tilde{\boldsymbol{E}}=\boldsymbol{T}\bar{\boldsymbol{E}}\boldsymbol{T}^{-1}=\mathrm{diag}\{\tilde{\boldsymbol{E}}_1,\tilde{\boldsymbol{E}}_2,\cdots,\tilde{\boldsymbol{E}}_N\},\quad \tilde{\boldsymbol{E}}_k=\begin{bmatrix}\boldsymbol{I}&\boldsymbol{O}\\ \boldsymbol{O}&\boldsymbol{E}\end{bmatrix}$$

$$\tilde{\boldsymbol{B}}=\boldsymbol{T}\bar{\boldsymbol{B}}=\mathrm{diag}\{\tilde{\boldsymbol{B}}_1,\tilde{\boldsymbol{B}}_2,\cdots,\tilde{\boldsymbol{B}}_N\},\quad \tilde{\boldsymbol{B}}_k=\begin{bmatrix}\boldsymbol{O}\\ \boldsymbol{B}\end{bmatrix}$$

$$\tilde{\boldsymbol{C}}=\bar{\boldsymbol{C}}\boldsymbol{T}^{-1}=\mathrm{diag}\{\tilde{\boldsymbol{C}}_1,\tilde{\boldsymbol{C}}_2,\cdots,\tilde{\boldsymbol{C}}_N\},\quad \tilde{\boldsymbol{C}}_k=[\boldsymbol{I}\quad\boldsymbol{O}]$$

$$\tilde{\boldsymbol{D}}=T\bar{\boldsymbol{D}}=\mathrm{diag}\{\tilde{\boldsymbol{D}}_1,\tilde{\boldsymbol{D}}_2,\cdots,\tilde{\boldsymbol{D}}_N\},\quad \tilde{\boldsymbol{D}}_k=\begin{bmatrix}m_k\boldsymbol{I}\\ \boldsymbol{O}\end{bmatrix}$$

$$\tilde{\boldsymbol{A}}=\boldsymbol{T}\bar{\boldsymbol{A}}\boldsymbol{T}^{-1}=\begin{bmatrix}\tilde{\boldsymbol{A}}_1&&\boldsymbol{O}\\ &\ddots&\\ \vdots&&\\ \boldsymbol{A}_{N1}&\cdots&\tilde{\boldsymbol{A}}_N\end{bmatrix},\quad \tilde{\boldsymbol{A}}_k=\begin{bmatrix}\boldsymbol{O}&h_{kk}\boldsymbol{C}\\ \boldsymbol{O}&\boldsymbol{A}\end{bmatrix},\quad \boldsymbol{A}_{ij}=\begin{bmatrix}\boldsymbol{O}&h_{ij}\boldsymbol{C}\\ \boldsymbol{O}&\boldsymbol{O}\end{bmatrix}$$

$$k=1,2,\cdots,N,\quad i=2,3,\cdots,N,\quad i>j\geqslant 1$$

在上述变换的基础上,可以立即得到引理 3.4 和引理 3.5。

引理 3.4 在假设 A3.1 下,$(\bar{\boldsymbol{E}},\bar{\boldsymbol{A}},\bar{\boldsymbol{B}})$ 可镇定的充要条件是 $(\tilde{\boldsymbol{E}}_k,\tilde{\boldsymbol{A}}_k,\tilde{\boldsymbol{B}}_k)(k=1,2,\cdots,N)$ 可镇定。

证明 由于非奇异线性变换不改变系统的可镇定性,因此 $(\bar{\boldsymbol{E}},\bar{\boldsymbol{A}},\bar{\boldsymbol{B}})$ 可镇定的充要条件是 $(\tilde{\boldsymbol{E}},\tilde{\boldsymbol{A}},\tilde{\boldsymbol{B}})$ 可镇定。于是只需证明如下等价命题。在假设 A3.1 下,$(\tilde{\boldsymbol{E}},\tilde{\boldsymbol{A}},\tilde{\boldsymbol{B}})$ 可镇定的充要条件是 $(\tilde{\boldsymbol{E}}_k,\tilde{\boldsymbol{A}}_k,\tilde{\boldsymbol{B}}_k)(k=1,2,\cdots,N)$ 可镇定。而在引理 3.2 的结论下,上述命题可进一步表述为,在假设 A3.1 下,对所有的 $s\in\bar{\mathbb{C}}^+$,$[s\tilde{\boldsymbol{E}}-\tilde{\boldsymbol{A}}\quad\tilde{\boldsymbol{B}}]$ 行满秩的充要条件是 $[s\tilde{\boldsymbol{E}}_k-\tilde{\boldsymbol{A}}_k\quad\tilde{\boldsymbol{B}}_k]$ $(k=1,2,\cdots,N)$ 行满秩。下面的证明将会多次用到初等变换不改变矩阵秩的性质。注意到

$$
\begin{bmatrix} s\tilde{E}-\tilde{A} & \tilde{B} \end{bmatrix}=\left[\begin{array}{cc|cc|c|cc|c|c|c|c}
sI & -h_{11}C & & & & & & O & & & \\
O & sE-A & & & & & & B & & & \\
\hline
O & -h_{21}C & sI & -h_{22}C & & & & & O & & \\
O & O & O & sE-A & & & & & B & & \\
\hline
\vdots & \vdots & \vdots & \vdots & \ddots & & & & & \ddots & \\
\hline
O & -h_{N1}C & O & -h_{N2}C & \cdots & sI & -h_{NN}C & & & & O \\
O & O & O & O & \cdots & O & sE-A & & & & B
\end{array}\right]
$$

对上式进行简单的列交换得到

$$
\left[\begin{array}{ccc|ccc|c|ccc}
sI & -h_{11}C & O & & & & & & & \\
O & sE-A & B & & & & & & & \\
\hline
O & -h_{21}C & O & sI & -h_{22}C & O & & & & \\
O & O & O & O & sE-A & B & & & & \\
\hline
\vdots & \vdots & \vdots & \vdots & \vdots & \vdots & \ddots & & & \\
\hline
O & -h_{N1}C & O & O & -h_{N2}C & O & \cdots & sI & -h_{NN}C & O \\
O & O & O & O & O & O & \cdots & O & sE-A & B
\end{array}\right] \triangleq V(s)
$$

下面分 $s=0$ 和 $s\neq 0$ 且 $\mathrm{Re}(s)\geqslant 0$ 两种情形讨论 $V(s)$ 的秩。

当 $s=0$ 时，利用 $h_{ii}>0$（假设 A3.1）可消去 $-h_{ii}C$ 所在列的矩阵块 $-h_{ji}C\,(j>i\geqslant 1)$，即分别用 $-\dfrac{h_{ji}}{h_{ii}}$ 乘以 $-h_{ii}C$ 所在的行，然后依次加到 $-h_{ji}C$ 所在的行得到

$$
V(0)\rightarrow\left[\begin{array}{ccc|ccc|c|ccc}
O & -h_{11}C & O & & & & & & & \\
O & -A & B & & & & & & & \\
\hline
 & & & O & -h_{22}C & O & & & & \\
 & & & O & -A & B & & & & \\
\hline
 & & & & & & \ddots & & & \\
\hline
 & & & & & & & O & -h_{NN}C & O \\
 & & & & & & & O & -A & B
\end{array}\right]
$$

由此看出，$V(0)$ 行满秩的充要条件是

$$
\mathrm{rank}\begin{bmatrix} h_{kk}C & O \\ A & B \end{bmatrix}=m+n\text{（行满秩）},\quad k=1,2,\cdots,N \tag{3.18}
$$

当 $s\neq 0$ 且 $\mathrm{Re}(s)>0$ 时，利用 sI 的非奇异性可消去其所在行的矩阵块 $-h_{ij}C\,(i>j\geqslant 1)$，即分别用 $\dfrac{h_{ij}}{s}C$ 乘 sI 所在的列，然后依次加到 $-h_{ij}C$ 所在的列得到

$$
V(s)\rightarrow\left[\begin{array}{ccc|ccc|c|ccc}
sI & -h_{11}C & O & & & & & & & \\
O & sE-A & B & & & & & & & \\
\hline
 & & & sI & -h_{22}C & O & & & & \\
 & & & O & sE-A & B & & & & \\
\hline
 & & & & & & \ddots & & & \\
\hline
 & & & & & & & sI & -h_{NN}C & O \\
 & & & & & & & O & sE-A & B
\end{array}\right]
$$

此时，$V(s)$ 行满秩的充要条件是

$$\text{rank}\begin{bmatrix} sI & -h_{kk}C & O \\ O & sE-A & B \end{bmatrix}=m+n(\text{行满秩}),k=1,2,\cdots,N \tag{3.19}$$

而由引理 3.2 知，式(3.18)和式(3.19)恰好是$(\tilde{E}_k,\tilde{A}_k,\tilde{B}_k)(k=1,2,\cdots,N)$可镇定的充要条件。

证毕

引理 3.5 在假设 A3.1 下，$(\bar{E},\bar{A})$无脉冲的充要条件是$(\tilde{E}_k,\tilde{A}_k)(k=1,2,\cdots,N)$无脉冲。

证明 由引理 3.1 容易证得引理 3.5 的结果，故略去证明。

附注 3.2 根据引理 3.1 和引理 3.2 容易证得，在假设 A3.1 下(保证 $h_{kk}>0$)，$(\tilde{E}_k,\tilde{A}_k)$无脉冲和$(\tilde{E}_k,\tilde{A}_k,\tilde{B}_k)$可镇定的充要条件分别为假设 A3.3 和 A3.4。于是根据引理 3.4 和引理 3.5 的结果可得推论 3.1。

推论 3.1 在假设 A3.1 下，系统(3.17)无脉冲和可镇定的充要条件分别为假设 A3.3 和 A3.4。

引理 3.4 和引理 3.5 保证了下述事实是成立的，即若控制律 $\dot{u}_k=\tilde{K}_k\tilde{z}_k$ 使得$(\tilde{E}_k,\tilde{A}_k+\tilde{B}_k\tilde{K}_k)$容许$(k=1,2,\cdots,N)$，则 $\dot{u}=[\dot{u}_1^{\mathrm{T}},\dot{u}_2^{\mathrm{T}},\cdots,\dot{u}_N^{\mathrm{T}}]^{\mathrm{T}}$ 使得$(\tilde{E},\tilde{A}+\tilde{B}\tilde{K})$($\tilde{K}=\text{diag}\{\tilde{K}_1,\tilde{K}_2,\cdots,\tilde{K}_N\}$)容许。出于上述考虑，本章为每个跟随者 v_i 建立如下的虚拟系统：

$$\tilde{E}_i\dot{z}_{vi}(t)=\tilde{A}_iz_{vi}(t)+\tilde{B}_i\dot{u}_{vi}(t)-\tilde{D}_i\dot{y}_{\mathrm{d}}(t),\quad i=1,2,\cdots,N \tag{3.20}$$

其中 $z_{vi}=[e_{vi}^{\mathrm{T}}\quad \dot{x}_{vi}^{\mathrm{T}}]^{\mathrm{T}}$。记 $z_v=[z_{v1}^{\mathrm{T}},z_{v2}^{\mathrm{T}},\cdots,z_{vN}^{\mathrm{T}}]^{\mathrm{T}}$，将系统(3.20)表示为紧凑形式后，它与系统(3.17)具有相同的动态特性。在对性能指标函数(3.16)进行相应的坐标变换后，本章为每个虚拟子系统设定如下的性能指标函数：

$$J_i=\int_0^{\infty}(z_{vi}^{\mathrm{T}}(t)Q_{zi}z_{vi}(t)+\dot{u}_{vi}^{\mathrm{T}}(t)R_i\dot{u}_{vi}(t))\mathrm{d}t,\quad i=1,2,\cdots,N \tag{3.21}$$

其中，$Q_{zi}=\text{diag}\{Q_{ei},Q_{xi}\}$。

至此，原始的协调预见跟踪问题就转化为在系统(3.20)下确定最优控制输入 $\dot{u}_{vi}(t)$，使得性能指标函数(3.21)极小的调节问题。当 $\dot{u}_{vi}(t)=K_iz_{vi}(t)+f_i(t)$使得式(3.20)的闭环系统渐近稳定时，$\dot{u}_i(t)=K_i\tilde{z}_i(t)+f_i(t)(i=1,2,\cdots,N)$便可用于原始系统(3.4)以实现最初的控制目的。

附注 3.3 这种新的框架给出了解决协调预见跟踪问题的一种分布式的设计方法。

对系统(3.20)而言，若假设 A3.3 成立，则可利用(3.3)中的 U 和 S 作矩阵：

$$\tilde{U}=\begin{bmatrix} I & \\ & U \end{bmatrix},\quad \tilde{S}=\begin{bmatrix} I & \\ & S \end{bmatrix}$$

使得

$$\tilde{U}\tilde{E}_i\tilde{S}=\begin{bmatrix} I & O & O \\ O & I & O \\ O & O & O \end{bmatrix},\quad \tilde{U}\tilde{A}_i\tilde{S}=\begin{bmatrix} O & h_{ii}C_1 & h_{ii}C_2 \\ O & A_1 & O \\ O & O & I \end{bmatrix},\quad \tilde{U}\tilde{B}_i=\begin{bmatrix} O \\ B_1 \\ B_2 \end{bmatrix},\quad \tilde{U}\tilde{D}_i=\begin{bmatrix} I \\ O \\ O \end{bmatrix} \tag{3.22}$$

记

$$\tilde{S}^{-1}z_{vi}=\begin{bmatrix} e_{vi} \\ \dot{x}_{vi_1} \\ \dot{x}_{vi_2} \end{bmatrix} \tag{3.23}$$

则系统(3.20)受限等价于

$$\begin{cases}\dot{\boldsymbol{e}}_{vi}(t)=h_{ii}\boldsymbol{C}_1\dot{\boldsymbol{x}}_{vi_1}(t)+h_{ii}\boldsymbol{C}_2\dot{\boldsymbol{x}}_{vi_2}(t)-\dot{\boldsymbol{y}}_{\mathrm{d}}(t),\\ \ddot{\boldsymbol{x}}_{vi_1}(t)=\boldsymbol{A}_1\dot{\boldsymbol{x}}_{vi_1}(t)+\boldsymbol{B}_1\dot{\boldsymbol{u}}_{vi}(t), \qquad i=1,2,\cdots,N\\ \boldsymbol{0}=\dot{\boldsymbol{x}}_{vi_2}(t)+\boldsymbol{B}_2\dot{\boldsymbol{u}}_{vi}(t),\end{cases} \tag{3.24}$$

令 $\tilde{\boldsymbol{z}}_{\mathrm{v}i}=\begin{bmatrix}\boldsymbol{e}_{\mathrm{v}i}^{\mathrm{T}} & \dot{\boldsymbol{x}}_{\mathrm{v}i_1}^{\mathrm{T}}\end{bmatrix}^{\mathrm{T}}$,则由 $\dot{\boldsymbol{x}}_{\mathrm{v}i_2}(t)=-\boldsymbol{B}_2\dot{\boldsymbol{u}}_{\mathrm{v}i}(t)$ 得到

$$\dot{\tilde{\boldsymbol{z}}}_{\mathrm{v}i}=\tilde{\boldsymbol{A}}_{i_1}\tilde{\boldsymbol{z}}_{\mathrm{v}i}+\tilde{\boldsymbol{B}}_{i_1}\dot{\boldsymbol{u}}_{\mathrm{v}i}-\tilde{\boldsymbol{D}}_{i_1}\dot{\boldsymbol{y}}_{\mathrm{d}}(t) \tag{3.25}$$

其中:

$$\tilde{\boldsymbol{A}}_{i_1}=\begin{bmatrix}\boldsymbol{O} & h_{ii}\boldsymbol{C}_1\\ \boldsymbol{O} & \boldsymbol{A}_1\end{bmatrix},\quad \tilde{\boldsymbol{B}}_{i_1}=\begin{bmatrix}-h_{ii}\boldsymbol{C}_2\boldsymbol{B}_2\\ \boldsymbol{B}_1\end{bmatrix},\quad \tilde{\boldsymbol{D}}_{i_1}=\begin{bmatrix}\boldsymbol{I}\\ \boldsymbol{O}\end{bmatrix}$$

注意到式(3.11)中 $\boldsymbol{Q}_{\mathrm{x}i}$ 的特点,则在坐标变换(3.23)下,性能指标函数(3.21)变为

$$\tilde{\boldsymbol{J}}_i=\int_0^{\infty}(\tilde{\boldsymbol{z}}_{\mathrm{v}i}^{\mathrm{T}}(t)\tilde{\boldsymbol{Q}}_i\tilde{\boldsymbol{z}}_{\mathrm{v}i}(t)+\dot{\boldsymbol{u}}_{\mathrm{v}i}^{\mathrm{T}}(t)\boldsymbol{R}_i\dot{\boldsymbol{u}}_{\mathrm{v}i}(t))\mathrm{d}t,\quad i=1,2,\cdots,N \tag{3.26}$$

其中,$\tilde{\boldsymbol{Q}}_i=\mathrm{diag}(\boldsymbol{Q}_{\mathrm{e}i},\boldsymbol{Q}_i)$为正定矩阵。

最终,广义多智能体系统的协调预见跟踪问题就转化为降阶系统(3.25)的最优调节问题了,其性能指标函数为(3.26)。

附注 3.4 值得注意的是,与文献[199]和文献[200]相比,对权重矩阵 $\boldsymbol{Q}_{\mathrm{x}i}(i=1,2,\cdots,N)$ 的特殊取法,使本章避免了在受限等价变换后对性能指标函数中权重矩阵的正定性讨论,从而降低了控制器的设计复杂度,也使得下文中基于原始系统建立最优预见控制成为可能。

3.2.3 分布式控制器设计

由于 $\tilde{\boldsymbol{Q}}_i$ 正定,因此为保证系统(3.25)存在最优预见控制器 $\dot{\boldsymbol{u}}_{\mathrm{v}i}(t)(i=1,2,\cdots,N)$ 使得性能指标函数(3.26)极小,需要验证$(\tilde{\boldsymbol{A}}_{i_1},\tilde{\boldsymbol{B}}_{i_1})$的可镇定性。

引理 3.6 在假设 A3.1 下,$(\tilde{\boldsymbol{A}}_{i_1},\tilde{\boldsymbol{B}}_{i_1})(i=1,2,\cdots,N)$可镇定的充要条件是假设 A3.4 成立。

引理 3.7 对于给定的 $i(i=1,2,\cdots,N)$,$(\tilde{\boldsymbol{A}}_{i_1},\tilde{\boldsymbol{B}}_{i_1})$可镇定的充要条件是$(\tilde{\boldsymbol{E}}_i,\tilde{\boldsymbol{A}}_i,\tilde{\boldsymbol{B}}_i)$可镇定①。

在引理 3.6 的基础上,利用文献[151]和文献[152]立即得到引理 3.8。

引理 3.8 若$(\tilde{\boldsymbol{A}}_{i_1},\tilde{\boldsymbol{B}}_{i_1})$可镇定且 $\tilde{\boldsymbol{Q}}_i$ 正定,则系统(3.25)在性能指标函数(3.26)下的最优预见控制律为

$$\dot{\boldsymbol{u}}_{\mathrm{v}i}(t)=-\boldsymbol{R}_i^{-1}\tilde{\boldsymbol{B}}_{i_1}^{\mathrm{T}}\boldsymbol{P}_i\tilde{\boldsymbol{z}}_{\mathrm{v}i}(t)+\boldsymbol{f}_i(t) \tag{3.27}$$

---

① 引理 3.7 的证明方法与文献[167]中引理 2 的证明类似,此处不再证明。由推论 3.1 知,在假设 A3.1 下,$(\tilde{\boldsymbol{E}}_i,\tilde{\boldsymbol{A}}_i,\tilde{\boldsymbol{B}}_i)(i=1,2,\cdots,N)$可镇定的充要条件为假设 A3.4 成立,于是根据引理 3.7 便可证得引理 3.6。

其中：

$$\boldsymbol{f}_i(t)=\boldsymbol{R}_i^{-1}\widetilde{\boldsymbol{B}}_{i_1}^{\mathrm{T}}\int_0^{l_r}\mathrm{e}^{\sigma\widetilde{\boldsymbol{A}}_{ci}^{\mathrm{T}}}\boldsymbol{P}_i\widetilde{\boldsymbol{D}}_{i_1}\dot{\boldsymbol{y}}_{\mathrm{d}}(t+\sigma)\mathrm{d}\sigma \tag{3.28}$$

$\boldsymbol{P}_i$ 是$(m+q)\times(m+q)$的对称正定矩阵，且满足代数 Riccati 方程：

$$\widetilde{\boldsymbol{A}}_{i_1}^{\mathrm{T}}\boldsymbol{P}_i+\boldsymbol{P}_i\widetilde{\boldsymbol{A}}_{i_1}-\boldsymbol{P}_i\widetilde{\boldsymbol{B}}_{i_1}\boldsymbol{R}_i^{-1}\widetilde{\boldsymbol{B}}_{i_1}^{\mathrm{T}}\boldsymbol{P}_i+\widetilde{\boldsymbol{Q}}_i=\boldsymbol{O} \tag{3.29}$$

另外，$\widetilde{\boldsymbol{A}}_{ci}$为稳定矩阵，定义为

$$\widetilde{\boldsymbol{A}}_{ci}=\widetilde{\boldsymbol{A}}_{i_1}-\widetilde{\boldsymbol{B}}_{i_1}\boldsymbol{R}_i^{-1}\widetilde{\boldsymbol{B}}_{i_1}^{\mathrm{T}}\boldsymbol{P}_i,\quad i=1,2,\cdots,N \tag{3.30}$$

接下来，在引理 3.8 的基础上，本章采用构造性的方法推导出关于系统(3.20)和性能指标函数(3.21)的最优预见控制律。

定理 3.1 设$(\widetilde{\boldsymbol{E}}_i,\widetilde{\boldsymbol{A}}_i)$无脉冲，$(\widetilde{\boldsymbol{E}}_i,\widetilde{\boldsymbol{A}}_i,\widetilde{\boldsymbol{B}}_i)$可镇定且$(\widetilde{\boldsymbol{E}}_i,\widetilde{\boldsymbol{A}}_i,\boldsymbol{Q}_{zi}^{1/2})$可检测，则系统(3.20)在性能指标函数(3.21)下的最优预见控制律为

$$\dot{\boldsymbol{u}}_{\mathrm{v}i}(t)=-\boldsymbol{R}_i^{-1}\widetilde{\boldsymbol{B}}_i^{\mathrm{T}}\boldsymbol{X}_i\boldsymbol{z}_{\mathrm{v}i}(t)+\boldsymbol{g}_i(t) \tag{3.31}$$

其中，$\boldsymbol{g}_i(t)\in\mathbb{R}^r$由下式表示：

$$\boldsymbol{g}_i(t)=\boldsymbol{R}_i^{-1}\widetilde{\boldsymbol{B}}_i^{\mathrm{T}}\boldsymbol{X}_i\widetilde{\boldsymbol{S}}\widetilde{\boldsymbol{M}}_i\int_0^{l_r}\mathrm{e}^{\sigma\hat{\boldsymbol{A}}_i}\widetilde{\boldsymbol{S}}^{\mathrm{T}}\boldsymbol{X}_i^{\mathrm{T}}\widetilde{\boldsymbol{D}}_i\dot{\boldsymbol{y}}_{\mathrm{d}}(t+\sigma)\mathrm{d}\sigma \tag{3.32}$$

其中，$\hat{\boldsymbol{A}}_i=\widetilde{\boldsymbol{S}}^{\mathrm{T}}[(\widetilde{\boldsymbol{A}}_i^{\mathrm{T}}-\boldsymbol{X}_i^{\mathrm{T}}\widetilde{\boldsymbol{B}}_i\boldsymbol{R}_i^{-1}\widetilde{\boldsymbol{B}}_i^{\mathrm{T}})\boldsymbol{X}_i]\widetilde{\boldsymbol{S}}\widetilde{\boldsymbol{M}}_i$，$\widetilde{\boldsymbol{M}}_i=\boldsymbol{M}_i^{\dagger}$，$\boldsymbol{M}_i=\widetilde{\boldsymbol{S}}^{\mathrm{T}}\widetilde{\boldsymbol{E}}_i^{\mathrm{T}}\boldsymbol{X}_i\widetilde{\boldsymbol{S}}$，$\boldsymbol{X}_i$ 满足广义代数 Riccati 方程(GARE)：

$$\widetilde{\boldsymbol{A}}_i^{\mathrm{T}}\boldsymbol{X}_i+\boldsymbol{X}_i^{\mathrm{T}}\widetilde{\boldsymbol{A}}_i-\boldsymbol{X}_i^{\mathrm{T}}\widetilde{\boldsymbol{B}}_i\boldsymbol{R}_i^{-1}\widetilde{\boldsymbol{B}}_i^{\mathrm{T}}\boldsymbol{X}_i+\boldsymbol{Q}_{zi}=\boldsymbol{O} \tag{3.33a}$$

$$\widetilde{\boldsymbol{E}}_i^{\mathrm{T}}\boldsymbol{X}_i=\boldsymbol{X}_i^{\mathrm{T}}\widetilde{\boldsymbol{E}}_i\geqslant\boldsymbol{O} \tag{3.33b}$$

此外，矩阵束$(\widetilde{\boldsymbol{E}}_i,\widetilde{\boldsymbol{A}}_i-\widetilde{\boldsymbol{B}}_i\boldsymbol{R}_i^{-1}\widetilde{\boldsymbol{B}}_i^{\mathrm{T}}\boldsymbol{X}_i)(i=1,2,\cdots,N)$是容许的。

证明 当$(\widetilde{\boldsymbol{E}}_i,\widetilde{\boldsymbol{A}}_i)$无脉冲时，定理 3.1 的条件可保证引理 3.8 成立，于是在定理 3.1 的条件下，引理 3.8 中的 Riccati 方程存在唯一的对称正定解阵 $\boldsymbol{P}_i$。与 $\widetilde{\boldsymbol{A}}_{i_1}$ 的划分相一致，将 $\boldsymbol{P}_i$ 分块为

$$\boldsymbol{P}_i=\begin{bmatrix}\boldsymbol{P}_{i_{11}} & \boldsymbol{P}_{i_{12}}\\ \boldsymbol{P}_{i_{12}}^{\mathrm{T}} & \boldsymbol{P}_{i_{22}}\end{bmatrix},\quad i=1,2,\cdots,N$$

则式(3.29)可表示为

$$\begin{bmatrix}\boldsymbol{O} & \boldsymbol{O}\\ h_{ii}\boldsymbol{C}_1^{\mathrm{T}} & \boldsymbol{A}_1^{\mathrm{T}}\end{bmatrix}\begin{bmatrix}\boldsymbol{P}_{i_{11}} & \boldsymbol{P}_{i_{12}}\\ \boldsymbol{P}_{i_{12}}^{\mathrm{T}} & \boldsymbol{P}_{i_{22}}\end{bmatrix}+\begin{bmatrix}\boldsymbol{P}_{i_{11}} & \boldsymbol{P}_{i_{12}}\\ \boldsymbol{P}_{i_{12}}^{\mathrm{T}} & \boldsymbol{P}_{i_{22}}\end{bmatrix}\begin{bmatrix}\boldsymbol{O} & h_{ii}\boldsymbol{C}_1\\ \boldsymbol{O} & \boldsymbol{A}_1\end{bmatrix}-$$

$$\begin{bmatrix}\boldsymbol{P}_{i_{11}} & \boldsymbol{P}_{i_{12}}\\ \boldsymbol{P}_{i_{12}}^{\mathrm{T}} & \boldsymbol{P}_{i_{22}}\end{bmatrix}\begin{bmatrix}-h_{ii}\boldsymbol{C}_2\boldsymbol{B}_2\\ \boldsymbol{B}_1\end{bmatrix}\boldsymbol{R}_i^{-1}\begin{bmatrix}-h_{ii}\boldsymbol{B}_2^{\mathrm{T}}\boldsymbol{C}_2^{\mathrm{T}} & \boldsymbol{B}_1^{\mathrm{T}}\end{bmatrix}\begin{bmatrix}\boldsymbol{P}_{i_{11}} & \boldsymbol{P}_{i_{12}}\\ \boldsymbol{P}_{i_{12}}^{\mathrm{T}} & \boldsymbol{P}_{i_{22}}\end{bmatrix}+\begin{bmatrix}\boldsymbol{Q}_{ei} & \boldsymbol{O}\\ \boldsymbol{O} & \boldsymbol{Q}_i\end{bmatrix}=\boldsymbol{O} \tag{3.34}$$

证明的技巧是将式(3.34)等价地扩展为下述形式：

$$\begin{bmatrix}\boldsymbol{O} & \boldsymbol{O} & \boldsymbol{O}\\ h_{ii}\boldsymbol{C}_1^{\mathrm{T}} & \boldsymbol{A}_1^{\mathrm{T}} & \boldsymbol{O}\\ \boldsymbol{O} & \boldsymbol{O} & \boldsymbol{I}\end{bmatrix}\begin{bmatrix}\boldsymbol{P}_{i_{11}} & \boldsymbol{P}_{i_{12}} & \boldsymbol{O}\\ \boldsymbol{P}_{i_{12}}^{\mathrm{T}} & \boldsymbol{P}_{i_{22}} & \boldsymbol{O}\\ \boldsymbol{O} & \boldsymbol{O} & \boldsymbol{O}\end{bmatrix}+\begin{bmatrix}\boldsymbol{P}_{i_{11}} & \boldsymbol{P}_{i_{12}} & \boldsymbol{O}\\ \boldsymbol{P}_{i_{12}}^{\mathrm{T}} & \boldsymbol{P}_{i_{22}} & \boldsymbol{O}\\ \boldsymbol{O} & \boldsymbol{O} & \boldsymbol{O}\end{bmatrix}\begin{bmatrix}\boldsymbol{O} & h_{ii}\boldsymbol{C}_1 & \boldsymbol{O}\\ \boldsymbol{O} & \boldsymbol{A}_1 & \boldsymbol{O}\\ \boldsymbol{O} & \boldsymbol{O} & \boldsymbol{I}\end{bmatrix}-$$

$$\begin{bmatrix} \boldsymbol{P}_{i_{11}} & \boldsymbol{P}_{i_{12}} & \boldsymbol{O} \\ \boldsymbol{P}_{i_{12}}^{\mathrm{T}} & \boldsymbol{P}_{i_{22}} & \boldsymbol{O} \\ \boldsymbol{O} & \boldsymbol{O} & \boldsymbol{O} \end{bmatrix} \begin{bmatrix} \boldsymbol{I} & \boldsymbol{O} & -h_{ii}\boldsymbol{C}_2 \\ \boldsymbol{O} & \boldsymbol{I} & \boldsymbol{O} \\ \boldsymbol{O} & \boldsymbol{O} & \boldsymbol{I} \end{bmatrix} \begin{bmatrix} \boldsymbol{O} & h_{ii}\boldsymbol{C}_1 & h_{ii}\boldsymbol{C}_2 \\ \boldsymbol{O} & \boldsymbol{A}_1 & \boldsymbol{O} \\ \boldsymbol{O} & \boldsymbol{O} & \boldsymbol{I} \end{bmatrix} = \begin{bmatrix} \boldsymbol{O} & h_{ii}\boldsymbol{C}_1 & \boldsymbol{O} \\ \boldsymbol{O} & \boldsymbol{A}_1 & \boldsymbol{O} \\ \boldsymbol{O} & \boldsymbol{O} & \boldsymbol{I} \end{bmatrix} \tag{3.35}$$

而关键在于找到下面的关系：

$$\begin{bmatrix} \boldsymbol{I} & \boldsymbol{O} & -h_{ii}\boldsymbol{C}_2 \\ \boldsymbol{O} & \boldsymbol{I} & \boldsymbol{O} \\ \boldsymbol{O} & \boldsymbol{O} & \boldsymbol{I} \end{bmatrix} \begin{bmatrix} \boldsymbol{O} & h_{ii}\boldsymbol{C}_1 & h_{ii}\boldsymbol{C}_2 \\ \boldsymbol{O} & \boldsymbol{A}_1 & \boldsymbol{O} \\ \boldsymbol{O} & \boldsymbol{O} & \boldsymbol{I} \end{bmatrix} = \begin{bmatrix} \boldsymbol{O} & h_{ii}\boldsymbol{C}_1 & \boldsymbol{O} \\ \boldsymbol{O} & \boldsymbol{A}_1 & \boldsymbol{O} \\ \boldsymbol{O} & \boldsymbol{O} & \boldsymbol{I} \end{bmatrix} \tag{3.36a}$$

$$\begin{bmatrix} \boldsymbol{I} & \boldsymbol{O} & -h_{ii}\boldsymbol{C}_2 \\ \boldsymbol{O} & \boldsymbol{I} & \boldsymbol{O} \\ \boldsymbol{O} & \boldsymbol{O} & \boldsymbol{I} \end{bmatrix} \begin{bmatrix} \boldsymbol{O} \\ \boldsymbol{B}_1 \\ \boldsymbol{B}_2 \end{bmatrix} = \begin{bmatrix} -h_{ii}\boldsymbol{C}_2\boldsymbol{B}_2 \\ \boldsymbol{B}_1 \\ \boldsymbol{B}_2 \end{bmatrix} \tag{3.36b}$$

将式(3.36)代入式(3.35)得到

$$\begin{aligned} &\begin{bmatrix} \boldsymbol{O} & \boldsymbol{O} & \boldsymbol{O} \\ h_{ii}\boldsymbol{C}_1^{\mathrm{T}} & \boldsymbol{A}_1^{\mathrm{T}} & \boldsymbol{O} \\ h_{ii}\boldsymbol{C}_2^{\mathrm{T}} & \boldsymbol{O} & \boldsymbol{I} \end{bmatrix} \begin{bmatrix} \boldsymbol{I} & \boldsymbol{O} & \boldsymbol{O} \\ \boldsymbol{O} & \boldsymbol{I} & \boldsymbol{O} \\ -h_{ii}\boldsymbol{C}_2^{\mathrm{T}} & \boldsymbol{O} & \boldsymbol{I} \end{bmatrix} \begin{bmatrix} \boldsymbol{P}_{i_{11}} & \boldsymbol{P}_{i_{12}} & \boldsymbol{O} \\ \boldsymbol{P}_{i_{12}}^{\mathrm{T}} & \boldsymbol{P}_{i_{22}} & \boldsymbol{O} \\ \boldsymbol{O} & \boldsymbol{O} & \boldsymbol{O} \end{bmatrix} + \\ &\begin{bmatrix} \boldsymbol{P}_{i_{11}} & \boldsymbol{P}_{i_{12}} & \boldsymbol{O} \\ \boldsymbol{P}_{i_{12}}^{\mathrm{T}} & \boldsymbol{P}_{i_{22}} & \boldsymbol{O} \\ \boldsymbol{O} & \boldsymbol{O} & \boldsymbol{O} \end{bmatrix} \begin{bmatrix} \boldsymbol{I} & \boldsymbol{O} & -h_{ii}\boldsymbol{C}_2 \\ \boldsymbol{O} & \boldsymbol{I} & \boldsymbol{O} \\ \boldsymbol{O} & \boldsymbol{O} & \boldsymbol{I} \end{bmatrix} \begin{bmatrix} \boldsymbol{O} & h_{ii}\boldsymbol{C}_1 & h_{ii}\boldsymbol{C}_2 \\ \boldsymbol{O} & \boldsymbol{A}_1 & \boldsymbol{O} \\ \boldsymbol{O} & \boldsymbol{O} & \boldsymbol{I} \end{bmatrix} - \\ &\begin{bmatrix} \boldsymbol{P}_{i_{11}} & \boldsymbol{P}_{i_{12}} & \boldsymbol{O} \\ \boldsymbol{P}_{i_{12}}^{\mathrm{T}} & \boldsymbol{P}_{i_{22}} & \boldsymbol{O} \\ \boldsymbol{O} & \boldsymbol{O} & \boldsymbol{O} \end{bmatrix} \begin{bmatrix} \boldsymbol{I} & \boldsymbol{O} & -h_{ii}\boldsymbol{C}_2 \\ \boldsymbol{O} & \boldsymbol{I} & \boldsymbol{O} \\ \boldsymbol{O} & \boldsymbol{O} & \boldsymbol{I} \end{bmatrix} \begin{bmatrix} \boldsymbol{O} \\ \boldsymbol{B}_1 \\ \boldsymbol{B}_2 \end{bmatrix} \boldsymbol{R}_i^{-1} \\ &\begin{bmatrix} \boldsymbol{O} & \boldsymbol{B}_1^{\mathrm{T}} & \boldsymbol{B}_2^{\mathrm{T}} \end{bmatrix} \begin{bmatrix} \boldsymbol{I} & \boldsymbol{O} & \boldsymbol{O} \\ \boldsymbol{O} & \boldsymbol{I} & \boldsymbol{O} \\ -h_{ii}\boldsymbol{C}_2^{\mathrm{T}} & \boldsymbol{O} & \boldsymbol{I} \end{bmatrix} \begin{bmatrix} \boldsymbol{P}_{i_{11}} & \boldsymbol{P}_{i_{12}} & \boldsymbol{O} \\ \boldsymbol{P}_{i_{12}}^{\mathrm{T}} & \boldsymbol{P}_{i_{22}} & \boldsymbol{O} \\ \boldsymbol{O} & \boldsymbol{O} & \boldsymbol{O} \end{bmatrix} + \\ &\begin{bmatrix} \boldsymbol{Q}_{ei} & \boldsymbol{O} & \boldsymbol{O} \\ \boldsymbol{O} & \boldsymbol{Q}_i & \boldsymbol{O} \\ \boldsymbol{O} & \boldsymbol{O} & \boldsymbol{O} \end{bmatrix} = \boldsymbol{O} \end{aligned} \tag{3.37}$$

对式(3.37)左乘$(\widetilde{\boldsymbol{S}}^{-1})^{\mathrm{T}}$及右乘它的转置，且令

$$\boldsymbol{X}_i = \widetilde{\boldsymbol{U}}^{\mathrm{T}} \begin{bmatrix} \boldsymbol{I} & \boldsymbol{O} & \boldsymbol{O} \\ \boldsymbol{O} & \boldsymbol{I} & \boldsymbol{O} \\ -h_{ii}\boldsymbol{C}_2^{\mathrm{T}} & \boldsymbol{O} & \boldsymbol{I} \end{bmatrix} \begin{bmatrix} \boldsymbol{P}_{i_{11}} & \boldsymbol{P}_{i_{12}} & \boldsymbol{O} \\ \boldsymbol{P}_{i_{12}}^{\mathrm{T}} & \boldsymbol{P}_{i_{22}} & \boldsymbol{O} \\ \boldsymbol{O} & \boldsymbol{O} & \boldsymbol{O} \end{bmatrix} \widetilde{\boldsymbol{S}}^{-1} \tag{3.38}$$

根据式(3.22)中$\widetilde{\boldsymbol{A}}_i$与$\widetilde{\boldsymbol{B}}_i$的受限等价形式，$\boldsymbol{X}_i$显然满足

$$\widetilde{\boldsymbol{A}}_i^{\mathrm{T}}\boldsymbol{X}_i + \boldsymbol{X}_i^{\mathrm{T}}\widetilde{\boldsymbol{A}}_i - \boldsymbol{X}_i^{\mathrm{T}}\widetilde{\boldsymbol{B}}_i\boldsymbol{R}_i^{-1}\widetilde{\boldsymbol{B}}_i^{\mathrm{T}}\boldsymbol{X}_i + \boldsymbol{Q}_{zi} = \boldsymbol{O}$$

另外，注意到

$$\begin{bmatrix} \boldsymbol{P}_{i_{11}} & \boldsymbol{P}_{i_{12}} & \boldsymbol{O} \\ \boldsymbol{P}_{i_{12}}^{\mathrm{T}} & \boldsymbol{P}_{i_{22}} & \boldsymbol{O} \\ \boldsymbol{O} & \boldsymbol{O} & \boldsymbol{O} \end{bmatrix} \begin{bmatrix} \boldsymbol{I} & \boldsymbol{O} & -h_{ii}\boldsymbol{C}_2 \\ \boldsymbol{O} & \boldsymbol{I} & \boldsymbol{O} \\ \boldsymbol{O} & \boldsymbol{O} & \boldsymbol{I} \end{bmatrix} \begin{bmatrix} \boldsymbol{I} & \boldsymbol{O} & \boldsymbol{O} \\ \boldsymbol{O} & \boldsymbol{I} & \boldsymbol{O} \\ \boldsymbol{O} & \boldsymbol{O} & \boldsymbol{O} \end{bmatrix} =$$

$$\begin{bmatrix} I & O & O \\ O & I & O \\ O & O & O \end{bmatrix}\begin{bmatrix} I & O & O \\ O & I & O \\ -h_{ii}C_2^{\mathrm{T}} & O & I \end{bmatrix}\begin{bmatrix} P_{i_{11}} & P_{i_{12}} & O \\ P_{i_{12}}^{\mathrm{T}} & P_{i_{22}} & O \\ O & O & O \end{bmatrix} \tag{3.39}$$

在式(3.39)两边重复对式(3.37)的操作,得到

$$(\widetilde{S}^{-1})^{\mathrm{T}}\begin{bmatrix} P_{i_{11}} & P_{i_{12}} & O \\ P_{i_{12}}^{\mathrm{T}} & P_{i_{22}} & O \\ O & O & O \end{bmatrix}\begin{bmatrix} I & O & -h_{ii}C_2 \\ O & I & O \\ O & O & I \end{bmatrix}\widetilde{U}\widetilde{U}^{-1}\begin{bmatrix} I & O & O \\ O & I & O \\ O & O & O \end{bmatrix}\widetilde{S}^{-1}=$$

$$(\widetilde{S}^{-1})^{\mathrm{T}}\begin{bmatrix} I & O & O \\ O & I & O \\ O & O & O \end{bmatrix}(\widetilde{U}^{-1})^{\mathrm{T}}\widetilde{U}^{\mathrm{T}}\begin{bmatrix} I & O & O \\ O & I & O \\ -h_{ii}C_2^{\mathrm{T}} & O & I \end{bmatrix}\begin{bmatrix} P_{i_{11}} & P_{i_{12}} & O \\ P_{i_{12}}^{\mathrm{T}} & P_{i_{22}} & O \\ O & O & O \end{bmatrix}\widetilde{S}^{-1} \tag{3.40}$$

那么根据式(3.22)中 $\widetilde{E}_i$ 的受限等价形式,式(3.40)可写为

$$\widetilde{E}_i^{\mathrm{T}}X_i=X_i^{\mathrm{T}}\widetilde{E}_i$$

矩阵 $\widetilde{E}_i^{\mathrm{T}}X_i\geqslant 0$ 的结论可从式(3.39)证得,而关于矩阵束$(\widetilde{E}_i,\widetilde{A}_i-\widetilde{B}_iR_i^{-1}\widetilde{B}_i^{\mathrm{T}}X_i)$容许性的结论可参见文献[201]中的推论 5.3.1,此处不再证明。

$g_i(t)$由引理 3.8 中的 $f_i(t)$扩展而来。在对 $f_i(t)(i=1,2,\cdots,N)$进行扩展之前,首先由式(3.38)得到

$$\begin{bmatrix} I & O & O \\ O & I & O \\ h_{ii}C_2^{\mathrm{T}} & O & I \end{bmatrix}(\widetilde{U}^{-1})^{\mathrm{T}}X_i\widetilde{S}=\begin{bmatrix} P_{i_{11}} & P_{i_{12}} & O \\ P_{i_{12}}^{\mathrm{T}} & P_{i_{22}} & O \\ O & O & O \end{bmatrix} \tag{3.41}$$

在式(3.41)两边左乘$\begin{bmatrix} I & O & O \\ O & I & O \\ O & O & O \end{bmatrix}$,得到

$$\begin{bmatrix} I & O & O \\ O & I & O \\ O & O & O \end{bmatrix}(\widetilde{U}^{-1})^{\mathrm{T}}X_i\widetilde{S}=\begin{bmatrix} P_{i_{11}} & P_{i_{12}} & O \\ P_{i_{12}}^{\mathrm{T}} & P_{i_{22}} & O \\ O & O & O \end{bmatrix} \tag{3.42}$$

应用 $\widetilde{E}_i$ 的受限等价变换形式,式(3.42)可表示为

$$\widetilde{S}^{\mathrm{T}}\widetilde{E}_i^{\mathrm{T}}X_i\widetilde{S}=\begin{bmatrix} P_{i_{11}} & P_{i_{12}} & O \\ P_{i_{12}}^{\mathrm{T}} & P_{i_{22}} & O \\ O & O & O \end{bmatrix} \tag{3.43}$$

记 $M_i=\widetilde{S}^{\mathrm{T}}\widetilde{E}_i^{\mathrm{T}}X_i\widetilde{S}$,于是得到

$$M_i=\begin{bmatrix} P_{i_{11}} & P_{i_{12}} & O \\ P_{i_{12}}^{\mathrm{T}} & P_{i_{22}} & O \\ O & O & O \end{bmatrix} \tag{3.44}$$

现在对 $f_i(t)$进行扩展,由于 P_i 是对称正定矩阵,因此式(3.28)等价于

$$f_i(t)=R_i^{-1}\widetilde{B}_{i_1}^{\mathrm{T}}P_iP_i^{-1}\int_0^{l_r}\exp(\sigma\widetilde{A}_{ci}^{\mathrm{T}}P_iP_i^{-1})P_i\widetilde{D}_{i_1}\dot{y}_{\mathrm{d}}(t+\sigma)\mathrm{d}\sigma \tag{3.45}$$

首先，$\boldsymbol{R}_i^{-1}\widetilde{\boldsymbol{B}}_{i_1}^{\mathrm{T}}\boldsymbol{P}_i\boldsymbol{P}_i^{-1}$ 可扩展为

$$\boldsymbol{R}_i^{-1}\begin{bmatrix}\boldsymbol{O} & \boldsymbol{B}_1^{\mathrm{T}} & \boldsymbol{B}_2^{\mathrm{T}}\end{bmatrix}\begin{bmatrix}\boldsymbol{I} & \boldsymbol{O} & \boldsymbol{O}\\ \boldsymbol{O} & \boldsymbol{I} & \boldsymbol{O}\\ -h_{ii}\boldsymbol{C}_2^{\mathrm{T}} & \boldsymbol{O} & \boldsymbol{I}\end{bmatrix}\begin{bmatrix}\boldsymbol{P}_{i_{11}} & \boldsymbol{P}_{i_{12}} & \boldsymbol{O}\\ \boldsymbol{P}_{i_{12}}^{\mathrm{T}} & \boldsymbol{P}_{i_{22}} & \boldsymbol{O}\\ \boldsymbol{O} & \boldsymbol{O} & \boldsymbol{O}\end{bmatrix}\bar{\boldsymbol{P}}_1^{-1}\bar{\boldsymbol{P}}_1\begin{bmatrix}\boldsymbol{P}_{i_{11}} & \boldsymbol{P}_{i_{12}} & \boldsymbol{O}\\ \boldsymbol{P}_{i_{12}}^{\mathrm{T}} & \boldsymbol{P}_{i_{22}} & \boldsymbol{O}\\ \boldsymbol{O} & \boldsymbol{O} & \boldsymbol{O}\end{bmatrix} \tag{3.46}$$

由式(3.34)～式(3.37)的扩展过程，式(3.46)可记为 $\boldsymbol{R}^{-1}\bar{\boldsymbol{B}}^{\mathrm{T}}\boldsymbol{X}\bar{\boldsymbol{P}}_1\boldsymbol{M}_i^{\dagger}$。

然后，对 $\widetilde{\boldsymbol{A}}_{ci}^{\mathrm{T}}\boldsymbol{P}_i\boldsymbol{P}_i^{-1}$ 进行扩展，由于 $\widetilde{\boldsymbol{A}}_{ci}=\widetilde{\boldsymbol{A}}_{i_1}-\widetilde{\boldsymbol{B}}_{i_1}\boldsymbol{R}_i^{-1}\widetilde{\boldsymbol{B}}_{i_1}^{\mathrm{T}}\boldsymbol{P}_i$，因此 $\widetilde{\boldsymbol{A}}_{ci}^{\mathrm{T}}\boldsymbol{P}_i$ 可扩展成

$$\begin{bmatrix}\boldsymbol{O} & \boldsymbol{O} & \boldsymbol{O}\\ h_{ii}\boldsymbol{C}_1^{\mathrm{T}} & \boldsymbol{A}_1^{\mathrm{T}} & \boldsymbol{O}\\ h_{ii}\boldsymbol{C}_2^{\mathrm{T}} & \boldsymbol{O} & \boldsymbol{I}\end{bmatrix}\begin{bmatrix}\boldsymbol{I} & \boldsymbol{O} & \boldsymbol{O}\\ \boldsymbol{O} & \boldsymbol{I} & \boldsymbol{O}\\ -h_{ii}\boldsymbol{C}_2^{\mathrm{T}} & \boldsymbol{O} & \boldsymbol{I}\end{bmatrix}\begin{bmatrix}\boldsymbol{P}_{i_{11}} & \boldsymbol{P}_{i_{12}} & \boldsymbol{O}\\ \boldsymbol{P}_{i_{12}}^{\mathrm{T}} & \boldsymbol{P}_{i_{22}} & \boldsymbol{O}\\ \boldsymbol{O} & \boldsymbol{O} & \boldsymbol{O}\end{bmatrix}-$$

$$\begin{bmatrix}\boldsymbol{P}_{i_{11}} & \boldsymbol{P}_{i_{12}} & \boldsymbol{O}\\ \boldsymbol{P}_{i_{12}}^{\mathrm{T}} & \boldsymbol{P}_{i_{22}} & \boldsymbol{O}\\ \boldsymbol{O} & \boldsymbol{O} & \boldsymbol{O}\end{bmatrix}\begin{bmatrix}\boldsymbol{I} & \boldsymbol{O} & -h_{ii}\boldsymbol{C}_2\\ \boldsymbol{O} & \boldsymbol{I} & \boldsymbol{O}\\ \boldsymbol{O} & \boldsymbol{O} & \boldsymbol{I}\end{bmatrix}\begin{bmatrix}\boldsymbol{O}\\ \boldsymbol{B}_1\\ \boldsymbol{B}_2\end{bmatrix}\boldsymbol{R}_i^{-1}\begin{bmatrix}\boldsymbol{O} & \boldsymbol{B}_1^{\mathrm{T}} & \boldsymbol{B}_2^{\mathrm{T}}\end{bmatrix}\begin{bmatrix}\boldsymbol{I} & \boldsymbol{O} & \boldsymbol{O}\\ \boldsymbol{O} & \boldsymbol{I} & \boldsymbol{O}\\ -h_{ii}\boldsymbol{C}_2^{\mathrm{T}} & \boldsymbol{O} & \boldsymbol{I}\end{bmatrix}\begin{bmatrix}\boldsymbol{P}_{i_{11}} & \boldsymbol{P}_{i_{12}} & \boldsymbol{O}\\ \boldsymbol{P}_{i_{12}}^{\mathrm{T}} & \boldsymbol{P}_{i_{22}} & \boldsymbol{O}\\ \boldsymbol{O} & \boldsymbol{O} & \boldsymbol{O}\end{bmatrix} \tag{3.47}$$

进一步，对式(3.47)进行简单的初等变换，即

$$\widetilde{\boldsymbol{S}}^{\mathrm{T}}(\widetilde{\boldsymbol{S}}^{-1})^{\mathrm{T}}\begin{bmatrix}\boldsymbol{O} & \boldsymbol{O} & \boldsymbol{O}\\ h_{ii}\boldsymbol{C}_1^{\mathrm{T}} & \boldsymbol{A}_1^{\mathrm{T}} & \boldsymbol{O}\\ h_{ii}\boldsymbol{C}_2^{\mathrm{T}} & \boldsymbol{O} & \boldsymbol{I}\end{bmatrix}(\widetilde{\boldsymbol{U}}^{-1})^{\mathrm{T}}\widetilde{\boldsymbol{U}}^{\mathrm{T}}\begin{bmatrix}\boldsymbol{I} & \boldsymbol{O} & \boldsymbol{O}\\ \boldsymbol{O} & \boldsymbol{I} & \boldsymbol{O}\\ -h_{ii}\boldsymbol{C}_2^{\mathrm{T}} & \boldsymbol{O} & \boldsymbol{I}\end{bmatrix}\begin{bmatrix}\boldsymbol{P}_{i_{11}} & \boldsymbol{P}_{i_{12}} & \boldsymbol{O}\\ \boldsymbol{P}_{i_{12}}^{\mathrm{T}} & \boldsymbol{P}_{i_{22}} & \boldsymbol{O}\\ \boldsymbol{O} & \boldsymbol{O} & \boldsymbol{O}\end{bmatrix}\widetilde{\boldsymbol{S}}^{-1}\widetilde{\boldsymbol{S}}-$$

$$\widetilde{\boldsymbol{S}}^{\mathrm{T}}(\widetilde{\boldsymbol{S}}^{-1})^{\mathrm{T}}\begin{bmatrix}\boldsymbol{P}_{i_{11}} & \boldsymbol{P}_{i_{12}} & \boldsymbol{O}\\ \boldsymbol{P}_{i_{12}}^{\mathrm{T}} & \boldsymbol{P}_{i_{22}} & \boldsymbol{O}\\ \boldsymbol{O} & \boldsymbol{O} & \boldsymbol{O}\end{bmatrix}\begin{bmatrix}\boldsymbol{I} & \boldsymbol{O} & -h_{ii}\boldsymbol{C}_2\\ \boldsymbol{O} & \boldsymbol{I} & \boldsymbol{O}\\ \boldsymbol{O} & \boldsymbol{O} & \boldsymbol{I}\end{bmatrix}\widetilde{\boldsymbol{U}}\widetilde{\boldsymbol{U}}^{-1}\begin{bmatrix}\boldsymbol{O}\\ \boldsymbol{B}_1\\ \boldsymbol{B}_2\end{bmatrix}\boldsymbol{R}_i^{-1}\begin{bmatrix}\boldsymbol{O} & \boldsymbol{B}_1^{\mathrm{T}} & \boldsymbol{B}_2^{\mathrm{T}}\end{bmatrix}$$

$$(\widetilde{\boldsymbol{U}}^{-1})^{\mathrm{T}}\widetilde{\boldsymbol{U}}^{\mathrm{T}}\begin{bmatrix}\boldsymbol{I} & \boldsymbol{O} & \boldsymbol{O}\\ \boldsymbol{O} & \boldsymbol{I} & \boldsymbol{O}\\ -h_{ii}\boldsymbol{C}_2^{\mathrm{T}} & \boldsymbol{O} & \boldsymbol{I}\end{bmatrix}\begin{bmatrix}\boldsymbol{P}_{i_{11}} & \boldsymbol{P}_{i_{12}} & \boldsymbol{O}\\ \boldsymbol{P}_{i_{12}}^{\mathrm{T}} & \boldsymbol{P}_{i_{22}} & \boldsymbol{O}\\ \boldsymbol{O} & \boldsymbol{O} & \boldsymbol{O}\end{bmatrix}\widetilde{\boldsymbol{S}}^{-1}\widetilde{\boldsymbol{S}} \tag{3.48}$$

根据式(3.22)可得，式(3.48)等于 $\widetilde{\boldsymbol{S}}^{\mathrm{T}}[(\widetilde{\boldsymbol{A}}_i^{\mathrm{T}}-\boldsymbol{X}_i^{\mathrm{T}}\widetilde{\boldsymbol{B}}_i\boldsymbol{R}_i^{-1}\widetilde{\boldsymbol{B}}_i^{\mathrm{T}})\boldsymbol{X}_i]\widetilde{\boldsymbol{S}}$。那么 $\widetilde{\boldsymbol{A}}_{ci}^{\mathrm{T}}\boldsymbol{P}_i\boldsymbol{P}_i^{-1}$ 扩展后的结果为 $\widetilde{\boldsymbol{S}}^{\mathrm{T}}[(\widetilde{\boldsymbol{A}}_i^{\mathrm{T}}-\boldsymbol{X}_i^{\mathrm{T}}\widetilde{\boldsymbol{B}}_i\boldsymbol{R}_i^{-1}\widetilde{\boldsymbol{B}}_i^{\mathrm{T}})\boldsymbol{X}_i]\widetilde{\boldsymbol{S}}\boldsymbol{M}_i^{\dagger}$。

最后，$\boldsymbol{P}_i\widetilde{\boldsymbol{D}}_{i_1}$ 扩展为

$$\widetilde{\boldsymbol{S}}^{\mathrm{T}}(\widetilde{\boldsymbol{S}}^{-1})^{\mathrm{T}}\begin{bmatrix}\boldsymbol{P}_{i_{11}} & \boldsymbol{P}_{i_{12}} & \boldsymbol{O}\\ \boldsymbol{P}_{i_{12}}^{\mathrm{T}} & \boldsymbol{P}_{i_{22}} & \boldsymbol{O}\\ \boldsymbol{O} & \boldsymbol{O} & \boldsymbol{O}\end{bmatrix}\begin{bmatrix}\boldsymbol{I} & \boldsymbol{O} & -h_{ii}\boldsymbol{C}_2\\ \boldsymbol{O} & \boldsymbol{I} & \boldsymbol{O}\\ \boldsymbol{O} & \boldsymbol{O} & \boldsymbol{I}\end{bmatrix}\widetilde{\boldsymbol{U}}\widetilde{\boldsymbol{U}}^{-1}\begin{bmatrix}\boldsymbol{I}\\ \boldsymbol{O}\\ \boldsymbol{O}\end{bmatrix} \tag{3.49}$$

上式可记为 $\widetilde{\boldsymbol{S}}^{\mathrm{T}}\boldsymbol{X}_i^{\mathrm{T}}\widetilde{\boldsymbol{D}}_i$。

那么，由式(3.46)～式(3.49)便可得式(3.32)的结果。另外

$$\boldsymbol{R}_i^{-1}\widetilde{\boldsymbol{B}}_{i_1}^{\mathrm{T}}\boldsymbol{P}_i\widetilde{\boldsymbol{z}}_{vi}(t)=\boldsymbol{R}_i^{-1}\begin{bmatrix}\widetilde{\boldsymbol{B}}_{i_1}^{\mathrm{T}} & \boldsymbol{B}_{i_2}^{\mathrm{T}}\end{bmatrix}\begin{bmatrix}\boldsymbol{P}_i & \boldsymbol{O}\\ \boldsymbol{O} & \boldsymbol{O}\end{bmatrix}\begin{bmatrix}\widetilde{\boldsymbol{z}}_{vi}(t)\\ \dot{\boldsymbol{x}}_{vi_2}\end{bmatrix}=\boldsymbol{R}_i^{-1}\widetilde{\boldsymbol{B}}_i^{\mathrm{T}}\boldsymbol{X}_i\boldsymbol{z}_{vi}(t)$$

所以，由式(3.27)表示的 $\dot{\boldsymbol{u}}_{vi}(t)$ 最终扩展为式(3.31)的结果。 **证毕**

定理 3.1 不仅给出了基于系统(3.20)的最优预见控制律，而且其证明过程也提供了

GARE(3.33)的容许解的一种显式表达。实际上,设计基于原始系统的控制器的关键是求出GARE(3.33)的一个容许解。文献[201]给出了求解 GARE(3.33)的一种方法,其求解过程依赖于与式(3.33)相关的哈密顿矩阵的若尔当分解以及一个低维 ARE 的半负定解阵。相较于文献[201]的方法,本章给出的求解过程在仿真时更易于执行。

上文已经证得,在假设 A3.1 下,假设 A3.3 和 A3.4 分别是$(\widetilde{\boldsymbol{E}}_i,\widetilde{\boldsymbol{A}}_i)$无脉冲和$(\widetilde{\boldsymbol{E}}_i,\widetilde{\boldsymbol{A}}_i,\widetilde{\boldsymbol{B}}_i)$$(i=1,2,\cdots,N)$可镇定的充要条件。若使 GARE(3.33)存在容许解,则仍需证明$(\widetilde{\boldsymbol{E}}_i,\widetilde{\boldsymbol{A}}_i,\boldsymbol{Q}_{zi}^{1/2})$$(i=1,2,\cdots,N)$是可检测的。引理 3.9 给出了其可检测的充分条件。

引理 3.9 在假设 A3.1 下,若假设 A3.5 成立,则$(\widetilde{\boldsymbol{E}}_i,\widetilde{\boldsymbol{A}}_i,\boldsymbol{Q}_{zi}^{1/2})$$(i=1,2,\cdots,N)$是可检测的。

引理 3.9 的证明方法与文献[152]中的引理 5.3 的证明相似,此处不再赘述。

3.2.4 闭环系统的稳定性

下面讨论虚拟系统(3.20)的闭环系统稳定性。将控制律(3.31)代入虚拟系统(3.20)得到

$$\widetilde{\boldsymbol{E}}_i\dot{\boldsymbol{z}}_{vi}(t)=(\widetilde{\boldsymbol{A}}_i-\widetilde{\boldsymbol{B}}_i\boldsymbol{R}_i^{-1}\widetilde{\boldsymbol{B}}_i^{\mathrm{T}}\boldsymbol{X}_i)\boldsymbol{z}_{vi}(t)+\boldsymbol{\theta}_i(t) \tag{3.50}$$

其中:

$$\boldsymbol{\theta}_i(t)=\widetilde{\boldsymbol{B}}_i\boldsymbol{g}_i(t)-\widetilde{\boldsymbol{D}}_i\dot{\boldsymbol{y}}_{\mathrm{d}}(t),\quad i=1,2,\cdots,N$$

定理 3.2 若假设 A3.1~A3.5 成立,则闭环系统(3.50)是渐近稳定的。

证明 根据引理 3.3,若$(\widetilde{\boldsymbol{E}}_i,\widetilde{\boldsymbol{A}}_i-\widetilde{\boldsymbol{B}}_i\boldsymbol{R}_i^{-1}\widetilde{\boldsymbol{B}}_i^{\mathrm{T}}\boldsymbol{X}_i)$$(i=1,2,\cdots,N)$是容许的,另外,$\boldsymbol{\theta}_i(t)$在$[0,+\infty)$上有界且$\lim\limits_{t\to\infty}\boldsymbol{\theta}_i(t)=\boldsymbol{0}$,则闭环系统(3.50)是渐近稳定的。

首先,若假设 A3.1、A3.3~A3.5 成立,则定理 3.1 的条件成立,于是$(\widetilde{\boldsymbol{E}}_i,\widetilde{\boldsymbol{A}}_i-\widetilde{\boldsymbol{B}}_i\boldsymbol{R}_i^{-1}\widetilde{\boldsymbol{B}}_i^{\mathrm{T}}\boldsymbol{X}_i)$是容许的。

其次,证明$\boldsymbol{\theta}_i(t)$在$[0,+\infty)$上有界且$\lim\limits_{t\to\infty}\boldsymbol{\theta}_i(t)=\boldsymbol{0}$。由定理 3.1 的证明过程知$\|\boldsymbol{g}_i(t)\|=\|\boldsymbol{f}_i(t)\|$。而在$\boldsymbol{f}_i(t)$中,由于$\widetilde{\boldsymbol{A}}_{ci}$为稳定矩阵,因此存在常数$W$和$\alpha>0$,使得当$\sigma\geqslant 0$时,$\|\mathrm{e}^{\widetilde{\boldsymbol{A}}_{ci}\sigma}\|\leqslant W\mathrm{e}^{-\alpha\sigma}$成立。另外,假设 A3.2 意味着存在常数$K$,使得$\|\dot{\boldsymbol{y}}_{\mathrm{d}}(t)\|\leqslant K$。于是

$$\begin{aligned}
\|\boldsymbol{\theta}_i(t)\| &\leqslant \|\widetilde{\boldsymbol{B}}_i\boldsymbol{g}_i(t)\|+\|\widetilde{\boldsymbol{D}}_i\dot{\boldsymbol{y}}_{\mathrm{d}}(t)\|\\
&\leqslant \|\widetilde{\boldsymbol{B}}_i\|\,\|\boldsymbol{g}_i(t)\|+\|\widetilde{\boldsymbol{D}}_i\|\,\|\dot{\boldsymbol{y}}_{\mathrm{d}}(t)\|\\
&\leqslant \|\widetilde{\boldsymbol{B}}_i\|\,\|\boldsymbol{f}_i(t)\|+K\|\widetilde{\boldsymbol{D}}_i\|\\
&\leqslant \|\widetilde{\boldsymbol{B}}_i\|\,\|\boldsymbol{R}_i^{-1}\|\,\|\widetilde{\boldsymbol{B}}_{i_1}^{\mathrm{T}}\|\int_0^{l_r}\|\mathrm{e}^{\sigma\widetilde{\boldsymbol{A}}_{ci}^{\mathrm{T}}}\boldsymbol{P}_i\widetilde{\boldsymbol{D}}_{i_1}\dot{\boldsymbol{y}}_{\mathrm{d}}(t+\sigma)\|\mathrm{d}\sigma+K\|\widetilde{\boldsymbol{D}}_i\|\\
&\leqslant \bar{W}\int_0^{l_r}\mathrm{e}^{-\alpha\sigma}\mathrm{d}\sigma+K\|\widetilde{\boldsymbol{D}}_i\|\\
&=\bar{W}\left[-\frac{1}{\alpha}(\mathrm{e}^{-\alpha l_r}-1)\right]+K\|\widetilde{\boldsymbol{D}}_i\|
\end{aligned}$$

其中,$\bar{W}=\|\widetilde{\boldsymbol{B}}_i\|\,\|\boldsymbol{R}_i^{-1}\|\,\|\widetilde{\boldsymbol{B}}_{i_1}^{\mathrm{T}}\|\,\|\boldsymbol{P}_i\|\,\|\widetilde{\boldsymbol{D}}_{i_1}\|WK$,而$\bar{W}\left[-\frac{1}{\alpha}(\mathrm{e}^{-\alpha l_r}-1)\right]+K\|\widetilde{\boldsymbol{D}}_i\|$为一

常数，因此 $\boldsymbol{\theta}_i(t)$ 在 $[0,+\infty)$ 上有界。此外，注意到 $\lim_{t\to\infty}\dot{\boldsymbol{y}}_{\mathrm{d}}(t)=\mathbf{0}$，于是根据式(3.32)所示 $\boldsymbol{g}_i(t)$ 以及 $\boldsymbol{\theta}_i(t)=\widetilde{\boldsymbol{B}}_i\boldsymbol{g}_i(t)-\widetilde{\boldsymbol{D}}_i\dot{\boldsymbol{y}}_{\mathrm{d}}(t)$ 可得 $\lim_{t\to\infty}\boldsymbol{\theta}_i(t)=\mathbf{0}$。 **证毕**

由定理 3.2 的结论以及系统(3.17)和系统(3.20)之间的关系知，控制器

$$\dot{\boldsymbol{u}}(t)=[\dot{\boldsymbol{u}}_1^{\mathrm{T}}(t),\dot{\boldsymbol{u}}_2^{\mathrm{T}}(t),\cdots,\dot{\boldsymbol{u}}_N^{\mathrm{T}}(t)]^{\mathrm{T}} \tag{3.51}$$

可使得系统(3.17)的闭环系统渐近稳定，其中：

$$\dot{\boldsymbol{u}}_i(t)=-\boldsymbol{R}_i^{-1}\widetilde{\boldsymbol{B}}_i^{\mathrm{T}}\boldsymbol{X}_i\tilde{\boldsymbol{z}}_i(t)+\boldsymbol{g}_i(t),\quad i=1,2,\cdots,N \tag{3.52}$$

进而由系统(3.17)和系统(3.15)之间的关系知，系统(3.15)的闭环系统也是渐近稳定的。于是，得到 $\lim_{t\to\infty}\boldsymbol{e}(t)=\mathbf{0}$，即控制律(3.52)可使得多智能体系统(3.4)实现对领导者的协调预见跟踪。对式(3.52)从 $[-(l_{\mathrm{r}}+\varepsilon),t)$($\varepsilon$ 为任意小的正数)积分后，我们将上述结果总结为定理 3.3。

定理 3.3 设 A3.1～A3.5 成立，$\boldsymbol{Q}_{\mathrm{e}i}$、$\boldsymbol{R}_i$ 和 $\boldsymbol{Q}_i(i=1,2,\cdots,N)$ 为对称正定矩阵，当 $t<0$ 时，令 $\boldsymbol{u}_i(t)=\mathbf{0}$，$\boldsymbol{y}_{\mathrm{d}}(t)=0$，那么使多智能体系统(3.4)实现协调预见跟踪的分布式最优控制器为

$$\boldsymbol{u}_i(t)=-\boldsymbol{K}_{\mathrm{e}i}\int_0^t\boldsymbol{e}_i(\sigma)\mathrm{d}\sigma-\boldsymbol{K}_{\mathrm{x}i}\boldsymbol{x}_i(t)+\bar{\boldsymbol{g}}_i(t),\quad i=1,2,\cdots,N \tag{3.53}$$

其中，$\bar{\boldsymbol{g}}_i(t)\in\mathbb{R}^r$ 为预见补偿项：

$$\bar{\boldsymbol{g}}_i(t)=\boldsymbol{R}_i^{-1}\widetilde{\boldsymbol{B}}_i^{\mathrm{T}}\boldsymbol{X}_i\widetilde{\boldsymbol{S}}\widetilde{\boldsymbol{M}}_i\int_0^{l_{\mathrm{r}}}\mathrm{e}^{\sigma\hat{\boldsymbol{A}}_i}\widetilde{\boldsymbol{S}}^{\mathrm{T}}\boldsymbol{X}_i^{\mathrm{T}}\widetilde{\boldsymbol{D}}_i\boldsymbol{y}_{\mathrm{d}}(t+\sigma)\mathrm{d}\sigma \tag{3.54}$$

另外，$\boldsymbol{K}_{\mathrm{e}i}=\boldsymbol{R}_i^{-1}\widetilde{\boldsymbol{B}}_i^{\mathrm{T}}\boldsymbol{X}_{\mathrm{e}i}$，$\boldsymbol{K}_{\mathrm{x}i}=\boldsymbol{R}_i^{-1}\widetilde{\boldsymbol{B}}_i^{\mathrm{T}}\boldsymbol{X}_{\mathrm{x}i}$，$\boldsymbol{X}_i=[\boldsymbol{X}_{\mathrm{e}i}\quad\boldsymbol{X}_{\mathrm{x}i}]$，矩阵 $\boldsymbol{X}_i$ 满足式(3.33)，$\hat{\boldsymbol{A}}_i$ 和 $\widetilde{\boldsymbol{M}}_i$ 见式(3.32)。

附注 3.5 注意在式(3.54)中 $\widetilde{\boldsymbol{D}}_i=\begin{bmatrix}m_{ii}\boldsymbol{I}\\\mathbf{0}\end{bmatrix}$，$i=1,2,\cdots,N$，由 m_i 的定义以及定理 3.2 知，只需对部分跟随者设计预见补偿便可实现对领导者的全局协调预见跟踪。

3.2.5 讨论

本章提出的设计方法具有良好的可延展性。若每个跟随者的动力学行为由如下的状态方程描述：

$$\begin{cases}\boldsymbol{E}_i\dot{\boldsymbol{x}}_i(t)=\boldsymbol{A}_i\boldsymbol{x}_i(t)+\boldsymbol{B}_i\boldsymbol{u}_i(t),\\\boldsymbol{y}_i(t)=\boldsymbol{C}_i\boldsymbol{x}_i(t),\end{cases}\quad\boldsymbol{x}_i(0)=\boldsymbol{x}_{i0},\quad i=1,2,\cdots,N \tag{3.55}$$

其中，$\boldsymbol{x}_i(t)\in\mathbb{R}^{n_i}$ 表示第 i 个跟随者的状态，另外 $\mathrm{rank}(\boldsymbol{E}_i)=q_i\leqslant n_i$。那么，除需要对每个子系统进行受限等价变换外，其余的设计过程是不变的。于是在假设 A3.1～A3.5 下，使跟随者实现对领导者的协调预见跟踪的分布式最优控制器为

$$\boldsymbol{u}_i(t)=-\boldsymbol{K}_{\mathrm{e}i}\int_0^t\boldsymbol{e}_i(\sigma)\mathrm{d}\sigma-\boldsymbol{K}_{\mathrm{x}i}\boldsymbol{x}_i(t)+\bar{\boldsymbol{g}}_i'(t),\quad i=1,2,\cdots,N \tag{3.56}$$

其中：

$$\bar{\boldsymbol{g}}_i'(t)=\boldsymbol{R}_i^{-1}\widetilde{\boldsymbol{B}}_i^{\mathrm{T}}\boldsymbol{X}_i\widetilde{\boldsymbol{S}}_i\widetilde{\boldsymbol{M}}_i\int_0^{l_{\mathrm{r}}}\mathrm{e}^{\sigma\hat{\boldsymbol{A}}_i}\widetilde{\boldsymbol{S}}_i^{\mathrm{T}}\boldsymbol{X}_i^{\mathrm{T}}\widetilde{\boldsymbol{D}}_i\boldsymbol{y}_{\mathrm{d}}(t+\sigma)\mathrm{d}\sigma \tag{3.57}$$

注意，与定理 3.3 不同，该种情形下用到的 $\widetilde{\boldsymbol{E}}_i$、$\widetilde{\boldsymbol{A}}_i$、$\widetilde{\boldsymbol{B}}_i$ 以及 $\widetilde{\boldsymbol{S}}_i$ 分别由下式表示：

$$\widetilde{E}_i=\begin{bmatrix}I & O\\ O & E_i\end{bmatrix},\quad \widetilde{A}_i=\begin{bmatrix}O & h_{ii}C_i\\ O & A_i\end{bmatrix},\quad \widetilde{B}_i=\begin{bmatrix}O\\ B_i\end{bmatrix},\quad \widetilde{S}_i=\begin{bmatrix}I & O\\ O & S_i\end{bmatrix}$$

若系统(3.4)不再是无脉冲的,而是符合如下假设:

A3.6 设系统(3.4)是脉冲能控的且脉冲能观的。

此时,为在本章的设计框架下实现系统(3.4)对领导者的协调预见跟踪,需要将系统(3.4)转化为无脉冲的系统。文献[199]已经证明,对于系统(3.4),存在输出反馈使其闭环系统为无脉冲的充要条件是假设 A3.6 成立。因此,本章为每个子系统设计如下的预反馈:

$$u_i(t)=Ky_i(t)+v_i(t),\quad i=1,2,\cdots,N \tag{3.58}$$

其中,$v_i(t)\in\mathbb{R}^m$是辅助输入。将式(3.58)作用于系统(3.4)得到如下的无脉冲系统:

$$\begin{cases}E\dot{x}_i(t)=(A+BKC)x_i(t)+Bv_i(t)\\ y_i(t)=Cx_i(t)\end{cases} \tag{3.59}$$

类比于系统(3.4)在无脉冲时的设计过程,本章得到了推论 3.2。

推论 3.2 设假设 A3.1、A3.2、A3.4～A3.6 成立,Q_{ei}、R_i 和 $Q_i(i=1,2,\cdots,N)$为对称正定矩阵。当 $t<0$ 时,令 $u_i(t)=0$,$y_d(t)=0$,那么使多智能体系统(3.4)实现协调预见跟踪的分布式最优控制器为

$$u_i(t)=-K_{ei}\int_0^t e_i(\sigma)\mathrm{d}\sigma+(KC-K_{xi})x_i(t)+\bar{g}_i(t),\quad i=1,2,\cdots,N \tag{3.60}$$

其中,$\bar{g}_i(t)\in\mathbb{R}^r$为预见补偿项:

$$\bar{g}_i(t)=R_i^{-1}\widetilde{B}_i^{\mathrm{T}}X_i\widetilde{S}\widetilde{M}_i\int_0^{l_r}\mathrm{e}^{\sigma\hat{A}_i}\widetilde{S}^{\mathrm{T}}X_i^{\mathrm{T}}\widetilde{D}_iy_d(t+\sigma)\mathrm{d}\sigma \tag{3.61}$$

另外,$K_{ei}=R_i^{-1}\widetilde{B}_i^{\mathrm{T}}X_{ei}$,$K_{xi}=R_i^{-1}\widetilde{B}_i^{\mathrm{T}}X_{xi}$,$X_i=[X_{ei}\quad X_{xi}]$,矩阵 X_i 满足式(3.33),$\hat{A}_i$ 和 $\widetilde{M}_i$ 的定义见式(3.32)。

附注 3.6 根据系统(3.59),GARE(3.33)中的 $\widetilde{A}_i$ 需要替换为 $\widetilde{A}_i=\begin{bmatrix}O & h_{ii}C\\ O & A+BKC\end{bmatrix}$。另外,由于输出反馈不改变系统的可镇定性和可检测性,因此,对于虚拟系统(3.20)和性能指标函数(3.21),在假设 A3.1 下,假设 A3.4 仍为$(\widetilde{E}_i,\widetilde{A}_i,\widetilde{B}_i)$可镇定的充要条件,且假设 A3.5 为$(\widetilde{E}_i,\widetilde{A}_i,Q_{zi}^{1/2})$可检测的充分条件。

接着,若虚拟调节误差 $e_i(t)$具有如下形式:

$$e_i(t)=\frac{1}{h_{ii}}\Big(\sum_{j\in\mathcal{N}_i}a_{ij}(y_i(t)-y_j(t))+m_i(y_i(t)-y_d(t))\Big),\quad i=1,2,\cdots,N$$

那么全局虚拟调节误差为

$$e(t)=(\bar{H}\otimes I_m)\xi(t)$$

其中,$\bar{H}=\bar{D}H$,$\bar{D}=\mathrm{diag}\left\{\frac{1}{h_{11}},\frac{1}{h_{22}},\cdots,\frac{1}{h_{NN}}\right\}$。此时 $\bar{H}$ 的主对角线元素为 1,于是在虚拟系统(3.20)中 $\widetilde{E}_i=\widetilde{E}=\begin{bmatrix}I & O\\ O & E\end{bmatrix}$,$\widetilde{A}_i=\widetilde{A}=\begin{bmatrix}O & C\\ O & A\end{bmatrix}$,$\widetilde{B}_i=\widetilde{B}=\begin{bmatrix}O\\ B\end{bmatrix}$。同时,若将性能指标函数(3.10)中的权重矩阵取为相同,即 $Q_{ei}=Q_e$,$R_i=R$,$Q_{xi}=Q_x$,$i=1,2,\cdots,N$,那么在定理 3.3 中,与每个控制器 $u_i(t)$对应的增益矩阵 K_{ei}、K_{xi} 均相同,即用相同的控制增益可实现对领导者的协调预见跟踪。

最后，若系统(3.4)中 $\boldsymbol{E}$ 为非奇异矩阵，则问题退化为一般线性系统的协调预见跟踪问题。在为每个跟随者建立虚拟系统(3.20)后，有两种处理问题的思路：一是在式(3.20)的两边左乘 $\widetilde{\boldsymbol{E}}_i^{-1}$，将其转化为一般线性系统；二是沿用本章的方法，在 $\boldsymbol{P}$ 和 $\boldsymbol{S}$ 的作用下，使 $\boldsymbol{E}$ 相似于单位阵，同时将 $\boldsymbol{A}$、$\boldsymbol{B}$、$\boldsymbol{C}$ 分别变换为 $\boldsymbol{UAS}=\boldsymbol{A}_1$、$\boldsymbol{UB}=\boldsymbol{B}_1$、$\boldsymbol{CS}=\boldsymbol{C}_1$。相较于第二种思路，第一种方法既不涉及坐标变换，也不涉及定理 3.3 中的构造过程，只需类比于引理 3.8 给出结果即可。

3.3 数值仿真

本节用数值仿真来验证本章所设计的控制器的有效性。考虑由 6 个跟随者和 1 个领导者组成的多智能体系统，跟随者的动力学方程为式(3.4)，其中：

$$\boldsymbol{E}=\begin{bmatrix}1 & 0\\0 & 0\end{bmatrix},\quad \boldsymbol{A}=\begin{bmatrix}1.70 & 2.75\\2.85 & 4.80\end{bmatrix},\quad \boldsymbol{B}=\begin{bmatrix}1\\2\end{bmatrix},\quad \boldsymbol{C}=\begin{bmatrix}4 & 0\end{bmatrix}$$

领导者的输出为

$$y_{\mathrm{d}}(t)=\begin{cases}0, & t<10\\ \dfrac{1}{2}(t-10), & 10\leqslant t<16\\ 3, & t\geqslant 16\end{cases}$$

由引理 3.1 和引理 3.2 计算可得，系统(3.4)中的系数矩阵满足假设 A3.3～A3.5。令 $y_{\mathrm{d}}(t)$ 满足假设 A3.2 中可预见的条件。

图 3.1 表示多智能体系统的通信拓扑 $\bar{\mathcal{G}}$，可以看出 $\bar{\mathcal{G}}$ 包含一棵有向生成树。与 $\bar{\mathcal{G}}$ 相应的矩阵 $\boldsymbol{H}$ 为

$$\boldsymbol{H}=\begin{bmatrix}1 & 0 & 0 & 0 & 0 & 0\\-1 & 2 & 0 & 0 & 0 & 0\\-1 & 0 & 1 & 0 & 0 & 0\\0 & -1 & 0 & 1 & 0 & 0\\0 & -1 & -1 & 0 & 2 & 0\\0 & -1 & 0 & -1 & 0 & 2\end{bmatrix}$$

由于$(\boldsymbol{E},\boldsymbol{A})$无脉冲，因此可以直接计算得到满足式(3.3)的 $\boldsymbol{U}$ 和 $\boldsymbol{S}$：

$$\boldsymbol{U}=\begin{bmatrix}1 & 1 & 0\\0 & 0 & 0\\0 & 0 & 1\end{bmatrix},\quad \boldsymbol{S}=\begin{bmatrix}1 & 0 & 0\\1.5 & -1 & 1\\0 & 1 & 0\end{bmatrix}$$

在性能指标函数(3.10)中，选取正定矩阵 $\boldsymbol{Q}_{\mathrm{e}i}$、$\boldsymbol{Q}_i$、$\boldsymbol{R}_i$ $(i=1,2,\cdots,6)$：

$$\mathrm{diag}\{\boldsymbol{Q}_{\mathrm{e1}},\boldsymbol{Q}_{\mathrm{e2}},\cdots,\boldsymbol{Q}_{\mathrm{e6}}\}=\mathrm{diag}\{30.0,10.0,37.5,37.5,37.5,27.5\}$$

$$\mathrm{diag}\{\boldsymbol{Q}_1,\boldsymbol{Q}_2,\cdots,\boldsymbol{Q}_6\}=\mathrm{diag}\{0.01,0.01,0.01,0.01,0.01,0.01\}\otimes\boldsymbol{I}_2$$

$$\mathrm{diag}\{\boldsymbol{R}_1,\boldsymbol{R}_2,\cdots,\boldsymbol{R}_6\}=\mathrm{diag}\{0.275,0.225,0.225,0.225,0.225,0.225\}$$

于是定理 3.3 的条件均成立，那么存在分布式最优控制器(3.44)可使系统(3.5)实现对领导者的协调预见跟踪。在引理 3.8 和定理 3.1 的基础上，应用 MATLAB 计算得到控制

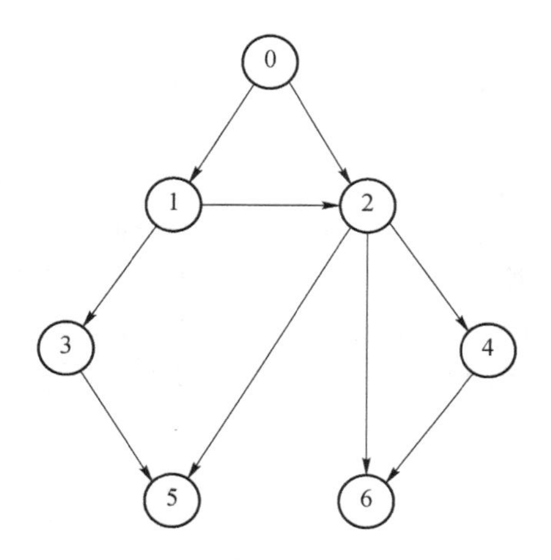

图 3.1 多智能体系统的通信拓扑

器(3.44)中的增益矩阵分别为

$$\begin{aligned}&\operatorname{diag}\{\boldsymbol{K}_{e1},\boldsymbol{K}_{e2},\cdots,\boldsymbol{K}_{e6}\}\\=&\operatorname{diag}\{-10.4447,-6.6667,-12.9099,-12.9099,-12.9099,-11.0554\}\\&\boldsymbol{K}_{x1}=[5.95830\quad 0\quad 13.97234],\quad \boldsymbol{K}_{x2}=[6.44022\quad 0\quad 14.92848]\\&\boldsymbol{K}_{x3}=[6.35756\quad 0\quad 14.76441],\quad \boldsymbol{K}_{x4}=[5.87187\quad 0\quad 13.80158]\\&\boldsymbol{K}_{x5}=[8.50512\quad 0\quad 19.03790],\quad \boldsymbol{K}_{x6}=[6.73798\quad 0\quad 15.51986]\end{aligned}$$

在进行数值仿真时,本章采用梯形方法建立迭代格式。具体地,将控制器(3.44)代入系统(3.4),得到

$$\boldsymbol{E}\dot{\boldsymbol{x}}_i(t)=(\boldsymbol{A}-\boldsymbol{B}\boldsymbol{K}_{xi})\boldsymbol{x}_i(t)+\boldsymbol{\varphi}_i(t)$$

其中:

$$\boldsymbol{\varphi}_i(t)=-\boldsymbol{B}\boldsymbol{K}_{ei}\int_0^t\boldsymbol{e}_i(\sigma)\mathrm{d}\sigma+\boldsymbol{B}\boldsymbol{K}_{xi}\boldsymbol{x}_{i0}+\boldsymbol{B}\bar{\boldsymbol{g}}_i(t)$$

根据 Euler 法和后向 Euler 法可将上述闭环系统离散为如下两种形式,即

$$\boldsymbol{E}\frac{\boldsymbol{x}_i(t+T)-\boldsymbol{x}_i(t)}{T}=(\boldsymbol{A}-\boldsymbol{B}\boldsymbol{K}_{xi})\boldsymbol{x}_i(t)+\bar{\boldsymbol{\varphi}}_i(t)$$

和

$$\boldsymbol{E}\frac{\boldsymbol{x}_i(t+T)-\boldsymbol{x}_i(t)}{T}=(\boldsymbol{A}-\boldsymbol{B}\boldsymbol{K}_{xi})\boldsymbol{x}_i(t+T)+\bar{\boldsymbol{\varphi}}_i(t+T)$$

其中,T 表示迭代步长,本章取 $T=0.01$。由于 T 保证了 $\boldsymbol{E}-\frac{T}{2}(\boldsymbol{A}-\boldsymbol{B}\boldsymbol{K}_{xi})$ 的可逆性,因此将以上两种形式相加并进行简单的计算便得到如下的梯形迭代格式:

$$\boldsymbol{x}_i(t+T)=\left\{\boldsymbol{E}-\frac{T}{2}(\boldsymbol{A}-\boldsymbol{B}\boldsymbol{K}_{xi})\right\}^{-1}\left\{\left[\boldsymbol{E}+\frac{T}{2}(\boldsymbol{A}-\boldsymbol{B}\boldsymbol{K}_{xi})\right]\boldsymbol{x}_i(t)+\frac{T}{2}(\bar{\boldsymbol{\varphi}}_i(t)+\bar{\boldsymbol{\varphi}}_i(t+T))\right\}$$

需要指出的是,在具体仿真时,$\boldsymbol{\varphi}_i(t)$ 中的积分项将按积分的原始定义处理。

令 6 个跟随者的初始条件分别为

$$
\boldsymbol{x}_1(0)=\begin{bmatrix}-0.03\\-0.03\end{bmatrix},\quad \boldsymbol{x}_2(0)=\begin{bmatrix}-0.07\\-0.09\end{bmatrix},\quad \boldsymbol{x}_3(0)=\begin{bmatrix}-0.13\\-0.15\end{bmatrix}
$$

$$
\boldsymbol{x}_4(0)=\begin{bmatrix}0.07\\0.04\end{bmatrix},\quad \boldsymbol{x}_5(0)=\begin{bmatrix}0.10\\0.17\end{bmatrix},\quad \boldsymbol{x}_6(0)=\begin{bmatrix}0.03\\0.06\end{bmatrix}
$$

图 3.2～图 3.4 分别表示在上述初始条件下，6 个跟随者在预见步长分别为 0、0.1 s 和 0.2 s 时系统的输出轨迹。可以看出，无论有无预见，跟随者的输出都会收敛于领导者的输出，这说明本章所设计的分布式最优控制器是有效的。另外，比较图 3.2、图 3.3 和图 3.4 发现，随着预见步长的适度增加，跟随者能够更快且更准确地实现对领导者的协调预见跟踪。

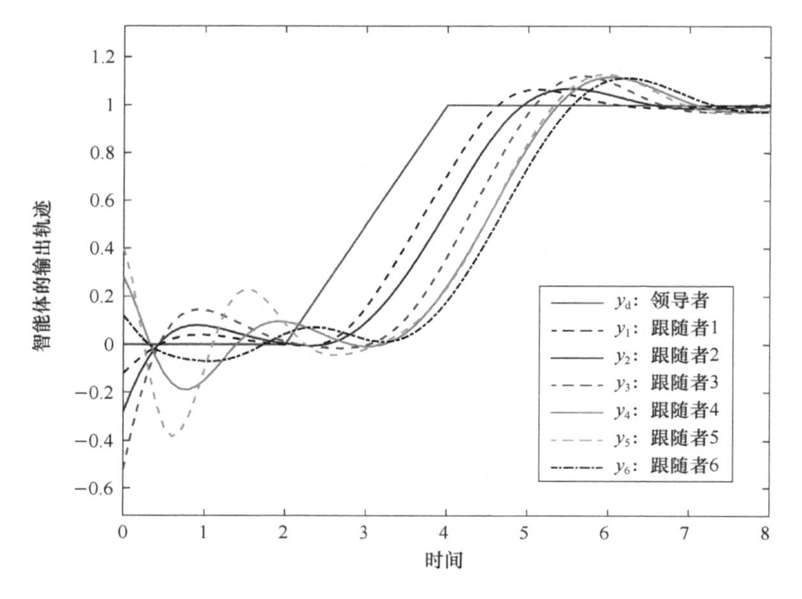

图 3.2　在 $l_r=0$ 时，智能体的输出轨迹

图 3.2 彩图

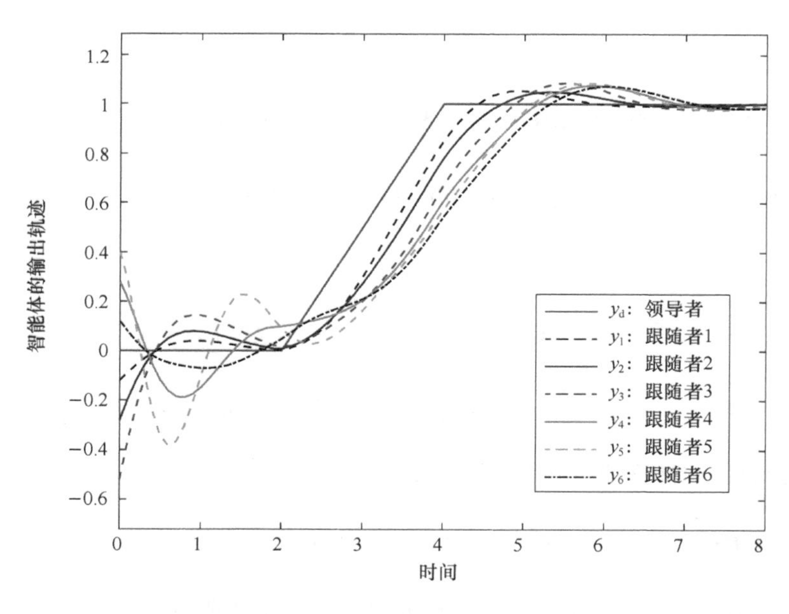

图 3.3　在 $l_r=0.1$ s 时，智能体的输出轨迹

图 3.3 彩图

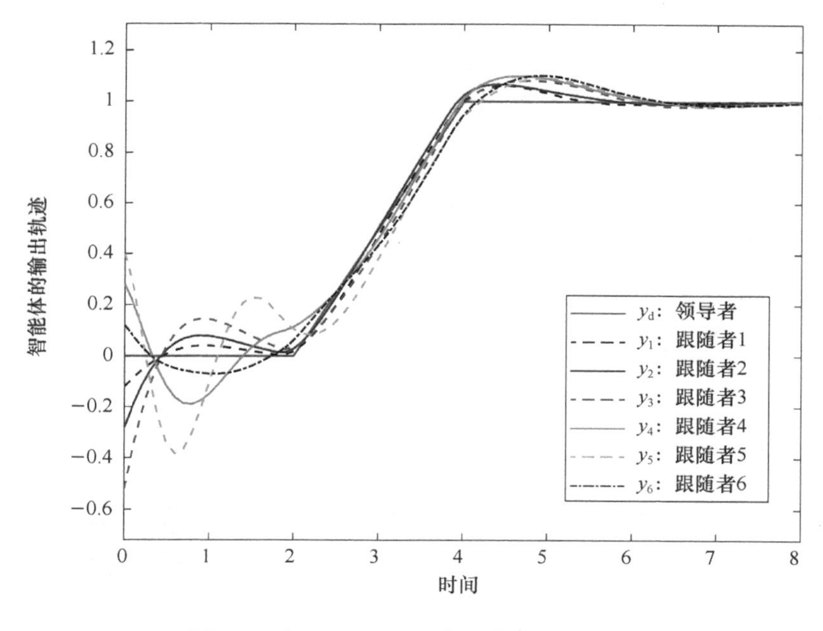

图 3.4　在 $l_r=0.2$ s 时，智能体的输出轨迹

图 3.4 彩图

图 3.5 表示跟随者 1 在不同预见步长下的输出轨迹，可以看出采用分布式最优预见控制器可以有效地缩短调整时间，使系统更快地达到稳定状态。图 3.6 表示跟随者 1 在不同预见步长下的调节输出轨迹。

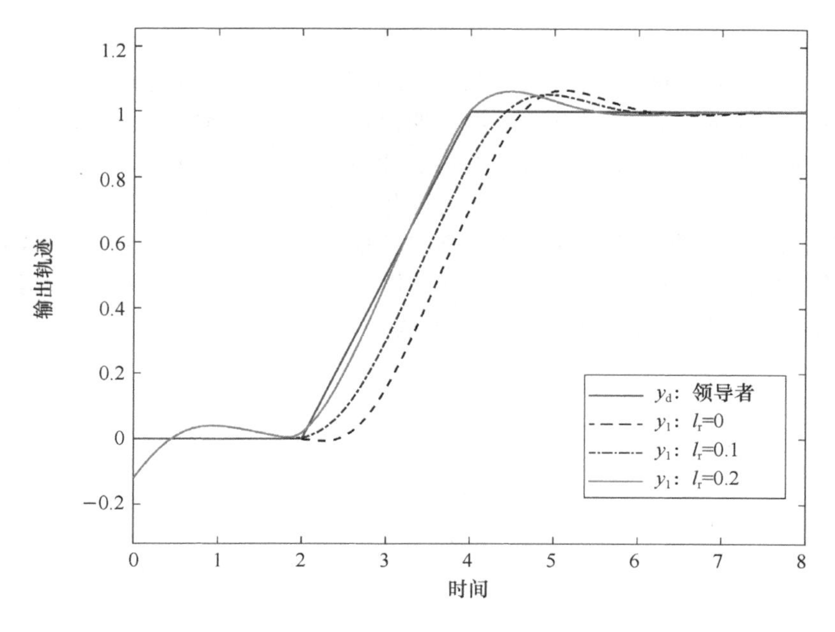

图 3.5　跟随者 1 在不同预见步长时的输出轨迹

图 3.5 彩图

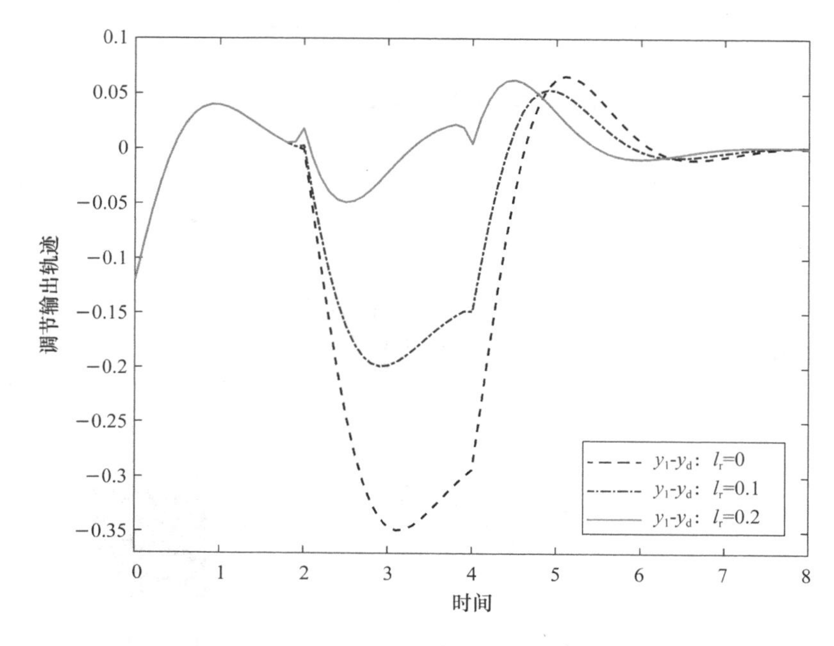

图 3.6 跟随者 1 在不同预见步长下的调节输出轨迹

图 3.6 彩图

3.4 本章小结

本章分析了无脉冲广义多智能体系统的协调预见跟踪问题，其中智能体间的信息交换拓扑包含一棵有向生成树。在无环的假设下，本章已经证明协调预见跟踪问题可通过分布式控制来实现。利用受限等价变换和预见控制理论，本章构造性地设计了基于原始矩阵的分布式控制器。在稳定性分析的基础上，本章给出了广义多智能体系统实现协调预见跟踪的充分条件。另外，本章提出的分布式设计框架可用于解决异质多智能体系统以及脉冲能控且脉冲能观多智能体系统的协调跟踪问题。最后，数值仿真表明在所设计的分布式最优预见控制器下，协调跟踪效果会随着预见步长的适度增加而得到明显的改善。

4

连续时间线性多智能体系统的协调全局最优预见跟踪控制

作为第 2 章研究内容的进一步拓展，本章考虑领导者的输出（参考信号）为可预见振幅不减小信号的情形。受文献[90]～文献[99]的启发，本章引入内模原理，同时沿用文献[151]和文献[152]中的方法，将协调预见跟踪问题转化为增广系统的最优调节问题。这样不仅可以克服前面提到的参考信号中不稳定部分对闭环增广系统渐近稳定性的影响，而且可以通过反馈的方式获得前馈增益，避免了对输出调节方程的求解。

4.1 问题描述

考虑一般线性多智能体系统：

$$\begin{cases}\dot{\boldsymbol{x}}_i=\boldsymbol{A}\boldsymbol{x}_i+\boldsymbol{B}\boldsymbol{u}_i,\\ \boldsymbol{y}_i=\boldsymbol{C}\boldsymbol{x}_i,\end{cases}\quad \boldsymbol{x}_i(0)=\boldsymbol{x}_{i0},\quad i=1,2,\cdots,N \tag{4.1}$$

其中 $\boldsymbol{x}_i(t)\in\mathbb{R}^n$ 是第 i 个智能体的状态，$\boldsymbol{u}_i(t)\in\mathbb{R}^r$ 是控制输入，$\boldsymbol{y}_i(t)\in\mathbb{R}^m$ 是输出。本章假设没有自环，即相应的邻接矩阵中 $a_{ii}=0,i=1,2,\cdots,N$。

记

$$\boldsymbol{x}(t)=\begin{bmatrix}\boldsymbol{x}_1(t)\\ \boldsymbol{x}_2(t)\\ \vdots\\ \boldsymbol{x}_N(t)\end{bmatrix},\quad \boldsymbol{u}(t)=\begin{bmatrix}\boldsymbol{u}_1(t)\\ \boldsymbol{u}_2(t)\\ \vdots\\ \boldsymbol{u}_N(t)\end{bmatrix},\quad \boldsymbol{y}(t)=\begin{bmatrix}\boldsymbol{y}_1(t)\\ \boldsymbol{y}_2(t)\\ \vdots\\ \boldsymbol{y}_N(t)\end{bmatrix}$$

则 $\boldsymbol{x}(t)\in\mathbb{R}^{nN}$，$\boldsymbol{u}(t)\in\mathbb{R}^{rN}$，$\boldsymbol{y}(t)\in\mathbb{R}^{mN}$，且状态方程(4.1)可写为

$$\begin{cases}\dot{\boldsymbol{x}}(t)=(\boldsymbol{I}_N\otimes\boldsymbol{A})\boldsymbol{x}(t)+(\boldsymbol{I}_N\otimes\boldsymbol{B})\boldsymbol{u}(t),\\ \boldsymbol{y}(t)=(\boldsymbol{I}_N\otimes\boldsymbol{C})\boldsymbol{x}(t),\end{cases}\quad \boldsymbol{x}(0)=\boldsymbol{x}_0 \tag{4.2}$$

设领导者的动力学方程为

$$\begin{cases}\dot{\boldsymbol{w}}(t)=\boldsymbol{S}\boldsymbol{w}(t),\\ \boldsymbol{y}_{\mathrm{d}}(t)=\boldsymbol{F}\boldsymbol{w}(t),\end{cases}\quad \boldsymbol{w}(0)=\boldsymbol{w}_0 \tag{4.3}$$

其中 $\boldsymbol{w}(t)$ 是状态，$\boldsymbol{y}_{\mathrm{d}}(t)$ 是输出。通常把系统(4.3)看成外部系统，用于产生期望的参考信号。

在解决协调全局最优预见跟踪控制问题之前，本章首先给出如下的假设。

A4.1 假设 $\boldsymbol{p}(s)$ 具有非零常数项，并且 $\boldsymbol{p}(s)$ 没有负实部的根。

A4.2 设在每个时刻 t，$\boldsymbol{y}_{\rm d}(\tau)$ 在区间 $\{\tau | t \leqslant \tau \leqslant t+l_{\rm r}\}$ 上的值是已知的，或者说是可预见的，其中 $l_{\rm r}$ 称为预见步长。

A4.3 设 $(\boldsymbol{A},\boldsymbol{B})$ 可镇定，$(\boldsymbol{C},\boldsymbol{A})$ 可检测。

A4.4 有向图 $\bar{\mathcal{G}}$ 包含一棵生成树且以 v_0 为根顶点。

附注 4.1 假设 A4.1 的前半部分能够保证本章中增广系统的可镇定性，而其后半部分是为了便于研究问题。实际上，一些对应于 $\boldsymbol{p}(s)$ 中根为负实部的分量 $y_{{\rm d}i}(i\in\{1,2,\cdots,m\})$ 会随着时间趋于无穷而趋于零。另外，假设 A4.1 蕴含着 0 不为 $\boldsymbol{\Gamma}$ 的特征值，即 $\boldsymbol{\Gamma}$ 为非奇异方阵。

定义顶点 v_i 的调节输出为

$$\boldsymbol{\xi}_i(t)=\boldsymbol{y}_i(t)-\boldsymbol{y}_{\rm d}(t),\quad i=1,2,\cdots,N \tag{4.4}$$

本章的目的是为系统(4.2)设计一个全局最优预见控制器，使得

$$\lim_{t\to+\infty}\boldsymbol{\xi}_i(t)=\boldsymbol{0},\quad i=1,2,\cdots,N \tag{4.5}$$

然而，如果在有向图 $\bar{\mathcal{G}}$ 中没有从 v_0 到 v_i 的弧，则对顶点 v_i 而言，$\boldsymbol{y}_{\rm d}(t)$ 和 $\boldsymbol{\xi}_i$ 的信息是不可利用的，为此我们定义顶点 v_i 的局部邻居跟踪误差(虚拟调节输出)为

$$\boldsymbol{e}_i(t)=\sum_{j\in\mathcal{N}_i}a_{ij}(\boldsymbol{y}_i(t)-\boldsymbol{y}_j(t))+m_i\boldsymbol{\xi}_i(t) \tag{4.6}$$

其中，$a_{ij}(j\in\mathcal{N}_i)$ 是邻接矩阵 $\boldsymbol{\mathcal{A}}$(见 1.3 节)的元素。引入这一误差的目的是只让一小部分顶点满足 $m_i>0$，然而所有的顶点都能在随后设计的控制律的作用下，一致地跟踪领导者 v_0 的输出轨迹。

协调全局最优预见跟踪控制问题由定义 4.1 表述。

定义 4.1 给定系统(4.2)，如果存在一个协调全局的最优预见控制律 $\boldsymbol{u}(t)$，使得对任意的初始条件 $\boldsymbol{x}(0)=\boldsymbol{x}_0$，有 $\lim\limits_{t\to\infty}\boldsymbol{\xi}_i(t)=\boldsymbol{0}(i=1,2,\cdots,N)$。则说系统(4.2)关于 $\boldsymbol{u}(t)$ 实现了对外部系统(4.3)的协调全局最优预见跟踪。

记

$$\boldsymbol{\xi}(t)=\begin{bmatrix}\boldsymbol{\xi}_1(t)\\ \boldsymbol{\xi}_2(t)\\ \vdots\\ \boldsymbol{\xi}_N(t)\end{bmatrix}\in\mathbb{R}^{mN},\quad \boldsymbol{e}(t)=\begin{bmatrix}\boldsymbol{e}_1(t)\\ \boldsymbol{e}_2(t)\\ \vdots\\ \boldsymbol{e}_N(t)\end{bmatrix}\in\mathbb{R}^{mN} \tag{4.7}$$

其中，$\boldsymbol{e}(t)$ 为全局输出误差。记 $\boldsymbol{y}_{\rm r}(t)=\boldsymbol{1}_N\otimes\boldsymbol{y}_{\rm d}(t)\in\mathbb{R}^{mN}$，注意到，于是式(4.6)可以写为紧凑形式：

$$\boldsymbol{e}(t)=(\boldsymbol{H}\otimes\boldsymbol{I}_m)\boldsymbol{\xi}(t) \tag{4.8}$$

由引理 1.4 知，矩阵 $\boldsymbol{H}$ 是非奇异的。于是从式(4.8)可得，要使 $\lim\limits_{t\to\infty}\boldsymbol{\xi}_i(t)=\boldsymbol{0}$，只需使 $\lim\limits_{t\to\infty}\boldsymbol{e}(t)=0$。为了实现协调全局最优预见跟踪，本章为系统(4.1)引入如下的二次型性能指标函数：

$$\boldsymbol{J}=\int_0^{\infty}\left\{\sum_{i=1}^{N}(\boldsymbol{e}_i^{\rm T}(t)\boldsymbol{Q}_{{\rm e}i}\boldsymbol{e}_i(t)+\dot{\boldsymbol{u}}_i^{\rm T}(t)\boldsymbol{R}_i\dot{\boldsymbol{u}}_i(t))\right\}{\rm d}t \tag{4.9}$$

这里，$\boldsymbol{Q}_{{\rm e}i}\in\mathbb{R}^{m\times m}$、$\boldsymbol{R}_i\in\mathbb{R}^{r\times r}(i=1,2,\cdots,N)$ 均为对称正定矩阵。进一步，式(4.9)可以写为

$$\boldsymbol{J}=\int_0^{\infty}(\boldsymbol{e}^{\rm T}(t)\boldsymbol{Q}_{\rm e}\boldsymbol{e}(t)+\dot{\boldsymbol{u}}^{\rm T}(t)\boldsymbol{R}\dot{\boldsymbol{u}}(t)){\rm d}t \tag{4.10}$$

其中：

$$\boldsymbol{Q}_{\mathrm{e}}=\mathrm{diag}\{\boldsymbol{Q}_{\mathrm{e}1},\boldsymbol{Q}_{\mathrm{e}2},\cdots,\boldsymbol{Q}_{\mathrm{e}N}\},\boldsymbol{R}=\mathrm{diag}\{\boldsymbol{R}_1,\boldsymbol{R}_2,\cdots,\boldsymbol{R}_N\}$$

注意，在性能指标函数(4.10)中引入 $\dot{\boldsymbol{u}}(t)$，可使随后设计的控制器包含 $\boldsymbol{e}(t)$ 的积分项，从而有利于消除闭环系统的输出在跟踪目标信号时可能产生的静态误差[151,152]。

4.2 最优预见控制器的设计

4.2.1 增广系统的构造

下面结合由定义 1.1 给出的最小 m 重内模的定义与预见控制中的状态增广技术构造所需的增广系统。

令邻居跟踪误差信号(虚拟调节输出)$\boldsymbol{e}_i(t)$为模型输入，基于定义 1.1，参考信号的不稳定模型为

$$\dot{\boldsymbol{v}}_i(t)=\boldsymbol{G}_1\boldsymbol{v}_i(t)+\boldsymbol{G}_2\boldsymbol{e}_i(t),\quad i=1,2,\cdots,N \tag{4.11}$$

模型(4.11)通常被称为伺服补偿器。

记 $\boldsymbol{v}(t)=[\boldsymbol{v}_1^{\mathrm{T}}(t)\quad \boldsymbol{v}_2^{\mathrm{T}}(t)\quad \cdots\quad \boldsymbol{v}_N^{\mathrm{T}}(t)]^{\mathrm{T}}$，那么式(4.11)可以写为紧凑形式：

$$\dot{\boldsymbol{v}}(t)=(\boldsymbol{I}_N\otimes\boldsymbol{G}_1)\boldsymbol{v}(t)+(\boldsymbol{I}_N\otimes\boldsymbol{G}_2)\boldsymbol{e}(t) \tag{4.12}$$

将式(4.8)表示为下面的形式：

$$\boldsymbol{e}(t)=(\boldsymbol{H}\otimes\boldsymbol{C})\boldsymbol{x}(t)-(\boldsymbol{H}\otimes\boldsymbol{I}_m)\boldsymbol{y}_{\mathrm{r}}(t) \tag{4.13}$$

于是，式(4.12)可以进一步写为

$$\dot{\boldsymbol{v}}(t)=(\boldsymbol{I}_N\otimes\boldsymbol{G}_1)\boldsymbol{v}(t)+(\boldsymbol{H}\otimes\boldsymbol{G}_2\boldsymbol{C})\boldsymbol{x}(t)-(\boldsymbol{H}\otimes\boldsymbol{G}_2)\boldsymbol{y}_{\mathrm{r}}(t) \tag{4.14}$$

下面建立基于伺服补偿器(4.14)的增广系统。考虑到性能指标函数(4.10)的特点，对状态方程(4.14)，全局输出误差(4.13)以及受控系统(4.2)中的第一个方程两边同时求导，得到

$$\begin{cases}\dot{\boldsymbol{e}}(t)=(\boldsymbol{H}\otimes\boldsymbol{C})\dot{\boldsymbol{x}}(t)-(\boldsymbol{H}\otimes\boldsymbol{I}_m)\dot{\boldsymbol{y}}_{\mathrm{r}}(t)\\ \ddot{\boldsymbol{x}}(t)=(\boldsymbol{I}_N\otimes\boldsymbol{A})\dot{\boldsymbol{x}}(t)+(\boldsymbol{I}_N\otimes\boldsymbol{B})\dot{\boldsymbol{u}}(t)\\ \ddot{\boldsymbol{v}}(t)=(\boldsymbol{I}_N\otimes\boldsymbol{G}_1)\dot{\boldsymbol{v}}(t)+(\boldsymbol{H}\otimes\boldsymbol{G}_2\boldsymbol{C})\dot{\boldsymbol{x}}(t)-(\boldsymbol{H}\otimes\boldsymbol{G}_2)\dot{\boldsymbol{y}}_{\mathrm{r}}(t)\end{cases} \tag{4.15}$$

引入新的状态向量：

$$\boldsymbol{z}(t)=\begin{bmatrix}\boldsymbol{e}(t)\\ \dot{\boldsymbol{x}}(t)\\ \dot{\boldsymbol{v}}(t)\end{bmatrix}\in\mathbb{R}^{(m+n+md)\times N}$$

那么从式(4.15)可得关于变量的状态方程为

$$\dot{\boldsymbol{z}}(t)=\tilde{\boldsymbol{A}}\boldsymbol{z}(t)+\tilde{\boldsymbol{B}}\dot{\boldsymbol{u}}(t)-\tilde{\boldsymbol{D}}\dot{\boldsymbol{y}}_{\mathrm{r}}(t) \tag{4.16}$$

其中：

$$\tilde{\boldsymbol{A}}=\begin{bmatrix}\boldsymbol{O} & \boldsymbol{H}\otimes\boldsymbol{C} & \boldsymbol{O}\\ \boldsymbol{O} & \boldsymbol{I}_N\otimes\boldsymbol{A} & \boldsymbol{O}\\ \boldsymbol{O} & \boldsymbol{H}\otimes\boldsymbol{G}_2\boldsymbol{C} & \boldsymbol{I}_N\otimes\boldsymbol{G}_1\end{bmatrix},\quad \tilde{\boldsymbol{B}}=\begin{bmatrix}\boldsymbol{O}\\ \boldsymbol{I}_N\otimes\boldsymbol{B}\\ \boldsymbol{O}\end{bmatrix},\quad \tilde{\boldsymbol{D}}=\begin{bmatrix}\boldsymbol{H}\otimes\boldsymbol{I}_m\\ \boldsymbol{O}\\ \boldsymbol{H}\otimes\boldsymbol{G}_2\end{bmatrix}$$

它们分别为$(m+n+md)N\times(m+n+md)N$、$(m+n+md)N\times rN$ 和$(m+n+md)N\times mN$ 矩阵。

取观测方程：

$$e(t)=\tilde{C}z(t),\quad \tilde{C}=[I\quad O\quad O]\in\mathbb{R}^{mN\times(m+n+md)N} \tag{4.17}$$

式(4.16)和式(4.17)联立，就是本章所需要的增广系统：

$$\begin{cases}\dot{z}(t)=\tilde{A}z(t)+\tilde{B}\dot{u}(t)-\tilde{D}\dot{y}_r(t)\\ e(t)=\tilde{C}z(t)\end{cases} \tag{4.18}$$

附注 4.2 由假设 A4.1 容易得到，矩阵 G_1 是非奇异的。另外，G_1 的最小多项式也等于 S 的最小多项式。

附注 4.3 如果强制令第 3 章中的多智能体系统跟踪一个周期信号，则其闭环增广系统的渐近稳定性将无法得到保证。这是因为周期信号并不满足假设 A3.1。然而根据文献[92]知，伺服补偿器(4.14)的作用就在于抵消 $y_d(t)$在 $t\to+\infty$时不趋于零的部分，使得闭环增广系统的系统矩阵为稳定时，有 $\lim\limits_{t\to+\infty}z(t)=\mathbf{0}$，从而实现 $\lim\limits_{t\to+\infty}e(t)=\mathbf{0}$。

附注 4.4 本章沿用文献[151]和文献[152]中建立增广系统的方法，是为了将可预见的参考信号加到随后设计的最优控制器中，使最优控制器具有预见前馈补偿作用。

4.2.2 增广系统的最优控制器

使用系统(4.18)中的相关变量，本章将性能指标函数(4.10)等价地转化为

$$J=\int_0^\infty(z^T(t)Qz(t)+\dot{u}^T(t)R\dot{u}(t))\mathrm{d}t \tag{4.19}$$

其中：

$$Q=\begin{bmatrix}Q_e & O & O\\ O & O & O\\ O & O & O\end{bmatrix}_{(m+n+md)N\times(m+n+md)N}$$

为保证下文中代数 Riccati 方程解的存在唯一性，本章需要在性能指标函数(4.19)中引入关于伺服补偿器的权重项 $\int_0^\infty\left(\sum\limits_{i=1}^N\dot{v}_i^T(t)Q_{vi}\dot{v}_i(t)\right)\mathrm{d}t$，其中 Q_{vi}为对称正定矩阵。于是有

$$\begin{aligned}\tilde{J}&=J+\int_0^\infty\left(\sum_{i=1}^N\dot{v}_i^T(t)Q_{vi}\dot{v}_i(t)\right)\mathrm{d}t\\ &=J+\int_0^\infty(\dot{v}^T(t)Q_v\dot{v}(t))\mathrm{d}t\\ &=\int_0^\infty(z^T(t)Qz(t)+\dot{u}^T(t)R\dot{u}(t))\mathrm{d}t+\int_0^\infty(z^T(t)\hat{Q}z(t))\mathrm{d}t\\ &=\int_0^\infty(z^T(t)\tilde{Q}z(t)+\dot{u}^T(t)R\dot{u}(t))\mathrm{d}t\end{aligned} \tag{4.20}$$

其中：

$$\hat{Q}=\begin{bmatrix}O & O & O\\ O & O & O\\ O & O & Q_v\end{bmatrix},\quad Q_v=\begin{bmatrix}Q_{v1} & & & \\ & Q_{v2} & & \\ & & \ddots & \\ & & & Q_{vN}\end{bmatrix},\quad \tilde{Q}=\begin{bmatrix}Q_e & O & O\\ O & O & O\\ O & O & Q_v\end{bmatrix}$$

最终，原始的协调预见跟踪问题就转化为在系统(4.18)下确定最优控制输入 $\dot{u}(t)$，使得

性能指标函数(4.20)极小的状态调节器问题。通过应用文献[151]和文献[152]的结果,能够得到定理4.1。

定理4.1 若$(\tilde{\boldsymbol{A}},\tilde{\boldsymbol{B}})$可镇定且$(\tilde{\boldsymbol{Q}}^{1/2},\tilde{\boldsymbol{A}})$可检测,那么在系统(4.18)下,使性能指标函数(4.20)极小的最优控制器为

$$\dot{\boldsymbol{u}}(t)=-\boldsymbol{R}^{-1}\tilde{\boldsymbol{B}}^{\mathrm{T}}\boldsymbol{P}\boldsymbol{z}(t)-\boldsymbol{R}^{-1}\tilde{\boldsymbol{B}}^{\mathrm{T}}\boldsymbol{g}(t) \tag{4.21}$$

其中:

$$\boldsymbol{g}(t)=-\int_0^{l_r}\exp(\sigma\tilde{\boldsymbol{A}}_c^{\mathrm{T}})\boldsymbol{P}\tilde{\boldsymbol{D}}\dot{\boldsymbol{y}}_r(t+\sigma)\mathrm{d}\sigma \tag{4.22}$$

为对称半正定矩阵,满足如下的代数Riccati方程:

$$\tilde{\boldsymbol{A}}^{\mathrm{T}}P+\boldsymbol{P}\tilde{\boldsymbol{A}}-\boldsymbol{P}\tilde{\boldsymbol{B}}\boldsymbol{R}^{-1}\tilde{\boldsymbol{B}}^{\mathrm{T}}P+\tilde{\boldsymbol{Q}}=\boldsymbol{O} \tag{4.23}$$

而且,在式(4.22)中,$\tilde{\boldsymbol{A}}_c$为一个稳定的矩阵,定义为

$$\tilde{\boldsymbol{A}}_c=\tilde{\boldsymbol{A}}-\tilde{\boldsymbol{B}}\boldsymbol{R}^{-1}\tilde{\boldsymbol{B}}^{\mathrm{T}}\boldsymbol{P} \tag{4.24}$$

4.2.3 增广系统的特性讨论

为保证定理4.1成立,本章根据假设A4.1~A4.4验证$(\tilde{\boldsymbol{A}},\tilde{\boldsymbol{B}})$的可镇定性和$(\tilde{\boldsymbol{Q}}^{1/2},\tilde{\boldsymbol{A}})$的可检测性。

1. 验证$(\tilde{\boldsymbol{A}},\tilde{\boldsymbol{B}})$的可镇定性

定理4.2 在假设A4.4下,$(\tilde{\boldsymbol{A}},\tilde{\boldsymbol{B}})$是可镇定的,如果

(1) $(\boldsymbol{A},\boldsymbol{B})$可镇定;

(2) 对任意的$s\in\Lambda(\boldsymbol{G}_1)\cup\{0\}$,有

$$\mathrm{rank}\begin{bmatrix}s\boldsymbol{I}-\boldsymbol{A} & \boldsymbol{B}\\ -\boldsymbol{C} & \boldsymbol{O}\end{bmatrix}=n+m \quad (\text{行满秩}) \tag{4.25}$$

证明 由引理1.5知,$(\tilde{\boldsymbol{A}},\tilde{\boldsymbol{B}})$可镇定的充要条件是对任意的$s\in\bar{\mathbb{C}}^+$,有

$$\mathrm{rank}\begin{bmatrix}s\boldsymbol{I}-\tilde{\boldsymbol{A}} & \tilde{\boldsymbol{B}}\end{bmatrix}=(m+n+md)N \quad (\text{行满秩}) \tag{4.26}$$

令$\boldsymbol{V}(s)=\begin{bmatrix}s\boldsymbol{I}-\tilde{\boldsymbol{A}} & \tilde{\boldsymbol{B}}\end{bmatrix}$,由$\tilde{\boldsymbol{A}}$与$\tilde{\boldsymbol{B}}$的结构知$\boldsymbol{V}(s)$具有如下形式:

$$\boldsymbol{V}(s)=\begin{bmatrix}s\boldsymbol{I}_{mN} & -\boldsymbol{H}\otimes\boldsymbol{C} & \boldsymbol{O} & \boldsymbol{O}\\ \boldsymbol{O} & s\boldsymbol{I}_{nN}-\boldsymbol{I}_N\otimes\boldsymbol{A} & \boldsymbol{O} & \boldsymbol{I}_N\otimes\boldsymbol{B}\\ \boldsymbol{O} & -\boldsymbol{H}\otimes\boldsymbol{G}_2\boldsymbol{C} & s\boldsymbol{I}_{mdN}-\boldsymbol{I}_N\otimes\boldsymbol{G}_1 & \boldsymbol{O}\end{bmatrix}$$

由矩阵相似于其若尔当标准型知,存在可逆矩阵$\boldsymbol{T}$,使得

$$\boldsymbol{S}=\boldsymbol{T}\boldsymbol{H}\boldsymbol{T}^{-1}=\begin{bmatrix}\Xi_1 & & & \\ & \Xi_2 & & \\ & & \ddots & \\ & & & \Xi_k\end{bmatrix},\quad \Xi_i=\begin{bmatrix}\lambda_i & 1 & & \\ & \lambda_i & \ddots & \\ & & \ddots & 1\\ & & & \lambda_i\end{bmatrix}\in\mathbb{R}^{n_i\times n_i}$$

其中,$\sum_{i=1}^{k}n_i=N$,$\lambda_i(i=1,2,\cdots,k\leqslant N)$为$\boldsymbol{H}$的互异特征值,由引理1.4知,$\mathrm{Re}(\lambda_i)>0$。

取可逆矩阵：

$$P=\begin{bmatrix} T\otimes I_n & & \\ & T\otimes I_n & \\ & & T\otimes I_n \end{bmatrix},\quad Q=\begin{bmatrix} T^{-1}\otimes I_n & & & \\ & T^{-1}\otimes I_n & & \\ & & T^{-1}\otimes I_n & \\ & & & T^{-1}\otimes I_n \end{bmatrix}$$

将其作用于 $V(s)$ 可得

$$\bar{V}(s)=PV(s)Q=\begin{bmatrix} sI_{mN} & -S\otimes C & O & O \\ O & sI_{nN}-I_N\otimes A & O & I_N\otimes B \\ O & -S\otimes G_2C & sI_{mdN}-I_N\otimes G_1 & O \end{bmatrix}$$

注意到 $\bar{V}(s)$ 的元素为块对角阵或块上三角阵，于是通过行列交换（初等变换），得到

$$\bar{V}(s)\to\bar{V}'(s)=\begin{bmatrix} M_1(s) & & & \\ & M_2(s) & & \\ & & \ddots & \\ & & & M_k(s) \end{bmatrix}$$

其中：

$$M_i(s)=\begin{bmatrix} sI_{n_i}\otimes I_m & -\Xi_i\otimes C & O & O \\ O & I_{n_i}\otimes(sI_n-A) & O & I_{n_i}\otimes B \\ O & -\Xi_i\otimes G_2C & I_{n_i}\otimes(sI_{md}-G_1) & O \end{bmatrix},\quad i=1,2,\cdots,k$$

由于初等变换不改变矩阵的秩，所以 $V(s)$ 行满秩的充要条件是 $M_i(s)(i=1,2,\cdots,k)$ 行满秩。进一步对 $M_i(s)$ 进行初等变换得到

$$M_i(s)\to\bar{M}_i(s)=\begin{bmatrix} \bar{M}(s) & \bar{C} & & & \\ & \bar{M}(s) & \bar{C} & & \\ & & & \ddots & \\ & & \ddots & & \bar{C} \\ & & & & \bar{M}(s) \end{bmatrix},\quad i=1,2,\cdots,k$$

其中：

$$\bar{M}(s)=\begin{bmatrix} sI_m & -\lambda_iC & O & O \\ O & sI_n-A & O & B \\ O & -\lambda_iG_2C & sI_{md}-G_1 & O \end{bmatrix},\bar{C}=\begin{bmatrix} O & -C & O & O \\ O & O & O & O \\ O & -G_2C & O & O \end{bmatrix}$$

由 $\bar{M}_i(s)$ 的结构可知，若 $\bar{M}(s)$ 行满秩，则 $M_i(s)(i=1,2,\cdots,k)$ 行满秩，因此 $V(s)$ 行满秩。所以，只需证明：对任意的 $s\in\bar{\mathbb{C}}^+$，当定理 4.2 中的条件(1)和(2)满足时，$\bar{M}(s)$ 是行满秩的。

首先，证明对任意的 $s\in\{s|s\notin\Lambda(G_1)\cup\{0\},s\in\bar{\mathbb{C}}^+\}$，矩阵 $\bar{M}(s)$ 行满秩。由 $s\notin\Lambda(G_1)\cup\{0\}$，得到 $\mathrm{rank}(sI-G_1)=md$ 以及 $\mathrm{rank}(sI_m)=m$。此时，从 $\bar{M}(s)$ 的结构容易看出，当条件(1)满足时，$\bar{M}(s)$ 行满秩。

其次，证明对任意的 $s\in\Lambda(G_1)$，矩阵 $\bar{M}(s)$ 行满秩。将 $\bar{M}(s)$ 表示为

$$\bar{\boldsymbol{M}}(s)=\begin{bmatrix} s\boldsymbol{I}_m & -\lambda_i\boldsymbol{C} & \boldsymbol{O} & \boldsymbol{O} \\ \boldsymbol{O} & s\boldsymbol{I}_n-\boldsymbol{A} & \boldsymbol{O} & \boldsymbol{B} \\ \boldsymbol{O} & -\lambda_i\boldsymbol{G}_2\boldsymbol{C} & s\boldsymbol{I}_{md}-\boldsymbol{G}_1 & \boldsymbol{O} \end{bmatrix}$$

$$=\begin{bmatrix} \boldsymbol{I}_m & \boldsymbol{O} & \lambda_i\boldsymbol{I}_m & \boldsymbol{O} \\ \boldsymbol{O} & \boldsymbol{I}_n & \boldsymbol{O} & \boldsymbol{O} \\ \boldsymbol{O} & \boldsymbol{O} & \lambda_i\boldsymbol{G}_2 & s\boldsymbol{I}_{md}-\boldsymbol{G}_1 \end{bmatrix}\begin{bmatrix} s\boldsymbol{I}_m & \boldsymbol{O} & \boldsymbol{O} & \boldsymbol{O} \\ \boldsymbol{O} & s\boldsymbol{I}_n-\boldsymbol{A} & \boldsymbol{O} & \boldsymbol{B} \\ \boldsymbol{O} & -\boldsymbol{C} & \boldsymbol{O} & \boldsymbol{O} \\ \boldsymbol{O} & \boldsymbol{O} & I_{md} & \boldsymbol{O} \end{bmatrix}$$

由于$(\boldsymbol{G}_1,\boldsymbol{G}_2)$完全能控，及 $\mathrm{Re}(\lambda_i)>0$，可以导出对任意的 $s\in\mathbb{C}$，有

$$\mathrm{rank}\begin{bmatrix} \boldsymbol{I} & \boldsymbol{O} & \lambda_i\boldsymbol{I} & \boldsymbol{O} \\ \boldsymbol{O} & \boldsymbol{I} & \boldsymbol{O} & \boldsymbol{O} \\ \boldsymbol{O} & \boldsymbol{O} & \lambda_i\boldsymbol{G}_2 & s\boldsymbol{I}-\boldsymbol{G}_1 \end{bmatrix}=m+n+md \quad (\text{行满秩})$$

再者，由于 $s\in\Lambda(\boldsymbol{G}_1)$，且由附注 4.3 知 $0\notin\Lambda(\boldsymbol{G}_1)$，因此根据条件(2)可得

$$\mathrm{rank}\begin{bmatrix} s\boldsymbol{I}_m & \boldsymbol{O} & \boldsymbol{O} & \boldsymbol{O} \\ \boldsymbol{O} & s\boldsymbol{I}_n-\boldsymbol{A} & \boldsymbol{O} & \boldsymbol{B} \\ \boldsymbol{O} & -\boldsymbol{C} & \boldsymbol{O} & \boldsymbol{O} \\ \boldsymbol{O} & \boldsymbol{O} & I_{md} & \boldsymbol{O} \end{bmatrix}=m+m+n+md \quad (\text{行满秩})$$

于是，利用 Sylvester 不等式[92, 94]，得到

$$\begin{aligned} m+n+md &=(m+n+md)+(m+n+m+md)-(m+n+m+md) \\ &\leqslant \mathrm{rank}\,\bar{\boldsymbol{M}}(s)\leqslant\min\{m+n+md,m+n+m+md\} \\ &=m+n+md, \quad s\in\Lambda(\boldsymbol{G}_1) \end{aligned}$$

即对任意的 $s\in\Lambda(\boldsymbol{G}_1)$，有

$$\mathrm{rank}\,\bar{\boldsymbol{M}}(s)=m+n+md \quad (\text{行满秩})$$

接着，证明 $s=0$ 时，$\bar{\boldsymbol{M}}(s)$行满秩。此时，$\mathrm{rank}\,\bar{\boldsymbol{M}}(s)$退化为

$$\mathrm{rank}\,\bar{\boldsymbol{M}}(0)=\mathrm{rank}\begin{bmatrix} -\lambda_i\boldsymbol{C} & \boldsymbol{O} & \boldsymbol{O} \\ -\boldsymbol{A} & \boldsymbol{O} & \boldsymbol{B} \\ -\lambda_i\boldsymbol{G}_2\boldsymbol{C} & -\boldsymbol{G}_1 & \boldsymbol{O} \end{bmatrix}$$

$$=\mathrm{rank}\begin{bmatrix} \lambda_i\boldsymbol{I} & \boldsymbol{O} & \boldsymbol{O} \\ \boldsymbol{O} & \boldsymbol{I} & \boldsymbol{O} \\ \lambda_i\boldsymbol{G}_2 & \boldsymbol{O} & -\boldsymbol{I} \end{bmatrix}\begin{bmatrix} -\boldsymbol{C} & \boldsymbol{O} & \boldsymbol{O} \\ -\boldsymbol{A} & \boldsymbol{O} & \boldsymbol{B} \\ \boldsymbol{O} & \boldsymbol{G}_1 & \boldsymbol{O} \end{bmatrix}$$

$$=\mathrm{rank}\begin{bmatrix} -\boldsymbol{C} & \boldsymbol{O} & \boldsymbol{O} \\ -\boldsymbol{A} & \boldsymbol{O} & \boldsymbol{B} \\ \boldsymbol{O} & \boldsymbol{G}_1 & \boldsymbol{O} \end{bmatrix}, \quad \mathrm{Re}(\lambda_i)>0$$

由于 $\boldsymbol{G}_1$ 为非奇异方阵，因此从上式知，若条件(2)成立，即$\begin{bmatrix} s\boldsymbol{I}-\boldsymbol{A} & \boldsymbol{B} \\ -\boldsymbol{C} & \boldsymbol{O} \end{bmatrix}_{s=0}$行满秩，则 $\bar{\boldsymbol{M}}(0)$行满秩。

最后，联合考虑上述三种情形，即证得对任意的 $s\in\bar{\mathbb{C}}^+$，矩阵 $\bar{\boldsymbol{M}}(s)$行满秩，也即证得条件(1)和(2)是使$(\tilde{\boldsymbol{A}},\tilde{\boldsymbol{B}})$可镇定的充分条件。

证毕

2. 验证$(\tilde{Q}^{1/2},\tilde{A})$的可检测性

为证$(\tilde{Q}^{1/2},\tilde{A})$的可检测性，本章提出引理 4.1。

引理 4.1 在假设 A4.4 下，$(H\otimes C, I_N\otimes A)$可检测的充要条件为$(C,A)$可检测。

引理 4.1 证明参见第 2 章中引理 2.3。

定理 4.3 在假设 A4.4 下，$(\tilde{Q}^{1/2},\tilde{A})$可检测的充要条件是$(C,A)$可检测。

证明 根据引理 1.5，$(\tilde{Q}^{1/2},\tilde{A})$可检测的充要条件为对任意的 $s\in\bar{\mathbb{C}}^+$，矩阵

$$\begin{bmatrix}\tilde{Q}^{1/2}\\ sI-\tilde{A}\end{bmatrix}=\begin{bmatrix}Q_e^{1/2} & O & O\\ O & O & O\\ O & O & Q_v^{1/2}\\ sI_{mN} & -H\otimes C & O\\ O & sI_{nN}-I_N\otimes A & O\\ O & -H\otimes G_2C & sI_{mdN}-I_N\otimes G_1\end{bmatrix} \tag{4.27}$$

列满秩。

下面研究$\begin{bmatrix}\tilde{Q}^{1/2}\\ sI-\tilde{A}\end{bmatrix}$列满秩的充要条件。注意到 Q_e 和 Q_v 均为对称正定矩阵，选取非奇异矩阵：

$$U=\begin{bmatrix}(Q_e^{1/2})^{-1} & & & & & \\ O & I & & & & \\ O & O & (Q_v^{1/2})^{-1} & & & \\ -s(Q_e^{1/2})^{-1} & O & O & I & & \\ O & O & O & O & I & \\ s(I_N\otimes G_2)(Q_e^{1/2})^{-1} & O & -(sI_{mdN}-I_N\otimes G_1)(Q_v^{1/2})^{-1} & -I_N\otimes G_2 & O & I\end{bmatrix}$$

用 U 左乘式(4.27)得到

$$U\begin{bmatrix}\tilde{Q}^{1/2}\\ sI-\tilde{A}\end{bmatrix}=\begin{bmatrix}I & O & O\\ O & O & O\\ O & O & I\\ O & -H\otimes C & O\\ O & sI_{nN}-I_N\otimes A & O\\ O & O & O\end{bmatrix}$$

由于初等变换不改变矩阵的秩，所以 $\mathrm{rank}\begin{bmatrix}\tilde{Q}^{1/2}\\ sI-\tilde{A}\end{bmatrix}=\mathrm{rank}\left(U\begin{bmatrix}\tilde{Q}^{1/2}\\ sI-\tilde{A}\end{bmatrix}\right)$，因而对任意的 $s\in\bar{\mathbb{C}}^+$，$\begin{bmatrix}\tilde{Q}^{1/2}\\ sI-\tilde{A}\end{bmatrix}$列满秩当且仅当$\begin{bmatrix}H\otimes C\\ sI_{nN}-I_N\otimes A\end{bmatrix}$列满秩，这意味着$(\tilde{Q}^{1/2},\tilde{A})$是可检测的当且仅当$(H\otimes C, I_N\otimes A)$是可检测的。根据引理 4.1，并利用命题之间的传递性立即可得定理 4.3 的结论。

证毕

附注 4.5 从上面的定理可以看出，假设 A4.4 是一个很重要的假设。事实上，假设 A4.4 不仅是使有向图下多智能体系统实现一致性的基本假设，而且在本章中与系统的动力学结构共同影响着$(\widetilde{\boldsymbol{A}},\widetilde{\boldsymbol{B}})$的可镇定性和$(\widetilde{\boldsymbol{Q}}^{1/2},\widetilde{\boldsymbol{A}})$的可检测性。此外，从对$(\widetilde{\boldsymbol{A}},\widetilde{\boldsymbol{B}})$可镇定性的证明看出，假设 A4.1 是十分必要的，它对保证$(\widetilde{\boldsymbol{A}},\widetilde{\boldsymbol{B}})$的可镇定性起着关键作用。

4.2.4 原系统的全局最优预见控制器

基于对上述定理的讨论，在假设 A4.1～A4.4 成立时，本章给出多智能体系统(4.1)的全局最优预见控制器。

定理 4.4 若假设 A4.1～A4.4 成立，$\boldsymbol{Q}_{ei}$、$\boldsymbol{Q}_{vi}$和$\boldsymbol{R}_i(i=1,2,\cdots,N)$为对称正定矩阵，秩条件(4.25)成立，伺服补偿器(4.11)包含 S 的最小 m 重内模。当 $t\leqslant 0$ 时，令 $\boldsymbol{u}(t)=\boldsymbol{0},\boldsymbol{v}(t)=\boldsymbol{0},\boldsymbol{y}_{\mathrm{r}}(t)=\boldsymbol{0}$，那么使多智能体系统(4.1)实现协调跟踪的全局最优预见控制器为

$$\boldsymbol{u}(t)=-\boldsymbol{K}_{\mathrm{e}}\int_0^t \boldsymbol{e}(\sigma)\mathrm{d}\sigma-\boldsymbol{K}_{\mathrm{x}}[\boldsymbol{x}(t)-\boldsymbol{x}_0]-\boldsymbol{K}_{\mathrm{v}}\boldsymbol{v}(t)-\boldsymbol{R}^{-1}\widetilde{\boldsymbol{B}}^{\mathrm{T}}\boldsymbol{f}(t) \tag{4.28}$$

其中，$\boldsymbol{K}_{\mathrm{e}}=\boldsymbol{R}^{-1}\widetilde{\boldsymbol{B}}^{\mathrm{T}}\boldsymbol{P}_{\mathrm{e}},\boldsymbol{K}_{\mathrm{x}}=\boldsymbol{R}^{-1}\widetilde{\boldsymbol{B}}^{\mathrm{T}}\boldsymbol{P}_{\mathrm{x}},\boldsymbol{K}_{\mathrm{v}}=\boldsymbol{R}^{-1}\widetilde{\boldsymbol{B}}^{\mathrm{T}}\boldsymbol{P}_{\mathrm{v}},\boldsymbol{P}=[\boldsymbol{P}_{\mathrm{e}}\quad \boldsymbol{P}_{\mathrm{x}}\quad \boldsymbol{P}_{\mathrm{v}}]$，$\boldsymbol{f}(t)$定义为

$$\boldsymbol{f}(t)=-\int_0^{l_{\mathrm{r}}}\exp(\sigma\widetilde{\boldsymbol{A}}_{\mathrm{c}}^{\mathrm{T}})\boldsymbol{P}\widetilde{\boldsymbol{D}}\boldsymbol{y}_{\mathrm{r}}(t+\sigma)\mathrm{d}\sigma \tag{4.29}$$

矩阵 $\boldsymbol{P}$ 和 $\widetilde{\boldsymbol{A}}_{\mathrm{c}}$ 分别满足式(4.23)和式(4.24)。

综合定理 4.1～定理 4.3，并根据文献[92]、文献[151]、文献[152]，立即可得定理 4.4 的结论。

附注 4.6 在式(4.28)中，$-\boldsymbol{K}_{\mathrm{e}}\int_0^t \boldsymbol{e}(\sigma)\mathrm{d}\sigma$ 表示积分器，能够消除静态误差。$-\boldsymbol{K}_{\mathrm{x}}\boldsymbol{x}(t)$是状态反馈，可使得闭环系统的系数矩阵稳定。$-\boldsymbol{K}_{\mathrm{v}}\boldsymbol{v}(t)$是基于内模的动态补偿，它可用于消除参考信号 $\boldsymbol{y}_{\mathrm{d}}(t)$中不稳定分量对闭环增广系统稳定性的影响。$-\boldsymbol{R}^{-1}\widetilde{\boldsymbol{B}}^{\mathrm{T}}\boldsymbol{f}(t)$代表预见前馈补偿，它可用于改善跟踪性能，例如，跟踪准确性、跟踪速度以及调整时间等。此外，$\boldsymbol{K}_{\mathrm{x}}\boldsymbol{x}_0$ 表示初始值补偿。基于内模的最优预见控制系统的结构框图由图 4.1 描述。

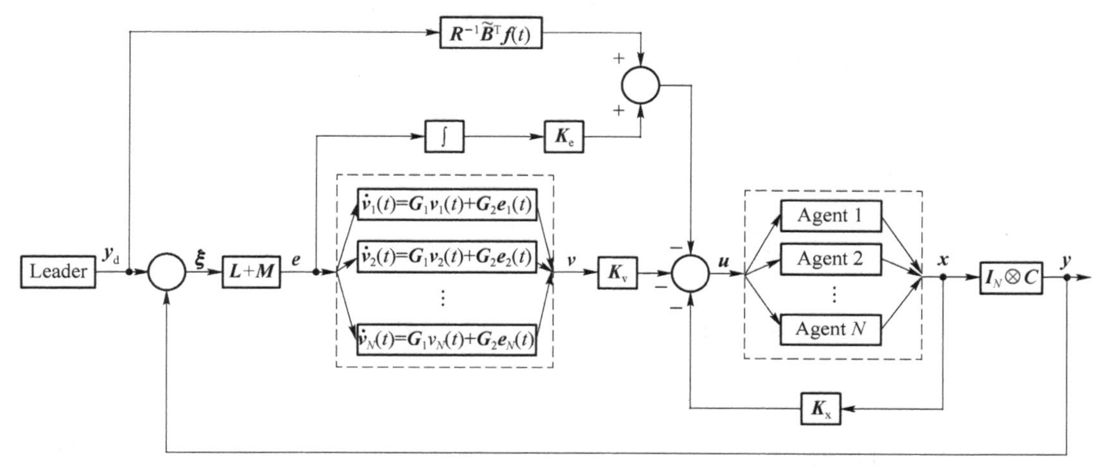

图 4.1 基于内模的最优预见控制系统的结构框图

附注 4.7 定理 4.4 给出了多智能体系统准确跟踪可预见参考信号的充分条件和最优预见控制器。值得指出的是,线性多智能体系统在切换拓扑下的协调最优预见跟踪问题也是一个有趣且富有意义的研究方向。但是本章中提出的方法和理论并不能够直接推广到切换拓扑的情形。

4.3 数值仿真

本节用数值实例验证所设计的控制器的有效性。

例 4.1 考虑图 4.2 所示的带有 1 个领导者和 5 个跟随者的有向通信拓扑,显然,该有向图包含一棵生成树。

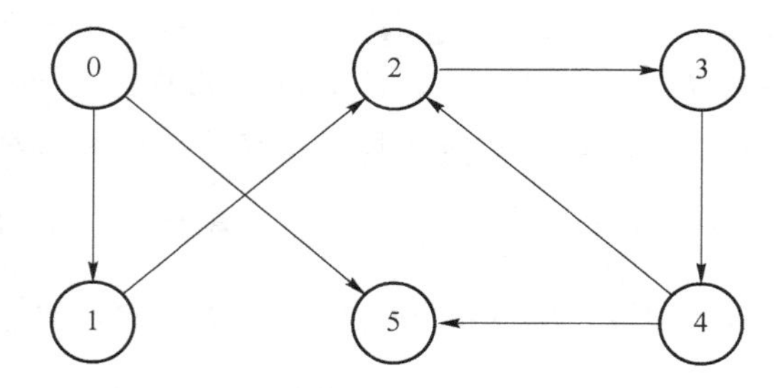

图 4.2 多智能体系统的通信拓扑

从图 4.2 可以看出:

$$\boldsymbol{H}=\begin{bmatrix}1&0&0&0&0\\-1&2&0&-1&0\\0&-1&1&0&0\\0&0&-1&1&0\\0&0&0&-1&2\end{bmatrix}$$

智能体的动力学方程为式(4.1),其中:

$$\boldsymbol{A}=\begin{bmatrix}0&1\\-1&2\end{bmatrix},\quad \boldsymbol{B}=\begin{bmatrix}0\\1\end{bmatrix},\quad \boldsymbol{C}=\begin{bmatrix}1&2\end{bmatrix}$$

设领导者的输出信号为 $\boldsymbol{y}_{\mathrm{d}}(t)=\sin t$,该多智能体系统的控制目的是使得$\lim\limits_{t\to\infty}\xi_i(t)=\boldsymbol{0}$,$i=1,2,\cdots,N$。对 $\boldsymbol{y}_{\mathrm{d}}(t)$取 Laplace 变换,得

$$\bar{\boldsymbol{Y}}_{\mathrm{d}}(s)=L[\sin(t)]=\frac{1}{s^2+1}$$

基于式(1.18)~式(1.20),外部系统(顶点 v_0)的状态方程可表述为

$$\begin{cases}\dot{\boldsymbol{w}}(t)=\begin{bmatrix}0&1\\-1&0\end{bmatrix}\boldsymbol{w}(t), & \boldsymbol{w}(0)=\begin{bmatrix}0\\1\end{bmatrix}\\ \boldsymbol{y}_{\mathrm{d}}(t)=\begin{bmatrix}1&0\end{bmatrix}\boldsymbol{w}(t)\end{cases}$$

根据定义 1.1 和上述状态方程,导出参考信号 $\boldsymbol{y}_{\mathrm{d}}(t)$的伺服补偿器为

$$\dot{\boldsymbol{v}}_i(t)=\begin{bmatrix}0&1\\-1&0\end{bmatrix}\boldsymbol{v}_i+\begin{bmatrix}0\\1\end{bmatrix}\boldsymbol{e}_i,\quad i=1,2,\cdots,N$$

建立基于伺服补偿器的增广系统后,多智能体系统对周期信号的协调预见跟踪问题就转化为关于增广系统的最优调节问题。对应于增广系统(4.18)和性能指标函数(4.20),增益矩

阵 $\tilde{Q}$ 和 R 取为

$$\tilde{\boldsymbol{Q}}=\begin{bmatrix}\boldsymbol{Q}_{\mathrm{e}} & \boldsymbol{O} & \boldsymbol{O}\\ \boldsymbol{O} & \boldsymbol{O}_{10\times 10} & \boldsymbol{O}\\ \boldsymbol{O} & \boldsymbol{O} & \boldsymbol{Q}_{\mathrm{v}}\end{bmatrix},\quad \boldsymbol{R}=\begin{bmatrix}0.67 & -0.03 & -0.06 & -0.05 & 0.02\\ -0.03 & 0.93 & 0 & -0.09 & -0.15\\ -0.06 & 0 & 0.80 & 0.15 & 0\\ -0.05 & -0.09 & 0.15 & 1.14 & 0\\ 0.02 & -0.15 & 0 & 0 & 0.89\end{bmatrix}$$

其中：

$$\boldsymbol{Q}_{\mathrm{e}}=\begin{bmatrix}1 & 0 & 0 & 0 & 0\\ 0 & 0.4 & 0 & 0 & 0\\ 0 & 0 & 1.1 & 0 & 0\\ 0 & 0 & 0 & 0.6 & 0\\ 0 & 0 & 0 & 0 & 1.5\end{bmatrix},\quad \boldsymbol{Q}_{\mathrm{v}}=\begin{bmatrix}0.2 & 0 & 0 & 0 & 0\\ 0 & 0.4 & 0 & 0 & 0\\ 0 & 0 & 0.6 & 0 & 0\\ 0 & 0 & 0 & 0.8 & 0\\ 0 & 0 & 0 & 0 & 1\end{bmatrix}\otimes \boldsymbol{I}_2$$

根据引理 1.5 容易判断，$(\boldsymbol{A},\boldsymbol{B})$ 可镇定，$(\boldsymbol{C},\boldsymbol{A})$ 可检测。令 $\boldsymbol{p}(s)=s^2+1=0$，得 $s=\pm\mathrm{i}$，容易验证，对任意的 $s\in\{\pm\mathrm{i},0\}$，有

$$\operatorname{rank}\begin{bmatrix}s\boldsymbol{I}-\boldsymbol{A} & \boldsymbol{B}\\ -\boldsymbol{C} & \boldsymbol{O}\end{bmatrix}=n+m$$

即秩条件(4.25)成立。

综上可知，定理 4.2 和定理 4.3 的条件均成立，于是代数 Riccati 方程存在对称半正定的解，从而根据定理 4.1 和定理 4.4 可得增广系统的闭环系统渐近稳定，即 $\lim\limits_{t\to+\infty}\boldsymbol{\xi}_i(t)=\boldsymbol{0}, i=1,2,\cdots,N$。同时应用 MATLAB，可计算得到协调全局最优预见控制器(4.28)中的增益矩阵分别为

$$\boldsymbol{K}_{\mathrm{e}}=\begin{bmatrix}1.13362 & -0.28228 & -0.12352 & -0.07997 & -0.01342\\ 0.37336 & 0.56831 & -0.39619 & 0.12131 & 0.05330\\ 0.28045 & 0.21690 & 0.98195 & -0.36000 & 0.00226\\ 0.14616 & -0.00383 & 0.22384 & 0.67391 & -0.35694\\ 0.07021 & 0.07080 & 0.09553 & 0.24968 & 1.24058\end{bmatrix}$$

$$\boldsymbol{K}_{\mathrm{x}}=\begin{bmatrix}0.71983 & 5.83461 & -0.25072 & -0.52600 & -0.02237 & -0.04837 & \rightarrow\\ -0.15522 & -0.32541 & 0.90282 & 6.19259 & -0.25744 & -0.57996 & \\ -0.00603 & -0.01401 & -0.23366 & -0.51530 & 0.78646 & 5.93014 & \\ 0.06444 & 0.13824 & -0.14072 & -0.32544 & -0.31625 & -0.72139 & \\ 0.00332 & 0.00984 & -0.00548 & -0.02918 & -0.12377 & -0.28994 & \end{bmatrix}$$

$$\begin{bmatrix}\leftarrow & 0.08395 & 0.17537 & -0.00248 & -0.00304\\ & -0.29269 & -0.66955 & 0.01344 & 0.00943\\ & -0.38849 & -0.87456 & -0.03406 & -0.09049\\ & 0.62745 & 5.54615 & -0.30661 & -0.66538\\ & -0.45139 & -0.98510 & 1.23591 & 6.89416\end{bmatrix}$$

$$
\boldsymbol{K}_{\mathrm{v}}=\begin{bmatrix}
0.32734 & 0.59358 & -0.31648 & -0.35686 & -0.09837 & -0.20901 & -0.08893 & -0.20509 & -0.01596 & -0.00489\\
0.02317 & 0.26562 & 0.33948 & 0.66148 & -0.45762 & -0.25855 & -0.04910 & 0.14337 & 0.07057 & 0.01685\\
-0.01864 & 0.19310 & -0.04681 & 0.26151 & 0.34022 & 0.83593 & -0.63685 & -0.52731 & 0.02069 & -0.02351\\
-0.04534 & 0.13433 & -0.20210 & 0.03003 & -0.18496 & 0.31105 & 0.26557 & 0.94934 & -0.33515 & -0.25969\\
-0.02488 & 0.06676 & -0.01314 & 0.07477 & -0.10876 & 0.14360 & 0.01238 & 0.38098 & 0.98760 & 1.02981
\end{bmatrix}
$$

令 5 个跟随者的初始条件分别为

$$
\boldsymbol{x}_1(0)=\begin{bmatrix}0.01\\0.00\end{bmatrix},\quad \boldsymbol{x}_2(0)=\begin{bmatrix}-0.05\\-0.09\end{bmatrix},\quad \boldsymbol{x}_3(0)=\begin{bmatrix}0.02\\0.17\end{bmatrix}
$$

$$
\boldsymbol{x}_4(0)=\begin{bmatrix}-0.16\\-0.15\end{bmatrix},\quad \boldsymbol{x}_5(0)=\begin{bmatrix}0.12\\0.08\end{bmatrix}
$$

图 4.3～图 4.5 表示在上述初始条件下，5 个跟随者在预见步长分别为 0、0.03 s 和 0.05 s 时的输出轨迹。可以看出，在控制器(4.28)的作用下，多智能体系统实现了对正弦信号的预见跟踪一致性，且一致性的效果随着预见步长度的适度增加而逐渐改善。

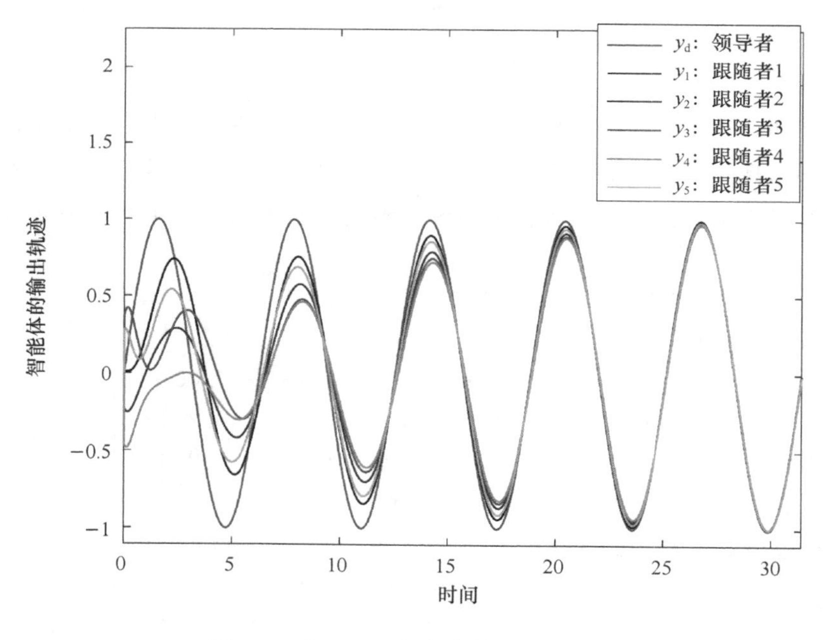

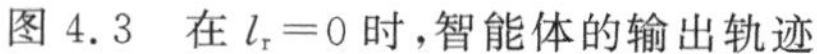

图 4.3　在 $l_r=0$ 时，智能体的输出轨迹

图 4.3 彩图

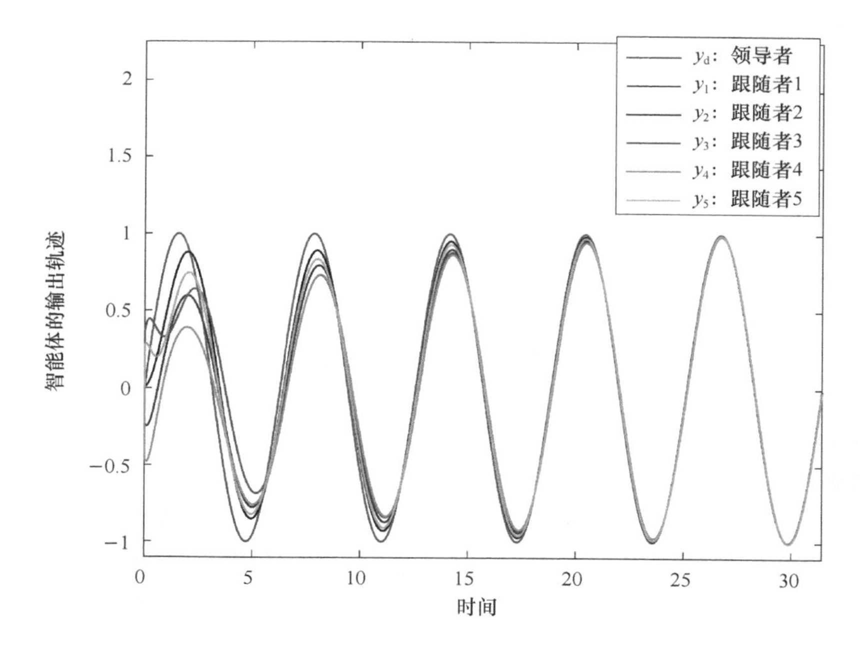

图 4.4 在 $l_r=0.03$ s 时,智能体的输出轨迹

图 4.4 彩图

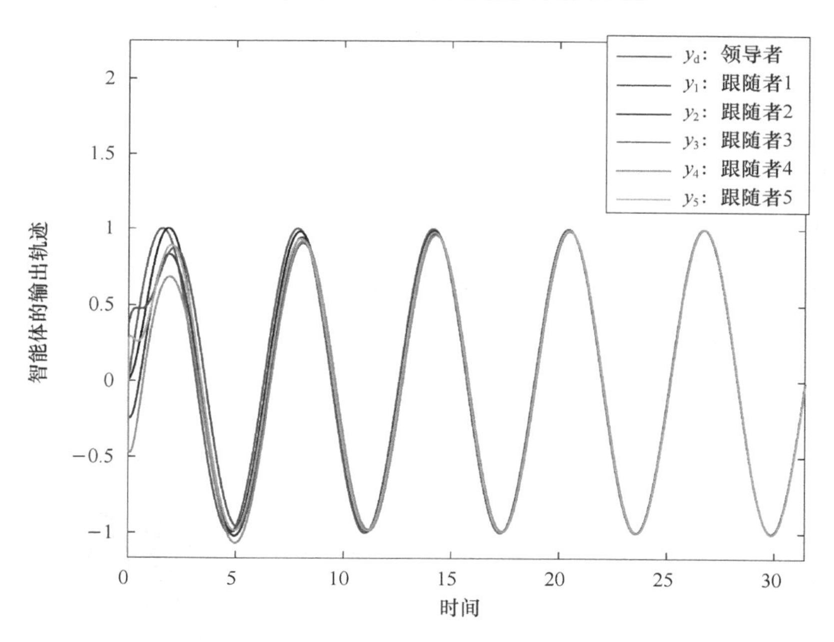

图 4.5 在 $l_r=0.05$ s 时,智能体的输出轨迹

图 4.5 彩图

图 4.6 表示在控制器(4.28)的作用下,跟随者 1 在不同预见步长时的输出轨迹。图 4.7 表示跟随者 1 在不同预见步长时的调节输出轨迹。其他跟随者在不同预见步长时的输出轨迹和调节输出轨迹与跟随者 1 的类似,在此略去。

接下来,将本章提出的设计方法应用于文献[204]中给出的车辆系统,进一步验证理论结果的有效性。

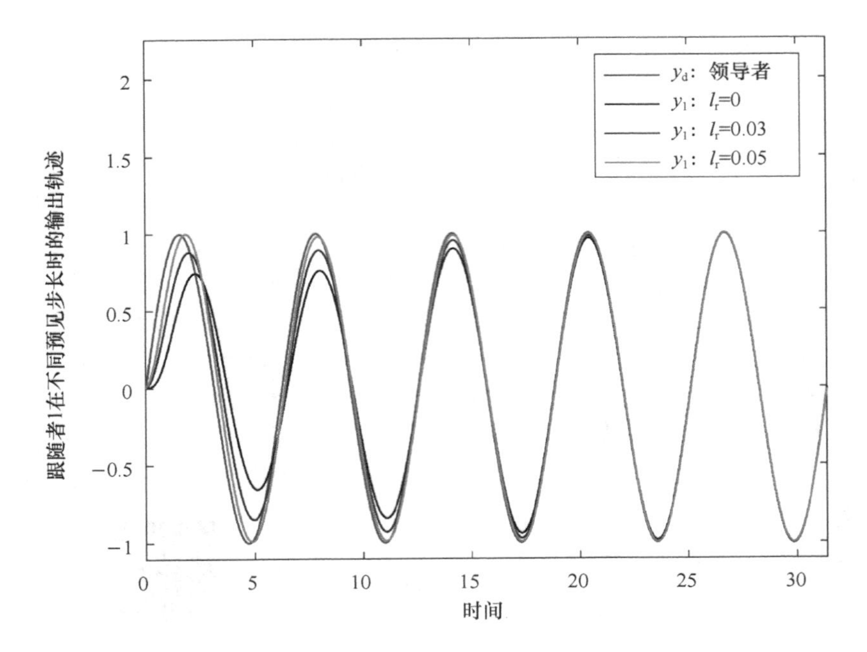

图 4.6　跟随者 1 在不同预见步长时的输出轨迹

图 4.6 彩图

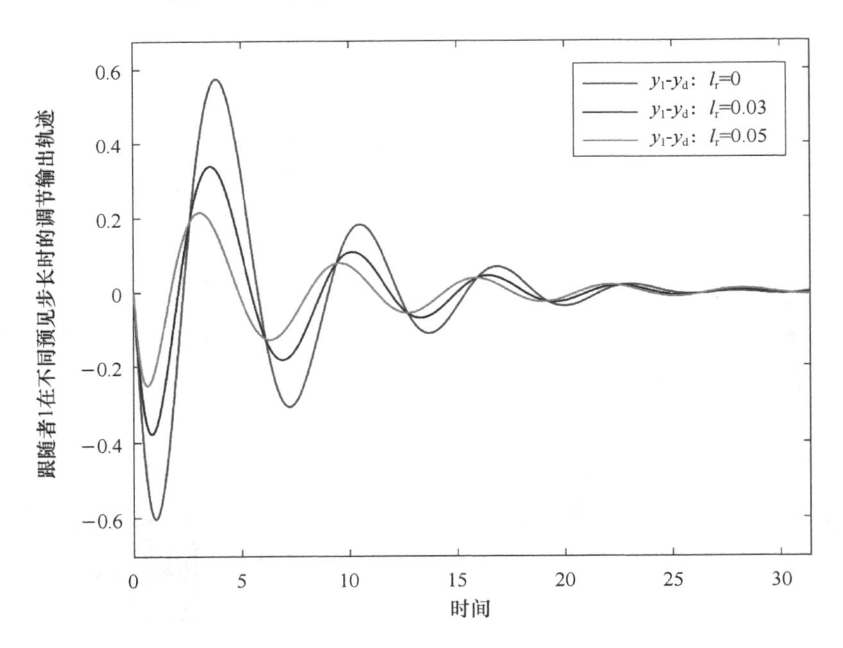

图 4.7　跟随者 1 在不同预见步长时的调节输出轨迹

图 4.7 彩图

例 4.2　为便于研究，本章不考虑原始系统中所带的干扰项。每辆小车的动力学行为表述如下：

$$\begin{cases}\begin{bmatrix}\dot{y}_i(t)\\ \dot{\boldsymbol{x}}_{ai}(t)\end{bmatrix}=\begin{bmatrix}0 & \boldsymbol{c}_a^{\mathrm{T}}\\ \boldsymbol{0} & \boldsymbol{A}_a\end{bmatrix}\begin{bmatrix}y_i(t)\\ \boldsymbol{x}_{ai}(t)\end{bmatrix}+\begin{bmatrix}0\\ \boldsymbol{b}_a\end{bmatrix}\boldsymbol{u}_i(t), \\ \boldsymbol{y}_i(t)=[1\quad \boldsymbol{0}]\begin{bmatrix}y_i(t)\\ \boldsymbol{x}_{ai}(t)\end{bmatrix},\end{cases}\quad i=1,2,3,4,5$$

其中：

$$\boldsymbol{A}_{\mathrm{a}}=\begin{bmatrix}-\dfrac{c+k_{\mathrm{P}}}{m} & -\dfrac{k_{\mathrm{I}}}{m}\\ 1 & 0\end{bmatrix},\quad \boldsymbol{b}_{\mathrm{a}}=\begin{bmatrix}\dfrac{k_{\mathrm{P}}}{m}\\ -1\end{bmatrix},\quad \boldsymbol{c}_{\mathrm{a}}=\begin{bmatrix}1\\ 0\end{bmatrix}$$

$\boldsymbol{y}_i(t)$表示第 i 辆小车的位置。在仿真时，上述矩阵中的参数分别设置为

$$c=200,\quad k_{\mathrm{P}}=70,\quad k_{\mathrm{I}}=20,\quad m=1\,000$$

车辆之间的信息交互假设仍由图 4.2 表示，并且参考信号 $y_{\mathrm{d}}(t)=\sin t$ 由例 4.1 中的外部系统产生。根据 PBH 秩判据容易证明，每辆小车的动力系统都是能控且能观的，因而也是可镇定且可检测的。此外，进一步验证得到秩条件(4.25)对任意的 $s\in\{\pm\mathrm{i},0\}$ 均成立。

对应于性能指标函数(4.20)，增益矩阵 $\widetilde{\boldsymbol{Q}}$ 和 $\boldsymbol{R}$ 取为

$$\widetilde{\boldsymbol{Q}}=\begin{bmatrix}\boldsymbol{Q}_{\mathrm{e}} & \boldsymbol{O} & \boldsymbol{O}\\ \boldsymbol{O} & \boldsymbol{O}_{15\times 15} & \boldsymbol{O}\\ \boldsymbol{O} & \boldsymbol{O} & \boldsymbol{Q}_{\mathrm{v}}\end{bmatrix},\quad \boldsymbol{R}=\begin{bmatrix}0.67 & 0 & 0 & 0 & 0\\ 0 & 0.93 & 0 & 0 & 0\\ 0 & 0 & 0.80 & 0 & 0\\ 0 & 0 & 0 & 1.14 & 0\\ 0 & 0 & 0 & 0 & 0.89\end{bmatrix}$$

其中：

$$\boldsymbol{Q}_{\mathrm{e}}=\begin{bmatrix}1 & 0 & 0 & 0 & 0\\ 0 & 2 & 0 & 0 & 0\\ 0 & 0 & 2 & 0 & 0\\ 0 & 0 & 0 & 5 & 0\\ 0 & 0 & 0 & 0 & 4\end{bmatrix},\quad \boldsymbol{Q}_{\mathrm{v}}=\begin{bmatrix}2 & 0 & 0 & 0 & 0\\ 0 & 8 & 0 & 0 & 0\\ 0 & 0 & 9 & 0 & 0\\ 0 & 0 & 0 & 10 & 0\\ 0 & 0 & 0 & 0 & 6\end{bmatrix}\otimes \boldsymbol{I}_2$$

在使用 MATLAB 求解代数黎卡提方程(4.23)后，协调全局最优预见控制器(4.28)中的增益矩阵 $\boldsymbol{K}_{\mathrm{e}}$、$\boldsymbol{K}_{\mathrm{x}}$ 和 $\boldsymbol{K}_{\mathrm{v}}$ 分别为

$$\boldsymbol{K}_{\mathrm{e}}=\begin{bmatrix}1.038\,39 & -0.799\,98 & -0.363\,86 & -0.373\,25 & 0.031\,41\\ 0.435\,96 & 1.263\,61 & -0.385\,25 & 0.221\,22 & -0.106\,96\\ 0.249\,07 & 0.300\,13 & 1.276\,64 & -1.270\,22 & -0.146\,06\\ 0.193\,04 & -0.096\,33 & 0.591\,16 & 1.700\,24 & -0.574\,09\\ 0.098\,91 & 0.064\,03 & 0.282\,51 & 0.555\,73 & 2.010\,06\end{bmatrix}$$

$$\boldsymbol{K}_{\mathrm{x}}=\begin{bmatrix}12.869\,48 & 14.697\,27 & -0.266\,24 & -8.297\,28 & -5.492\,36 & 0.007\,56 & -0.620\,71\\ -5.868\,23 & -3.951\,48 & 0.005\,82 & 21.096\,93 & 19.440\,86 & -0.267\,43 & -4.428\,64\\ -0.574\,18 & -0.637\,66 & 0.002\,26 & -5.075\,39 & -4.040\,50 & 0.010\,51 & 17.160\,66\\ 1.848\,79 & 0.874\,29 & 0.001\,01 & -5.444\,98 & -4.186\,49 & 0.010\,59 & -6.055\,48\\ 0.294\,25 & 0.144\,79 & 0.000\,59 & -1.307\,82 & -1.375\,23 & 0.004\,97 & -1.673\,30\end{bmatrix}\rightarrow$$

$$\leftarrow\begin{bmatrix}-0.763\,99 & 0.002\,52 & 2.962\,32 & 1.477\,09 & 0.000\,99 & 0.365\,28 & 0.188\,78 & 0.000\,53\\ -3.481\,06 & 0.008\,67 & -6.663\,96 & -5.132\,77 & 0.012\,91 & -1.321\,08 & -1.317\,86 & 0.004\,63\\ 17.112\,70 & -0.263\,65 & -8.326\,36 & -6.832\,75 & 0.019\,10 & -1.797\,61 & -1.857\,38 & 0.006\,91\\ -4.805\,87 & 0.012\,64 & 14.334\,64 & 14.396\,39 & -0.256\,19 & -5.662\,77 & -4.103\,45 & 0.008\,87\\ -1.674\,08 & 0.005\,89 & -7.297\,03 & -5.256\,66 & 0.011\,33 & 21.855\,28 & 20.546\,74 & -0.272\,77\end{bmatrix}$$

$$
\boldsymbol{K}_{\mathrm{v}}=\begin{bmatrix}
-1.77595 & -0.72093 & 2.28098 & -0.86571 & 1.42142 & 0.69771 & 0.99434 & 0.50280 & -0.07866 & 0.04889 \\
-0.64192 & -0.72686 & -2.93841 & 0.93987 & 1.57367 & -1.28287 & -0.15858 & -0.45484 & 0.23696 & 0.01981 \\
-0.31065 & -0.56365 & -0.60100 & -0.66679 & -3.21410 & -0.41671 & 2.58232 & -1.84803 & 0.31339 & 0.04427 \\
-0.10726 & -0.48449 & 0.58135 & -1.33631 & -0.88150 & -1.50733 & -2.84879 & -0.48528 & 0.86457 & -0.63557 \\
-0.06526 & -0.23265 & 0.08715 & -0.31473 & -0.38684 & -0.72989 & -0.96930 & -0.77099 & -3.22433 & 1.20680
\end{bmatrix}
$$

选取如下初始状态：

$$
\boldsymbol{x}_1(0)=\begin{bmatrix}0\\0.2\\-0.2\end{bmatrix},\quad \boldsymbol{x}_2(0)=\begin{bmatrix}0\\0.3\\-0.3\end{bmatrix},\quad \boldsymbol{x}_3(0)=\begin{bmatrix}0\\0.4\\-0.4\end{bmatrix}
$$

$$
\boldsymbol{x}_4(0)=\begin{bmatrix}0\\0.2\\-0.2\end{bmatrix},\quad \boldsymbol{x}_5(0)=\begin{bmatrix}0\\0.15\\-0.15\end{bmatrix}
$$

这意味着车辆位于相同的位置,但具有不同的速度。

图 4.8 和图 4.9 说明 5 辆小车的位置轨迹最终能够同步于外部系统的输出轨迹。进一步地,适当增加预见步长对于改善协调跟踪性能是有益的,特别是能够实现对波峰与波谷处的跟踪。这表明本章提出的设计方法对实际问题也是有效的。

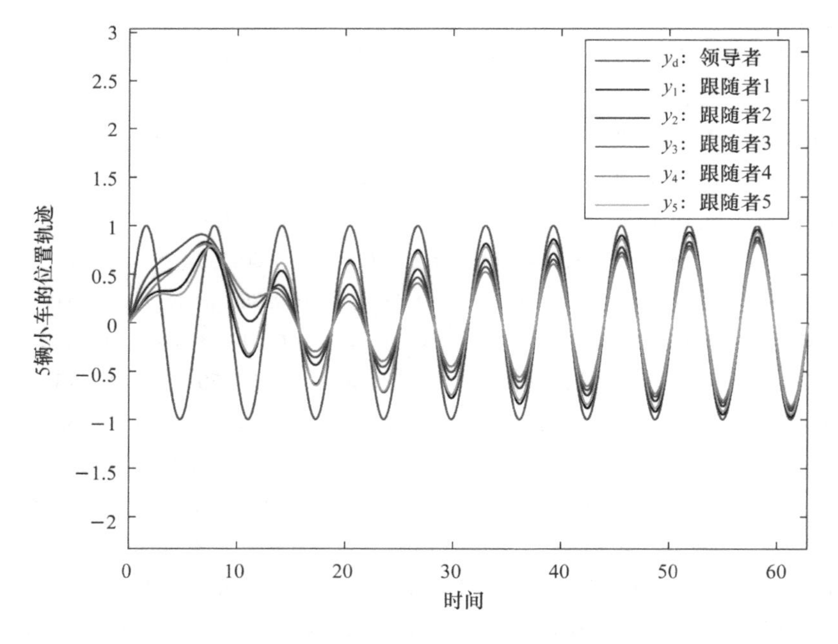

图 4.8 在 $l_r=0$ 时,5 辆小车的位置轨迹

图 4.8 彩图

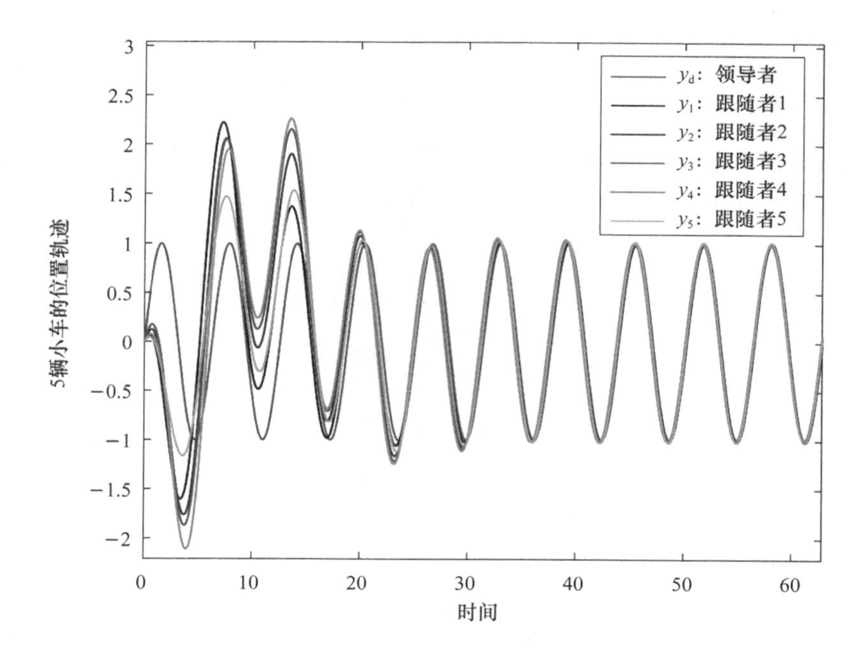

图 4.9 在 $l_r=0.05$ s 时，5 辆小车的位置轨迹

图 4.9 彩图

注意到，假设 A4.1 指出 $\boldsymbol{p}(s)$根的实部均为非负的。例 4.1 和例 4.2 已验证了 $\boldsymbol{p}(s)$根的实部为零的情形，接下来将验证本章的方法对于 $\boldsymbol{p}(s)$根的实部为正的情形也是适用的。

例 4.3 本例中令智能体的动力学方程(4.1)以及智能体间的通信拓扑与例 4.1 中相同。令领导者的输出 $\boldsymbol{y}_d(t)=e^{0.01t}\sin 0.02t$，根据附注 1.1，对 $\boldsymbol{y}_d(t)$取拉普拉斯变换得到

$$\bar{\boldsymbol{Y}}_d(s)=L[\sin t]=\frac{0.02}{(s-0.01)^2+0.02^2}$$

则 $\boldsymbol{p}(s)=(s-0.01)^2+0.02^2$ 的根为 $0.01\pm0.02i$，其中 i 为虚数单位，显然其实部为正。可以验证，式(4.25)对任意的 $s\in\{0.01\pm0.02i,0\}$均是成立的。

由定义 1.1 以及 $\boldsymbol{p}(s)$的表达式可得基于参考信号 $\boldsymbol{y}_d(t)$的伺服补偿器：

$$\dot{\boldsymbol{v}}_i(t)=\begin{bmatrix}0 & 1\\ -0.0005 & 0.02\end{bmatrix}\boldsymbol{v}_i+\begin{bmatrix}0\\1\end{bmatrix}\boldsymbol{e}_i,\quad i=1,2,\cdots,N$$

对应于增广系统(4.18)和性能指标函数(4.20)，增益矩阵 $\widetilde{\boldsymbol{Q}}$ 和 $\boldsymbol{R}$ 取为

$$\widetilde{\boldsymbol{Q}}=\begin{bmatrix}\boldsymbol{Q}_e & \boldsymbol{O} & \boldsymbol{O}\\ \boldsymbol{O} & \boldsymbol{O}_{10\times10} & \boldsymbol{O}\\ \boldsymbol{O} & \boldsymbol{O} & \boldsymbol{Q}_v\end{bmatrix},\quad \boldsymbol{R}=\begin{bmatrix}0.67 & 0 & 0 & 0 & 0\\ 0 & 0.93 & 0 & 0 & 0\\ 0 & 0 & 0.80 & 0 & 0\\ 0 & 0 & 0 & 1.14 & 0\\ 0 & 0 & 0 & 0 & 0.89\end{bmatrix}$$

其中：

$$\boldsymbol{Q}_e=\begin{bmatrix}10 & 0 & 0 & 0 & 0\\ 0 & 20 & 0 & 0 & 0\\ 0 & 0 & 20 & 0 & 0\\ 0 & 0 & 0 & 50 & 0\\ 0 & 0 & 0 & 0 & 40\end{bmatrix},\quad \boldsymbol{Q}_v=\begin{bmatrix}0.2 & 0 & 0 & 0 & 0\\ 0 & 0.4 & 0 & 0 & 0\\ 0 & 0 & 0.6 & 0 & 0\\ 0 & 0 & 0 & 0.8 & 0\\ 0 & 0 & 0 & 0 & 1\end{bmatrix}\otimes\boldsymbol{I}_2$$

令 5 个跟随者的初始状态为

$$\boldsymbol{x}_1(0)=\begin{bmatrix}0.11\\0.09\end{bmatrix},\quad \boldsymbol{x}_2(0)=\begin{bmatrix}0.15\\0.14\end{bmatrix},\quad \boldsymbol{x}_3(0)=\begin{bmatrix}0.12\\0.17\end{bmatrix},\quad \boldsymbol{x}_4(0)=\begin{bmatrix}0.13\\0.12\end{bmatrix},\quad \boldsymbol{x}_5(0)=\begin{bmatrix}0.12\\0.18\end{bmatrix}$$

图 4.10 和图 4.11 说明跟随者在控制器(4.28)的作用下，均实现了对本例中 $\boldsymbol{y}_{\mathrm{d}}(t)$ 的协调预见跟踪，且跟踪效果随着预见步长的增加而得到了相应的改善。

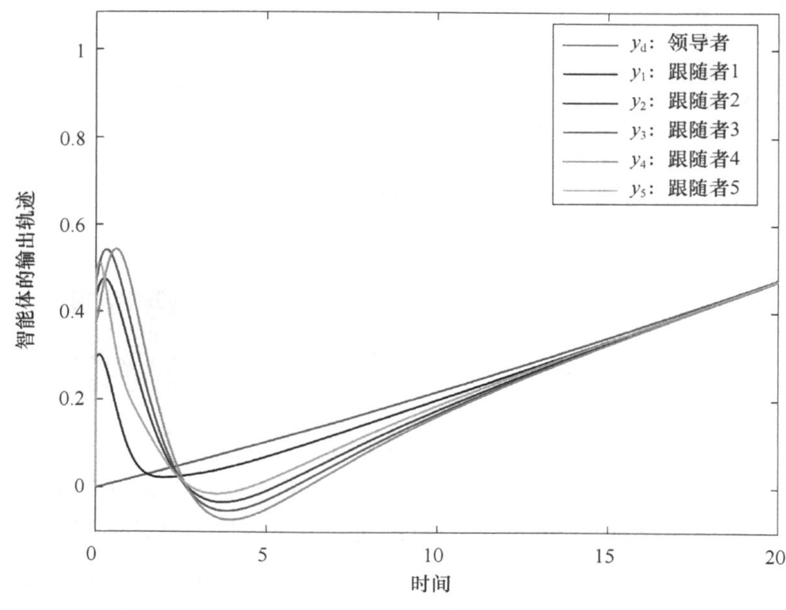

图 4.10　在 $l_{\mathrm{r}}=0$ 时，智能体的输出轨迹

图 4.10 彩图

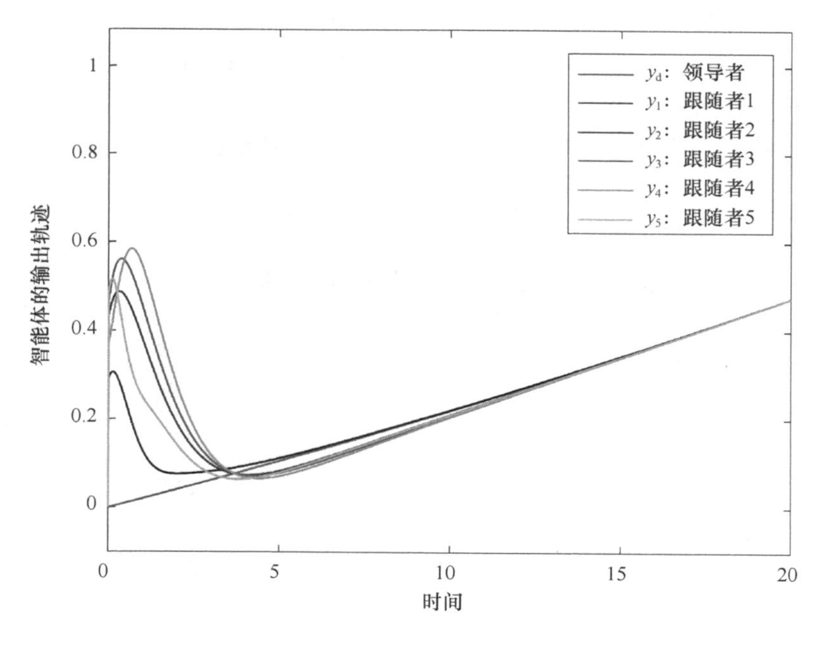

图 4.11　在 $l_{\mathrm{r}}=0.15$ s 时，智能体的输出轨迹

图 4.11 彩图

4.4 本章小结

本章研究了线性多智能体系统的协调全局最优预见跟踪问题。所考虑的有向互联拓扑是固定的,且领导者顶点是全局可达的。在一些标准的假设下,通过运用预见控制理论和内模原理,本章给出了使系统实现跟踪一致性所需的充分条件,同时得出了包含内模的协调全局最优预见控制律。

5 连续时间线性多智能体系统的最优包围预见控制

包围控制的研究是由众多工程应用推动的。例如，一组车辆相互协作从一个目标移动到另一个目标，群体中只有一部分车辆具有检测危险障碍物的能力，这部分个体被指定为领导者；在整个运动过程中，其他个体（跟随者）需要停留在由领导者张成的动态安全区域内。值得注意的是，大多数分布式包围策略主要是基于当前信息的纯反馈控制，很少有研究试图通过额外的因果和非因果积分来提高闭环系统的稳定精度和瞬态性能。事实上，领导者总是有能力检测到即将到来的参考信号和干扰信号。如果这些未来信息通过网络传递给跟随者，那么跟随者就会及时调整控制策略，以缩短可调时间，消除稳定跟踪误差。

本章的特点如下：

(1) 考虑了领导者输出信息可预见的情况，借助预见控制理论和线性叠加原理，为每个跟随者提出了一个具有多个预见前馈补偿的最优控制策略。此外，还得到了确保跟随者移动到领导者所张成凸包的充分条件。

(2) 作为对第 4 章内容的深入研究，本章在第 3 章的启示下提出了一种分布式设计方法，以降低计算复杂性。此外，通过巧妙地将每个预见前馈补偿项表示为关于当前时间的形式，本章得到了基于预见的输出调节方程，这保证了与虚拟增广子系统相关的最优输出调节问题的可解性。

5.1 问题描述

本章考虑由 N 个跟随者和 M 个领导者构成的连续时间线性多智能体系统，其中跟随者的动力学行为由如下的状态空间方程描述：

$$\begin{cases} \dot{\boldsymbol{x}}_i(t)=\boldsymbol{A}\boldsymbol{x}_i(t)+\boldsymbol{B}\boldsymbol{u}_i(t) \\ \boldsymbol{y}_i(t)=\boldsymbol{C}\boldsymbol{x}_i(t), \quad i\in\mathcal{F} \end{cases} \tag{5.1}$$

其中，$\boldsymbol{x}_i(t)\in\mathbb{R}^n$、$\boldsymbol{u}_i(t)\in\mathbb{R}^r$ 和 $\boldsymbol{y}_i(t)\in\mathbb{R}^m$ 分别代表第 i 个跟随者的状态、控制输入和测量输出；$\boldsymbol{x}_{i0}$ 是状态 $\boldsymbol{x}_i(k)$ 的初始值；$\boldsymbol{A}$、$\boldsymbol{B}$、$\boldsymbol{C}$ 分别为 $n\times n$、$n\times r$、$m\times n$ 的矩阵。领导者的动力学行为由如下自治（外部）系统描述：

$$\begin{cases} \dot{\boldsymbol{w}}_k(t)=\boldsymbol{S}\boldsymbol{w}_k(t), \\ \boldsymbol{y}_k(t)=\boldsymbol{D}\boldsymbol{w}_k(t), \end{cases} \quad k\in\mathcal{R} \tag{5.2}$$

其中，$\boldsymbol{S}$ 和 $\boldsymbol{D}$ 分别为 $l\times l$ 和 $m\times l$ 的矩阵。

定义 5.1[205] 在集合$\mathcal{C}\in\mathbb{R}^n$中，如果对任意的$x,y\in\mathcal{C}$和$\lambda\in[0,1]$，使得$(1-\lambda)x+\lambda y\in\mathcal{C}$，那么称$\mathcal{C}$为凸集。对于一个有限点集$X=\{x_1,x_2,\cdots,x_q\}$，其凸包定义为$\mathrm{Co}(X)=\left\{\sum_{i=1}^{q}\alpha_i x_i \mid x_i\in X,\alpha_i\in\mathbb{R},\alpha_i\geqslant 0,\sum_{i=1}^{q}\alpha_i=1\right\}$。

定义跟随者v_i的局部调节输出为

$$\boldsymbol{e}_i(t)=\sum_{j=1}^{N}a_{ij}(\boldsymbol{y}_i-\boldsymbol{y}_j)+\sum_{k=N+1}^{N+p}a_{ik}(\boldsymbol{y}_i-\boldsymbol{y}_k) \tag{5.3}$$

下面定义关于多智能体系统(5.1)和外部系统(5.2)的包围控制问题。

问题 5.1(包围预见控制问题) 利用局部输出信息和可预见参考输入信息，为每个跟随者v_i设计分布式动态控制器$\boldsymbol{u}_i(t)$，使跟随者v_i的输出能够收敛于由领导者输出张成的凸包，即$\lim\limits_{t\to\infty}(\boldsymbol{y}_i(t)-\mathrm{Co}(\Xi))=0,i\in\mathcal{F},\Xi=\{\boldsymbol{y}_{N+1},\boldsymbol{y}_{N+2},\cdots,\boldsymbol{y}_{N+M}\}$，则称多智能体系统(5.1)实现了关于外部系统(5.2)的包围预见控制。

附注 5.1 实际上，包围控制可看作一类特殊的协调跟踪控制问题，受文献[206]的启发，式(5.3)可重新表述为如下形式：

$$\boldsymbol{e}_i(t)=\sum_{k=N+1}^{N+M}\widetilde{\boldsymbol{e}}_{ik}(t) \tag{5.4}$$

其中，$\widetilde{\boldsymbol{e}}_{ik}(t)=\dfrac{1}{M}\sum_{j=1}^{N}a_{ij}(\boldsymbol{y}_i-\boldsymbol{y}_j)+a_{ik}(\boldsymbol{y}_i-\boldsymbol{y}_k)$，是协调跟踪控制问题中常用的局部邻居输出误差。

为了求解问题 5.1，下面的假设是必要的。

A5.1 有向图$\mathcal{G}$不包含环，而且对于每个跟随者，有向图$\bar{\mathcal{G}}$中都至少存在一条从领导者到跟随者的有向路径。

A5.2 矩阵$\boldsymbol{S}$的特征值均位于右半闭复平面内。

A5.3 对于任意的$s\in\Lambda(\boldsymbol{S})\cup\boldsymbol{0}$，下面的秩条件成立：

$$\mathrm{rank}\begin{bmatrix} s\boldsymbol{I}-\boldsymbol{A} & \boldsymbol{B} \\ -\boldsymbol{C} & \boldsymbol{O}\end{bmatrix}=n+m$$

A5.4 $(\boldsymbol{A},\boldsymbol{B})$可镇定，$(\boldsymbol{A},\boldsymbol{C})$可检测。

A5.5 参考信号$\boldsymbol{y}_k(t)$是可预见的，且其预见步长为$l_{\mathrm{r}}^k,k\in\mathcal{R}$。即在当前时刻$t$，$\boldsymbol{y}_k(\tau)(\tau\in[t,t+l_{\mathrm{r}}^k])$的值对于能够直接获得其信息的跟随者是可利用的。

附注 5.2 假设 A5.1 和假设 A5.4 是处理包围控制问题的标准条件，假设 A5.2 和假设 A5.3 用于保证输出调节问题的可解性。此外，假设 A5.3 要求秩条件在$s=0$时成立，可以确保所建立增广系统的可镇定性。假设 A5.5 在设计预见前馈补偿时是必要的。事实上，每个跟随者都可能从不同的领导者获取可预见的参考信号，并且预见步长也可能是不同的。因此，假设参考信号$\boldsymbol{y}_k(t)$是可预见的，其预见步长为l_{r}^k。此外，正如文献[151]和文献[152]中的仿真结果所显示的，可预见行为仅在未来固定的时间间隔内对改善闭环响应性能有重要影响。因此，对于任意的$\tau\in[t,t+l_{\mathrm{r}}^k]$，$\boldsymbol{y}_k(\tau)$已知的假设是合理的。

接下来，记

$$\boldsymbol{e}(t)=[\boldsymbol{e}_1^{\mathrm{T}}\quad \boldsymbol{e}_2^{\mathrm{T}}\quad\cdots\quad \boldsymbol{e}_N^{\mathrm{T}}]^{\mathrm{T}},\quad \boldsymbol{y}(t)=[\boldsymbol{y}_1^{\mathrm{T}}\quad \boldsymbol{y}_2^{\mathrm{T}}\quad\cdots\quad \boldsymbol{y}_N^{\mathrm{T}}]^{\mathrm{T}},\quad \bar{\boldsymbol{y}}_k(t)=\boldsymbol{1}\otimes\boldsymbol{y}_k(t)$$

则由式(5.4)可得全局调节输出为

$$e(t)=\sum_{k=N+1}^{N+M}(\boldsymbol{H}_k\otimes\boldsymbol{I}_m)[\boldsymbol{y}(t)-\bar{\boldsymbol{y}}_k(t)] \tag{5.5}$$

其中，$\boldsymbol{H}_k=\frac{1}{M}\boldsymbol{L}+\Delta_k$，矩阵 $\boldsymbol{L}$ 为与跟随者间信息交互相对应的 Laplacian 矩阵，$\boldsymbol{\Delta}_k$ 为对角矩阵，反映了第 k 个领导者与所有跟随者之间的直接通信情况。已经规定：如果存在通信，则 $a_{ik}>0$，否则 $a_{ik}=0$。关于矩阵 $\boldsymbol{H}_k$，在假设 A5.1 下，有引理 5.1 和引理 5.2 成立。

引理 5.1[206]　在假设 A5.1 下，矩阵 $\boldsymbol{H}_k$ 和 $\sum_{k=N+1}^{N+M}\boldsymbol{H}_k$ 均为正定且非奇异的 $\boldsymbol{M}$ 矩阵，满足下面的性质：

(1) 矩阵 $\boldsymbol{H}_k$ 和 $\sum_{k=N+1}^{N+M}\boldsymbol{H}_k$ 的特征值具有正实部；

(2) 矩阵 $\boldsymbol{H}_k$ 和 $\sum_{k=N+1}^{N+M}\boldsymbol{H}_k$ 的逆存在且都正定。

引理 5.2　对于满足假设 A5.1 的多智能体系统(5.1)和外部系统(5.2)，根据 $\boldsymbol{e}(t)$ 的定义知，$\lim\limits_{t\to\infty}\boldsymbol{e}(t)=\boldsymbol{0}$ 蕴含着输出包围控制的实现。

由于对包围预见控制问题的求解可通过设计分布式控制律使得 $\lim\limits_{t\to\infty}\boldsymbol{e}(t)=\boldsymbol{0}$ 成立来实现，为此本章为多智能体系统(5.1)引入如下的二次型性能指标函数：

$$\boldsymbol{J}=\int_0^{+\infty}\left\{\sum_{i=1}^{N}(\boldsymbol{e}_i^{\mathrm{T}}(t)\boldsymbol{Q}_{ei}\boldsymbol{e}_i(t)+\dot{\boldsymbol{u}}_i^{\mathrm{T}}(t)\boldsymbol{R}_i\dot{\boldsymbol{u}}_i(t))\right\}\mathrm{d}t \tag{5.6}$$

其中，$\boldsymbol{Q}_{ei}>0$，$\boldsymbol{R}_i>0$。

正如附注 5.1 所指出的，包围控制问题可以被视为一种特殊的跟踪问题，从最优控制的角度来看，解决它的一般方法是将跟踪问题转化为关于跟踪误差的最优状态调节问题。因此，性能指数函数(5.6)包含误差的二次型。此外，在预见控制的框架内，引入输入导数 $\dot{\boldsymbol{u}}_i(t)$ 的二次型，可使最优控制策略包括误差的积分和预览前馈补偿，根据文献[151]和文献[152]，它可以帮助消除静态误差，提高瞬态响应性能。

5.2　问题转化

本节采用预见控制理论中的状态增广技术，构建一个包含全局调节输出 $\boldsymbol{e}(t)$ 和全局状态向量 $\boldsymbol{x}(t)$ 导数的增广系统，将包围预见控制问题转化为增广系统在性能指标函数(5.6)下的最优状态调节问题来处理。为方便表述起见，下面令

$$\boldsymbol{x}(t)=[\boldsymbol{x}_1^{\mathrm{T}}(t),\cdots,\boldsymbol{x}_N^{\mathrm{T}}(t)]^{\mathrm{T}},\quad \boldsymbol{u}(t)=[\boldsymbol{u}_1^{\mathrm{T}}(t),\cdots,\boldsymbol{u}_N^{\mathrm{T}}(t)]^{\mathrm{T}}$$

$$\boldsymbol{w}(t)=[\boldsymbol{w}_{N+1}^{\mathrm{T}}(t),\cdots,\boldsymbol{w}_{N+M}^{\mathrm{T}}(t)]^{\mathrm{T}},\quad \boldsymbol{y}_{\mathrm{r}}(t)=[\boldsymbol{y}_{N+1}^{\mathrm{T}}(t),\cdots,\boldsymbol{y}_{N+M}^{\mathrm{T}}(t)]^{\mathrm{T}}$$

于是，多智能体系统(5.1)和外部系统(5.2)的全局形式分别为

$$\begin{cases}\dot{\boldsymbol{x}}(t)=(\boldsymbol{I}_N\otimes\boldsymbol{A})\boldsymbol{x}(t)+(\boldsymbol{I}_N\otimes\boldsymbol{B})\boldsymbol{u}(t)\\ \boldsymbol{y}(t)=(\boldsymbol{I}_N\otimes\boldsymbol{C})\boldsymbol{x}(t)\end{cases} \tag{5.7}$$

和

$$\begin{cases}\dot{\boldsymbol{w}}(t)=(\boldsymbol{I}_M\otimes\boldsymbol{S})\boldsymbol{w}(t)\\ \boldsymbol{y}_{\mathrm{r}}(t)=(\boldsymbol{I}_M\otimes\boldsymbol{D})\boldsymbol{w}(t)\end{cases}\tag{5.8}$$

在此基础上，分别对式(5.5)和式(5.7)求导，可得如下增广系统：

$$\begin{bmatrix}\dot{\boldsymbol{e}}(t)\\ \ddot{\boldsymbol{x}}(t)\end{bmatrix}=\begin{bmatrix}\boldsymbol{O} & \boldsymbol{H}\otimes\boldsymbol{C}\\ \boldsymbol{O} & \boldsymbol{I}_N\otimes\boldsymbol{A}\end{bmatrix}\begin{bmatrix}\boldsymbol{e}(t)\\ \dot{\boldsymbol{x}}(t)\end{bmatrix}+\begin{bmatrix}\boldsymbol{O}\\ \boldsymbol{I}_N\otimes\boldsymbol{B}\end{bmatrix}\dot{\boldsymbol{u}}(t)+\sum_{k=N+1}^{N+M}\begin{bmatrix}-\boldsymbol{\Delta}_k\otimes\boldsymbol{I}_m\\ \boldsymbol{O}\end{bmatrix}\dot{\boldsymbol{y}}_k(t)\tag{5.9}$$

其中，$\boldsymbol{H}=\boldsymbol{L}+\sum_{k=N+1}^{N+M}\boldsymbol{\Delta}_k$。

相应于系统(5.9)，性能指标函数(5.6)可表示为如下紧凑形式：

$$\boldsymbol{J}=\int_0^{\infty}(\boldsymbol{e}^{\mathrm{T}}(t)\boldsymbol{Q}_{\mathrm{e}}\boldsymbol{e}(t)+\dot{\boldsymbol{u}}^{\mathrm{T}}(t)\boldsymbol{R}\dot{\boldsymbol{u}}(t))\mathrm{d}t\tag{5.10}$$

其中，$\boldsymbol{Q}_{\mathrm{e}}=\mathrm{diag}\{\boldsymbol{Q}_{\mathrm{e}1},\boldsymbol{Q}_{\mathrm{e}2},\cdots,\boldsymbol{Q}_{\mathrm{e}N}\}>\boldsymbol{0}$，$\boldsymbol{R}=\mathrm{diag}\{\boldsymbol{R}_1,\boldsymbol{R}_2,\cdots,\boldsymbol{R}_N\}>\boldsymbol{0}$。

对于系统(5.9)，如果在性能指标函数(5.10)下设计控制律使其闭环系统渐近稳定(或者指数稳定)，那么$[\boldsymbol{e}^{\mathrm{T}}(t)\quad \dot{\boldsymbol{x}}^{\mathrm{T}}(t)]^{\mathrm{T}}$将渐近收敛(或指数收敛)于零，进而容易得到$\lim_{t\to\infty}\boldsymbol{e}(t)=\boldsymbol{0}$。也就是说，原始的包围预见控制问题，可通过构造形如式(5.9)所示的增广系统，转化为一个最优状态调节问题处理。然而，由假设A5.2知，领导者输出信号的幅值为非衰减的。因此，所设计的控制律需要考虑消除$\dot{\boldsymbol{y}}_k(t)$对闭环系统渐近稳定性能的影响。文献[92]指出，对于此类问题，一种有效的做法是在控制律中植入$\bar{\boldsymbol{y}}_k(t)$的不稳定模型，其中模型所需参数可通过在对$\bar{\boldsymbol{y}}_k(t)$做拉普拉斯变换后取其结构特性的最小公倍式得到。另外，该最小公倍式需要满足关于$\boldsymbol{S}$的最小m重内模的定义(详见定义1.1)。

考虑到分布式设计的原则，下面基于假设A5.2和定义1.1，为每个跟随者建立如下包含内模和预见前馈的分布式控制策略：

$$\begin{cases}\dot{\boldsymbol{v}}_i(t)=\boldsymbol{G}_1\boldsymbol{v}_i(t)+\boldsymbol{G}_2\boldsymbol{e}_i(t)\\ \dot{\boldsymbol{u}}_i(t)=\boldsymbol{K}_{i,1}\boldsymbol{e}_i(t)+\boldsymbol{K}_{i,2}\dot{\boldsymbol{x}}_i(t)+\boldsymbol{K}_{i,3}\boldsymbol{v}_i(t)+\sum_{j=1}^{M}\boldsymbol{K}_{i,4}(l_{\mathrm{r}}^j)\boldsymbol{w}_j(t),\quad i\in\mathcal{R}\end{cases}\tag{5.11}$$

其中，$\boldsymbol{K}_{i,1}$、$\boldsymbol{K}_{i,2}$、$\boldsymbol{K}_{i,3}$和$\boldsymbol{K}_{i,4}(l_{\mathrm{r}}^j)(j\in\{1,2,\cdots,M\})$为待确定的矩阵，随后将通过线性二次型最优控制的方法进行设计。在式(5.11)中引入$\boldsymbol{K}_{i,3}\boldsymbol{v}_i(t)$的目的在于植入内模以实现无静差包围控制，添加$\sum_{j=1}^{p}\boldsymbol{K}_{i,4}(l_{\mathrm{r}}^j)\boldsymbol{w}_j(t)$的目的在于利用输出信息的预见补偿作用改善包围品性，如缩减响应时间、减少超调等。

令$\boldsymbol{v}(t)=[\boldsymbol{v}_1^{\mathrm{T}}(t),\boldsymbol{v}_2^{\mathrm{T}}(t),\cdots,\boldsymbol{v}_N^{\mathrm{T}}(t)]^{\mathrm{T}}$，于是结合系统(5.9)和控制策略(5.11)，可得如下二次增广系统：

$$\begin{cases}\dot{\bar{\boldsymbol{x}}}(t)=\bar{\boldsymbol{A}}\bar{\boldsymbol{x}}(t)+\bar{\boldsymbol{B}}\dot{\boldsymbol{u}}(t)+\sum_{k=N+1}^{N+M}\bar{\boldsymbol{E}}_k\dot{\boldsymbol{y}}_k(t)\\ \dot{\boldsymbol{w}}(t)=(\boldsymbol{I}_M\otimes\boldsymbol{S})\boldsymbol{w}(t)\\ \boldsymbol{e}(t)=\bar{\boldsymbol{C}}\bar{\boldsymbol{x}}(t)\end{cases}\tag{5.12}$$

其中：

$$\bar{\boldsymbol{x}}(t)=\begin{bmatrix}\boldsymbol{e}(t)\\ \dot{\boldsymbol{x}}(t)\\ \boldsymbol{v}(t)\end{bmatrix},\quad \bar{\boldsymbol{A}}=\begin{bmatrix}\boldsymbol{O} & \boldsymbol{H}\otimes\boldsymbol{C} & \boldsymbol{O}\\ \boldsymbol{O} & \boldsymbol{I}_N\otimes\boldsymbol{A} & \boldsymbol{O}\\ \boldsymbol{I}_N\otimes\boldsymbol{G}_2 & \boldsymbol{O} & \boldsymbol{I}_N\otimes\boldsymbol{G}_1\end{bmatrix},\quad \bar{\boldsymbol{B}}=\begin{bmatrix}\boldsymbol{O}\\ \boldsymbol{I}_N\otimes\boldsymbol{B}\\ \boldsymbol{O}\end{bmatrix}$$

$$\bar{\boldsymbol{E}}_k=\begin{bmatrix}-\boldsymbol{\Delta}_k\otimes\boldsymbol{I}_m\\ \boldsymbol{O}\\ \boldsymbol{O}\end{bmatrix},\quad \bar{\boldsymbol{C}}=[\boldsymbol{I}\quad\boldsymbol{O}\quad\boldsymbol{O}]$$

基于系统(5.12)，性能指标函数(5.10)可进一步表示为

$$\boldsymbol{J}=\int_0^{\infty}(\bar{\boldsymbol{x}}^{\mathrm{T}}(t)\bar{\boldsymbol{Q}}\bar{\boldsymbol{x}}(t)+\dot{\boldsymbol{u}}^{\mathrm{T}}(t)\boldsymbol{R}\dot{\boldsymbol{u}}(t))\mathrm{d}t \tag{5.13}$$

其中，$\bar{\boldsymbol{Q}}=\mathrm{diag}\{\boldsymbol{Q}_{\mathrm{e}},\boldsymbol{O},\boldsymbol{O}\}\geqslant\boldsymbol{O}$。为了保证在线性二次型最优控制框架下所设计的控制律的存在性，下面将性能指标函数(5.13)改造为如下形式：

$$\boldsymbol{J}'=\int_0^{\infty}(\bar{\boldsymbol{x}}^{\mathrm{T}}(t)\bar{\boldsymbol{Q}}_1\bar{\boldsymbol{x}}(t)+\dot{\boldsymbol{u}}^{\mathrm{T}}(t)\boldsymbol{R}\dot{\boldsymbol{u}}(t))\mathrm{d}t \tag{5.14}$$

其中，$\bar{\boldsymbol{Q}}=\mathrm{diag}\{\boldsymbol{Q}_{\mathrm{e}},\boldsymbol{O},\boldsymbol{Q}_{\mathrm{v}}\}\geqslant\boldsymbol{O}$，$\boldsymbol{Q}_{\mathrm{v}}=\mathrm{diag}\{\boldsymbol{Q}_{\mathrm{v}1},\boldsymbol{Q}_{\mathrm{v}2},\cdots,\boldsymbol{Q}_{\mathrm{v}N}\}\geqslant\boldsymbol{O}$，且 $\boldsymbol{Q}_{\mathrm{v}i}\geqslant\boldsymbol{O}$ 的选取可使得($\boldsymbol{G}_1$，$\boldsymbol{Q}_{\mathrm{v}i}^{1/2}$)是可检测的，$i\in\mathcal{R}$。最终，问题 5.1 被转化为如下的全局最优输出调节问题。

问题 5.2(全局最优输出调节问题) 在性能指标函数(5.14)下，如果所设计的全局动态控制策略 $\dot{\boldsymbol{u}}*(t)$使得增广系统(5.12)具有如下性质：

(1) 系统 $\dot{\bar{\boldsymbol{x}}}(t)=\bar{\boldsymbol{A}}\bar{\boldsymbol{x}}(t)+\bar{\boldsymbol{B}}\dot{\boldsymbol{u}}(t)$的闭环系统渐近稳定；

(2) 对于任意初始条件 $\boldsymbol{x}_i(0)$、$\boldsymbol{w}_k(0)$以及 $\boldsymbol{v}_i(0)$，$\lim\limits_{t\to\infty}\boldsymbol{e}(t)=0$ 成立，$i\in\mathcal{F}$，$k\in\mathcal{R}$。

那么称全局动态控制策略 $\dot{\boldsymbol{u}}^*(t)$使得由二次增广系统(5.12)表述的全局最优输出调节问题可解。

问题 5.2 尽管完成了对原始问题的转化，但是在增广系统(5.12)和性能指标函数(5.14)下，所设计的控制律 $\dot{\boldsymbol{u}}^*(t)$并不具备分布式的形式。特别地，在全局控制策略下，计算复杂度会随着通信网络中智能体个数的增加而增加。因此分布式设计有着重要的理论和实际意义。注意到

$$\lim_{t\to\infty}\boldsymbol{e}(t)=\boldsymbol{0}\Leftrightarrow\lim_{t\to\infty}\boldsymbol{e}_i(t)=\boldsymbol{0},\quad i\in\mathcal{R} \tag{5.15}$$

这意味着如果设计适当的局部控制策略使得$\lim\limits_{t\to\infty}\boldsymbol{e}_i(t)=\boldsymbol{0}$，那么全局最优输出调节问题便可通过局部控制策略得以解决。因此，有必要通过某种解耦方法，将上述全局输出调节问题分解为局部最优输出调节问题讨论。

实际上在假设 A5.1 下，根据文献[203]知，与跟随者相关的有向图$\mathcal{G}$中的顶点可通过重新标记，使得当$(\boldsymbol{v}_i,\boldsymbol{v}_j)\in\mathcal{E}$时，有 $i>j$，$i,j\in\mathcal{F}$。该过程可使 $\boldsymbol{H}$ 变为下三角矩阵。此时，观察增广系统(5.12)中的系数矩阵发现，各子块或为对角形或为下三角形。基于此，选取变换矩阵 $\boldsymbol{T}=[\boldsymbol{T}_1;\boldsymbol{T}_2;\cdots;\boldsymbol{T}_N]$，其中 $\boldsymbol{T}_k(k\in\mathcal{F})$定义如下：

$$\boldsymbol{T}_k=\begin{bmatrix}\boldsymbol{i}_{(k-1)m+1}\\ \vdots\\ \boldsymbol{i}_{km}\\ \boldsymbol{i}_{Nm+(k-1)n+1}\\ \vdots\\ \boldsymbol{i}_{Nm+kn}\\ \boldsymbol{i}_{N(m+n)+(k-1)md+1}\\ \vdots\\ \boldsymbol{i}_{N(m+n)+kmd}\end{bmatrix}$$

$\boldsymbol{i}_r$ 表示单位阵 $\boldsymbol{I}_{N(m+n+md)}$ 中的第 r 行。利用矩阵 $\boldsymbol{T}$ 对系统(5.12)作坐标变换 $\tilde{\boldsymbol{x}}(t)=\boldsymbol{T}\bar{\boldsymbol{x}}(t)$ 得到

$$\begin{cases}\dot{\tilde{\boldsymbol{x}}}(t)=\tilde{\boldsymbol{A}}\tilde{\boldsymbol{x}}(t)+\tilde{\boldsymbol{B}}\dot{\boldsymbol{u}}(t)+\sum\limits_{k=N+1}^{N+M}\tilde{\boldsymbol{E}}_k\dot{\boldsymbol{y}}_k(t)\\ \dot{\boldsymbol{w}}(t)=(\boldsymbol{I}_M\otimes\boldsymbol{S})\boldsymbol{w}(t)\\ \boldsymbol{e}(t)=\tilde{\boldsymbol{C}}\tilde{\boldsymbol{x}}(t)\end{cases}\tag{5.16}$$

其中：

$$\tilde{\boldsymbol{x}}=[\tilde{\boldsymbol{x}}_1^{\mathrm{T}},\tilde{\boldsymbol{x}}_2^{\mathrm{T}},\cdots,\tilde{\boldsymbol{x}}_N^{\mathrm{T}}]^{\mathrm{T}},\quad \tilde{\boldsymbol{x}}_i(t)=\begin{bmatrix}\boldsymbol{e}_i(t)\\ \dot{\boldsymbol{x}}_i(t)\\ \boldsymbol{v}_i(t)\end{bmatrix}$$

$$\tilde{\boldsymbol{A}}=\boldsymbol{T}\bar{\boldsymbol{A}}\boldsymbol{T}^{-1}=\begin{bmatrix}\tilde{\boldsymbol{A}}_1 & & & \\ \boldsymbol{A}_{21} & \tilde{\boldsymbol{A}}_2 & & \\ \vdots & & \ddots & \\ \boldsymbol{A}_{N1} & \boldsymbol{A}_{N2} & \cdots & \tilde{\boldsymbol{A}}_N\end{bmatrix}$$

$$\tilde{\boldsymbol{A}}_i=\begin{bmatrix}\boldsymbol{O} & h_{ii}\boldsymbol{C} & \boldsymbol{O}\\ \boldsymbol{O} & \boldsymbol{A} & \boldsymbol{O}\\ \boldsymbol{G}_2 & \boldsymbol{O} & \boldsymbol{G}_1\end{bmatrix},\quad \boldsymbol{A}_{ij}=\begin{bmatrix}\boldsymbol{O} & h_{ij}\boldsymbol{C} & \boldsymbol{O}\\ \boldsymbol{O} & \boldsymbol{O} & \boldsymbol{O}\\ \boldsymbol{O} & \boldsymbol{O} & \boldsymbol{O}\end{bmatrix},\quad \tilde{\boldsymbol{B}}_i=\begin{bmatrix}\boldsymbol{O}\\ \boldsymbol{B}\\ \boldsymbol{O}\end{bmatrix},\quad \tilde{\boldsymbol{E}}_{i,k}=\begin{bmatrix}-a_{ik}\boldsymbol{I}\\ \boldsymbol{O}\\ \boldsymbol{O}\end{bmatrix}$$

$$\tilde{\boldsymbol{B}}=\boldsymbol{T}\bar{\boldsymbol{B}}=\mathrm{diag}\{\tilde{\boldsymbol{B}}_1,\tilde{\boldsymbol{B}}_2,\cdots,\tilde{\boldsymbol{B}}_N\},\quad \tilde{\boldsymbol{E}}_k=\boldsymbol{T}\bar{\boldsymbol{E}}_k=\mathrm{diag}\{\tilde{\boldsymbol{E}}_{1,k},\tilde{\boldsymbol{E}}_{2,k},\cdots,\tilde{\boldsymbol{E}}_{N,k}\}$$

$$\tilde{\boldsymbol{C}}=\bar{\boldsymbol{C}}\boldsymbol{T}^{-1}=\mathrm{diag}\{\tilde{\boldsymbol{C}}_1,\tilde{\boldsymbol{C}}_2,\cdots,\tilde{\boldsymbol{C}}_N\},\quad \tilde{\boldsymbol{C}}_i=[\boldsymbol{I}\quad\boldsymbol{O}\quad\boldsymbol{O}]$$

其中，$k\in\mathcal{R},i\in\mathcal{F},i>j\geqslant1$。

同时，注意到构成 $\boldsymbol{T}$ 的行向量组为标准正交向量组，于是由矩阵理论的基础知识可知 $\boldsymbol{T}$ 是正交矩阵，并且有 $\boldsymbol{T}^{\mathrm{T}}=\boldsymbol{T}^{-1}$。因此在性能指标函数(5.14)中有

$$\bar{\boldsymbol{x}}^{\mathrm{T}}(t)\bar{\boldsymbol{Q}}_1\bar{\boldsymbol{x}}(t)=\tilde{\boldsymbol{x}}^{\mathrm{T}}(t)(\boldsymbol{T}^{-1})^{\mathrm{T}}\bar{\boldsymbol{Q}}_1\boldsymbol{T}^{-1}\tilde{\boldsymbol{x}}(t)=\tilde{\boldsymbol{x}}^{\mathrm{T}}(t)\boldsymbol{T}\bar{\boldsymbol{Q}}_1\boldsymbol{T}^{-1}\tilde{\boldsymbol{x}}(t)=\tilde{\boldsymbol{x}}^{\mathrm{T}}(t)\tilde{\boldsymbol{Q}}_1\tilde{\boldsymbol{x}}(t)$$

其中：

$$\tilde{\boldsymbol{Q}}_1=\mathrm{diag}\{\tilde{\boldsymbol{Q}}_{11},\tilde{\boldsymbol{Q}}_{12},\cdots,\tilde{\boldsymbol{Q}}_{1N}\},\quad \tilde{\boldsymbol{Q}}_{1i}=\mathrm{diag}\{\tilde{\boldsymbol{Q}}_{ei},\boldsymbol{O},\tilde{\boldsymbol{Q}}_{vi}\}$$

基于此，性能指标函数(5.14)可另写为如下形式：

$$J'=\int_0^{+\infty}\left\{\sum_{i=1}^{N}(\tilde{\boldsymbol{x}}_i^{\mathrm{T}}(t)\tilde{\boldsymbol{Q}}_{1i}\tilde{\boldsymbol{x}}_i(t)+\dot{\boldsymbol{u}}_i^{\mathrm{T}}(t)\boldsymbol{R}_i\boldsymbol{u}_i(t))\right\}\mathrm{d}t\tag{5.17}$$

现在回到问题 5.2 本身，其可解的一个关键条件是存在反馈增益矩阵：

$$\bar{\boldsymbol{K}}=[\bar{\boldsymbol{K}}_1\quad\bar{\boldsymbol{K}}_2\quad\bar{\boldsymbol{K}}_3],\quad \bar{\boldsymbol{K}}_j=\mathrm{diag}\{\boldsymbol{K}_{1,j},\boldsymbol{K}_{2,j},\cdots,\boldsymbol{K}_{N,j}\},\quad j=1,2,3$$

使得 $\bar{\boldsymbol{A}}+\bar{\boldsymbol{B}}\bar{\boldsymbol{K}}$ 稳定。实际上，通过简单地计算立即可得

$$\boldsymbol{T}(\bar{\boldsymbol{A}}+\bar{\boldsymbol{B}}\bar{\boldsymbol{K}})\boldsymbol{T}^{-1}=\tilde{\boldsymbol{A}}+\tilde{\boldsymbol{B}}\tilde{\boldsymbol{K}}\tag{5.18}$$

其中：

$$\tilde{\boldsymbol{K}}=\mathrm{diag}\{\tilde{\boldsymbol{K}}_1,\tilde{\boldsymbol{K}}_2,\cdots,\tilde{\boldsymbol{K}}_N\},\quad \tilde{\boldsymbol{K}}_i=[\boldsymbol{K}_{i,1}\quad\boldsymbol{K}_{i,2}\quad\boldsymbol{K}_{i,3}],\quad i\in\mathcal{F}$$

由于 $\tilde{\boldsymbol{A}}+\tilde{\boldsymbol{B}}\tilde{\boldsymbol{K}}$ 为下三角矩阵，其稳定性由主对角块矩阵 $\tilde{\boldsymbol{A}}_i+\tilde{\boldsymbol{B}}_i\tilde{\boldsymbol{K}}_i$ 确定。而由行列式的性

质知 $\bar{\boldsymbol{A}}+\bar{\boldsymbol{B}}\bar{\boldsymbol{K}}$ 和 $\tilde{\boldsymbol{A}}+\tilde{\boldsymbol{B}}\tilde{\boldsymbol{K}}$ 特征值相同，因此若能设计局部控制策略使得 $\tilde{\boldsymbol{A}}_i+\tilde{\boldsymbol{B}}_i\tilde{\boldsymbol{K}}_i$ 稳定，且使 $\lim\limits_{t\to\infty}\boldsymbol{e}_i(t)=\boldsymbol{0}$ 成立，则结合式(5.15)可知，该控制策略同样使得全局最优输出调节问题可解，进而实现包围预见控制。

基于上述讨论，本章为每个跟随者构建如下的虚拟子增广系统：

$$\begin{cases}\dot{\tilde{\boldsymbol{x}}}_i(t)=\tilde{\boldsymbol{A}}_i\tilde{\boldsymbol{x}}_i(t)+\tilde{\boldsymbol{B}}_i\dot{\boldsymbol{u}}_i(t)+\sum\limits_{k=N+1}^{N+p}\tilde{\boldsymbol{E}}_{i,k}\dot{\boldsymbol{y}}_k(t),\\ \dot{\boldsymbol{w}}_k(t)=\boldsymbol{S}\boldsymbol{w}_k(t),\\ \boldsymbol{e}_i(t)=\tilde{\boldsymbol{C}}_i\tilde{\boldsymbol{x}}_i(t),\end{cases}\quad i\in\mathcal{F},\quad k\in\mathcal{R}\tag{5.19}$$

以及性能指标函数：

$$J_i'=\int_0^{+\infty}(\tilde{\boldsymbol{x}}_i^{\mathrm{T}}(t)\tilde{\boldsymbol{Q}}_{1i}\tilde{\boldsymbol{x}}_i(t)+\dot{\boldsymbol{u}}_i^{\mathrm{T}}(t)\boldsymbol{R}_i\dot{\boldsymbol{u}}_i(t))\mathrm{d}t,\quad i\in\mathcal{F}\tag{5.20}$$

于是，问题 5.2 便转化为 N 个虚拟子增广系统(5.19)在相应性能指标函数(5.20)下的局部最优输出调节问题。

问题 5.3(局部最优输出调节问题) 在性能指标函数(5.20)下，如果所设计的局部动态控制策略 $\dot{\boldsymbol{u}}_i^*(t)$使得系统(5.19)具有如下性质：

(1) 系统 $\dot{\tilde{\boldsymbol{x}}}_i(t)=\tilde{\boldsymbol{A}}_i\tilde{\boldsymbol{x}}_i(t)+\tilde{\boldsymbol{B}}_i\dot{\boldsymbol{u}}_i(t)$的闭环系统渐近稳定；

(2) 对于任意初始条件 $\boldsymbol{x}_i(0)$、$\boldsymbol{w}_k(0)$以及 $\boldsymbol{v}_i(0)$成立，且$\lim\limits_{t\to\infty}\boldsymbol{e}_i(t)=\boldsymbol{0}$ 成立，$i\in\mathcal{F}$，$k\in\mathcal{R}$，那么称局部动态控制策略 $\dot{\boldsymbol{u}}_i^*(t)$使得由虚拟子系统(5.20)表述的局部最优输出调节问题可解。

实际上，从对式(5.15)和式(5.18)的分析知，问题 5.2 和问题 5.3 是等价的。

5.3 分布式包围预见控制策略的设计

本节将在文献[151]和文献[152]的基础上，给出使局部输出调节问题可解的充分条件和分布式控制律的形式。注意到文献[151]和文献[152]中提出的设计方法只针对单个参考信号可预见的情形，而在包围控制的背景下，将面临多领导者、多预见时长的情形，因此文献[151]和文献[152]中的结论无法直接适用于增广系统(5.19)和性能指标函数(5.20)。然而，线性系统的一个基本属性是满足叠加原理[92]。设 $\tilde{\boldsymbol{x}}_{i,k}(0)=\dfrac{1}{M}\tilde{\boldsymbol{x}}_i(0)$，记 $\boldsymbol{e}_i(t)=\sum\limits_{k=N+1}^{N+M}\boldsymbol{e}_{i,k}(t)=\sum\limits_{k=N+1}^{N+M}\tilde{\boldsymbol{C}}_i\boldsymbol{x}_{i,k}(t)$，$k\in\mathcal{R}$。基于此，系统(5.19)中的第一式可以分解为如图 5.1 所示的 M 个独立子系统的叠加。

对于图 5.1 中的 M 个独立子系统，在性能指标函数(5.20)下由文献[151]和文献[152]立即可得引理 5.3。

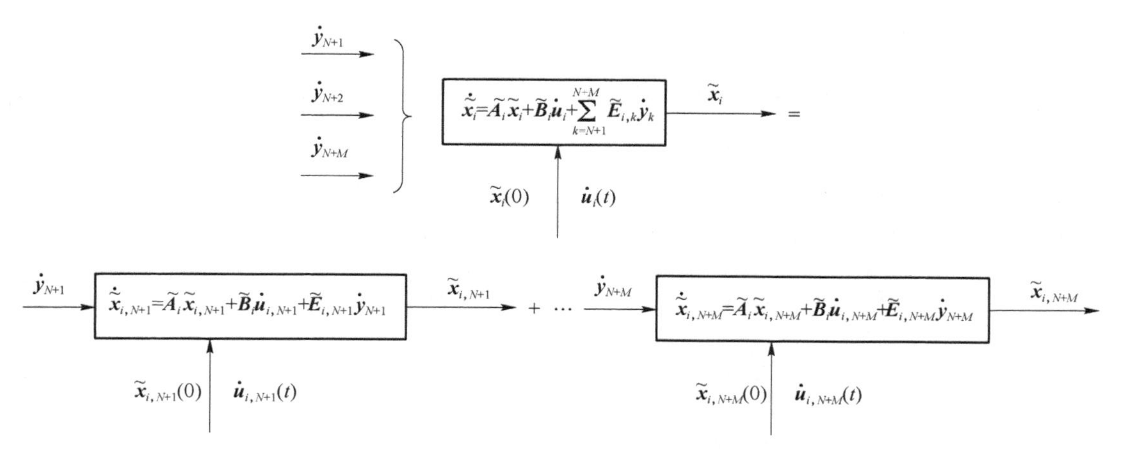

图 5.1 系统(5.19)的运动分解

引理 5.3 若$(\widetilde{A}_i,\widetilde{B}_i)$可镇定且$(\widetilde{A}_i,\widetilde{Q}_{1i}^{1/2})$可检测，则孤立子系统：

$$\begin{cases}\dot{\widetilde{x}}_{i,k}(t)=\widetilde{A}_i\widetilde{x}_{i,k}(t)+\widetilde{B}_i\dot{u}_{i,k}(t)+\widetilde{E}_{i,k}\dot{y}_k(t), \\ e_{i,k}(t)=\widetilde{C}_i\widetilde{x}_{i,k}(t),\end{cases} \quad i\in\mathcal{F},\quad k\in\mathcal{R} \tag{5.21}$$

在性能指标函数(5.20)下的最优预见控制律为

$$\dot{u}_{i,k}(t)=-R_i^{-1}\widetilde{B}_i^{\mathrm{T}}P_i\widetilde{x}_{i,k}(t)+f_{i,k}(t) \tag{5.22}$$

其中：

$$f_{i,k}(t)=R_i^{-1}\widetilde{B}_i^{\mathrm{T}}\int_0^{l_r^k}\mathrm{e}^{\sigma\widetilde{A}_{ci}^{\mathrm{T}}}P_i\widetilde{E}_{i,k}\dot{y}_k(t+\sigma)\mathrm{d}\sigma \tag{5.23}$$

P_i 是$(m+n+md)\times(m+n+md)$的对称半正定矩阵，且满足代数 Riccati 方程：

$$\widetilde{A}_i^{\mathrm{T}}P_i+P_i\widetilde{A}_i-P_i\widetilde{B}_iR_i^{-1}\widetilde{B}_i^{\mathrm{T}}P_i+\widetilde{Q}_{1i}=O \tag{5.24}$$

另外，$\widetilde{A}_{ci}$为稳定矩阵，定义为

$$\widetilde{A}_{ci}=\widetilde{A}_i-\widetilde{B}_iR_i^{-1}\widetilde{B}_i^{\mathrm{T}}P_i,\quad i\in\mathcal{F},\quad k\in\mathcal{R} \tag{5.25}$$

附注 5.3 需要指出的是，在局部控制策略(5.22)下，矩阵 $\widetilde{A}_{ci}$是稳定的，然而系统(5.21)的闭环系统并不是渐近稳定的，因为由假设 A5.2 知 $\dot{y}_k(t)$的幅值是非衰减的。

从引理 5.3 不难看出，控制律(5.22)存在的重要前提是$(\widetilde{A}_i,\widetilde{B}_i)$可镇定且$(\widetilde{A}_i,\widetilde{Q}_{1i}^{1/2})$可检测。一个自然的问题是本章所给的假设能否保证该条件成立？为此，本章提出了引理 5.4 和引理 5.5。

引理 5.4 如果假设 A5.1～假设 A5.4 成立，且(G_1,G_2)包含矩阵 S 的一个最小 m 重内模，那么$(\widetilde{A}_i,\widetilde{B}_i)$可镇定，其中 $i\in\mathcal{F}$。

引理 5.5 如果假设 A5.1 和假设 A5.4 成立，且$(G_1,Q_{vi}^{1/2})$可检测，那么$(\widetilde{A}_i,\widetilde{Q}_{1i}^{1/2})$可检测，其中 $i\in\mathcal{F}$。

上述两引理的证明与第 4 章中定理 4.2 和定理 4.3 的证明相类似，故略去。

引理 5.4 和引理 5.5 说明引理 5.3 中设计的控制策略(5.22)是存在的，将其代入孤立子

系统(5.21),所得闭环系统如下:

$$\begin{cases}\dot{\tilde{\boldsymbol{x}}}_{i,k}(t)=\tilde{\boldsymbol{A}}_{ci}\tilde{\boldsymbol{x}}_{i,k}(t)+\tilde{\boldsymbol{B}}_i\boldsymbol{f}_{i,k}(t)+\tilde{\boldsymbol{E}}_{i,k}\dot{\boldsymbol{y}}_k(t), \\ \boldsymbol{e}_{i,k}(t)=\tilde{\boldsymbol{C}}_i\tilde{\boldsymbol{x}}_{i,k}(t),\end{cases}\quad i\in\mathcal{F},\quad k\in\mathcal{R} \tag{5.26}$$

其中,$\boldsymbol{f}_{i,k}$ 和 $\tilde{\boldsymbol{A}}_{ci}$ 分别由式(5.23)和式(5.25)给出。为便于使用文献[94]中的输出调节理论来证得问题 5.3 的可解性,下面利用外部系统(5.2)对 $\boldsymbol{f}_{i,k}$ 做如下处理:

$$\begin{aligned}\boldsymbol{f}_{i,k}(t) &= \boldsymbol{R}_i^{-1}\tilde{\boldsymbol{B}}_i^{\mathrm{T}}\int_0^{l_r^k}\mathrm{e}^{\sigma\tilde{\boldsymbol{A}}_{ci}^{\mathrm{T}}}\boldsymbol{P}_i\tilde{\boldsymbol{E}}_{i,k}\dot{\boldsymbol{y}}_k(t+\sigma)\mathrm{d}\sigma \\ &= \boldsymbol{R}_i^{-1}\tilde{\boldsymbol{B}}_i^{\mathrm{T}}\int_0^{l_r^k}\mathrm{e}^{\sigma\tilde{\boldsymbol{A}}_{ci}^{\mathrm{T}}}\boldsymbol{P}_i\tilde{\boldsymbol{E}}_{i,k}\boldsymbol{D}\dot{\boldsymbol{w}}_k(t+\sigma)\mathrm{d}\sigma \\ &= \boldsymbol{R}_i^{-1}\tilde{\boldsymbol{B}}_i^{\mathrm{T}}\int_0^{l_r^k}\mathrm{e}^{\sigma\tilde{\boldsymbol{A}}_{ci}^{\mathrm{T}}}\boldsymbol{P}_i\tilde{\boldsymbol{E}}_{i,k}\boldsymbol{D}\boldsymbol{S}\boldsymbol{w}_k(t+\sigma)\mathrm{d}\sigma \\ &= \left(\boldsymbol{R}_i^{-1}\tilde{\boldsymbol{B}}_i^{\mathrm{T}}\int_0^{l_r^k}\mathrm{e}^{\sigma\tilde{\boldsymbol{A}}_{ci}^{\mathrm{T}}}\boldsymbol{P}_i\tilde{\boldsymbol{E}}_{i,k}\boldsymbol{D}\boldsymbol{S}\mathrm{e}^{\sigma\boldsymbol{S}}\mathrm{d}\sigma\right)\cdot\boldsymbol{w}_k(t)\end{aligned} \tag{5.27}$$

将式(5.27)代入闭环系统(5.26)可得

$$\begin{cases}\dot{\tilde{\boldsymbol{x}}}_{i,k}(t)=\tilde{\boldsymbol{A}}_{ci}\tilde{\boldsymbol{x}}_{i,k}(t)+\tilde{\boldsymbol{D}}_{i,k}\boldsymbol{w}_k(t), \\ \boldsymbol{e}_{i,k}(t)=\tilde{\boldsymbol{C}}_i\tilde{\boldsymbol{x}}_{i,k}(t),\end{cases}\quad i\in\mathcal{F},\quad k\in\mathcal{R} \tag{5.28}$$

其中,$\tilde{\boldsymbol{D}}_{i,k}=\tilde{\boldsymbol{B}}_i\left(\boldsymbol{R}_i^{-1}\tilde{\boldsymbol{B}}_i^{\mathrm{T}}\int_0^{l_r^k}\mathrm{e}^{\sigma\tilde{\boldsymbol{A}}_{ci}^{\mathrm{T}}}\boldsymbol{P}_i\tilde{\boldsymbol{E}}_{i,k}\boldsymbol{D}\boldsymbol{S}\mathrm{e}^{\sigma\boldsymbol{S}}\mathrm{d}\sigma\right)+\tilde{\boldsymbol{E}}_{i,k}\boldsymbol{D}\boldsymbol{S}$。

根据叠加原理知 $\tilde{\boldsymbol{x}}_i(t)=\sum_{k=1}^{M}\tilde{\boldsymbol{x}}_{i,k}(t)$,于是由式(5.28)可得系统(5.19)的闭环系统为

$$\begin{cases}\dot{\tilde{\boldsymbol{x}}}_i(t)=\tilde{\boldsymbol{A}}_{ci}\tilde{\boldsymbol{x}}_i(t)+\sum_{k=N+1}^{N+M}\tilde{\boldsymbol{D}}_{i,k}\boldsymbol{w}_k(t), \\ \dot{\boldsymbol{w}}_k(t)=\boldsymbol{S}\boldsymbol{w}_k(t), \\ \boldsymbol{e}_i(t)=\tilde{\boldsymbol{C}}_i\tilde{\boldsymbol{x}}_i(t),\end{cases}\quad i\in\mathcal{F} \tag{5.29}$$

在讨论系统(5.29)的局部输出调节问题之前,首先给出引理 5.6。

引理 5.6[94] 在假设 A5.2 下,若$(\boldsymbol{G}_1,\boldsymbol{G}_2)$包含 $\boldsymbol{S}$ 的一个最小 m 重内模,且 $\begin{bmatrix}\hat{\boldsymbol{A}} & \hat{\boldsymbol{B}} \\ \boldsymbol{G}_2\hat{\boldsymbol{C}} & \boldsymbol{G}_1\end{bmatrix}$ 是指数稳定的,其中 $\hat{\boldsymbol{A}}$、$\hat{\boldsymbol{B}}$ 和 $\hat{\boldsymbol{C}}$ 为具有适当维数的任意矩阵。那么对任意具有适当维数的矩阵 $\hat{\boldsymbol{E}}$ 和 $\hat{\boldsymbol{F}}$,调节方程:

$$\begin{cases}\boldsymbol{X}\boldsymbol{S}=\hat{\boldsymbol{A}}\boldsymbol{X}+\hat{\boldsymbol{B}}\boldsymbol{Z}+\hat{\boldsymbol{E}} \\ \boldsymbol{Z}\boldsymbol{S}=\boldsymbol{G}_1\boldsymbol{Z}+\boldsymbol{G}_2(\hat{\boldsymbol{C}}\boldsymbol{X}+\hat{\boldsymbol{F}})\end{cases} \tag{5.30}$$

有一对唯一解$(\boldsymbol{X},\boldsymbol{Z})$。此外,$\boldsymbol{X}$ 满足 $\hat{\boldsymbol{C}}\boldsymbol{X}+\hat{\boldsymbol{F}}=\boldsymbol{O}$。

附注 5.4 为便于将引理 5.6 的结论应用于本章随后的证明,对式(5.30)做出改造:令 $\bar{\boldsymbol{X}}=[\boldsymbol{X}^{\mathrm{T}}\quad\boldsymbol{Z}^{\mathrm{T}}]^{\mathrm{T}}$,那么式(5.30)可写为

$$\begin{cases}\bar{X}S=\begin{bmatrix}\hat{A} & \hat{B}\\ G_2\hat{C} & G_1\end{bmatrix}\bar{X}+\begin{bmatrix}\hat{E}\\ \hat{F}\end{bmatrix}\\ [\hat{C}\quad O]\bar{X}+\hat{F}=O\end{cases}\tag{5.31}$$

定理 5.1 给出了使问题 5.3 可解所需的充分条件。

定理 5.1 对于闭环系统(5.29)，若假设 A5.1～假设 A5.5 成立，且(G_1, G_2)包含矩阵 S 的一个最小 m 重内模，则问题 5.3 可解。

证明 要使问题 5.3 可解，只需证明在定理 5.1 所给条件下，问题 5.3 中的两个性质均成立。实际上，在假设 A5.1～假设 A5.5 下，由引理 5.3 知，闭环系统(5.29)中的系数矩阵 $\tilde{A}_{ci}$ 是稳定的，因此问题 5.3 中的性质(1)是显然的。下证$\lim\limits_{t\to\infty} e_i(t)=0$ 成立。

当 $\tilde{A}_{ci}$ 稳定且(G_1, G_2)包含矩阵 S 的一个最小 m 重内模时，由引理 5.6 和附注 5.4 可得关于系统(5.29)的调节方程：

$$\begin{cases}X_{i,k}S=\tilde{A}_{ci}X_{i,k}+\tilde{D}_{i,k}\\ \tilde{C}_iX_{i,k}=O\end{cases}\tag{5.32}$$

存在唯一解 $X_{i,k}$，其中 $i\in\mathcal{F}, k\in\mathcal{R}$。

基于调节方程(5.32)，对闭环系统(5.29)中第一式做如下坐标变换：

$$\tilde{\varepsilon}_i(t)=\tilde{x}_i(t)-\sum_{k=N+1}^{N+M}X_{i,k}w_k(t)$$

得到

$$\begin{aligned}\dot{\tilde{\varepsilon}}_i(t)&=\dot{\tilde{x}}_i(t)-\sum_{k=N+1}^{N+M}X_{i,k}\dot{w}_k(t)\\&=\tilde{A}_{ci}\tilde{x}_i(t)+\sum_{k=N+1}^{N+M}\tilde{D}_{i,k}w_k(t)-\sum_{k=N+1}^{N+M}X_{i,k}Sw_k(t)\\&=\tilde{A}_{ci}\tilde{\varepsilon}_i(t)+\sum_{k=N+N}^{N+M}(\tilde{A}_{ci}X_{i,k}+\tilde{D}_{i,k}-X_{i,k}S)w_k(t)\\&=\tilde{A}_{ci}\tilde{\varepsilon}_i(t)\end{aligned}\tag{5.33}$$

已证得 $\tilde{A}_{ci}$ 稳定，于是有 $\lim\limits_{t\to+\infty}\tilde{\varepsilon}_i(t)=0$。另外，基于坐标变换以及 $\tilde{C}_iX_{i,k}=O$，$e_i(t)$可写为如下形式：

$$e_i(t)=\tilde{C}_i\tilde{\varepsilon}_i(t)+\sum_{k=N+1}^{N+p}\tilde{C}_iX_{i,k}w_k(t)=\tilde{C}_i\tilde{\varepsilon}_i(t)$$

由于 $\tilde{C}_i$ 为常数矩阵且 $\lim\limits_{t\to+\infty}\tilde{\varepsilon}_i(t)=0$，因此 $\lim\limits_{t\to+\infty}e_i(t)=0$。 **证毕**

基于对式(5.15)和式(5.18)式的讨论，容易知道定理 5.1 所给条件能够使得关于系统(5.12)的全局输出调节问题(问题 5.2)可解；再对式(5.22)应用叠加原理知，相应的控制律为

$$\dot{u}_i(t)=-R_i^{-1}\tilde{B}_i^{\mathrm{T}}P_i\tilde{x}_i(t)+\sum_{k=N+1}^{N+M}f_{i,k}(t),\quad i\in\mathcal{F}\tag{5.34}$$

进一步，考虑到问题 5.1 和问题 5.2 在转化时的等价关系，自然可得到使包围预见控制问题可解所需的充分条件和分布式控制策略的具体形式。

定理 5.2 如果

(1) 假设 A5.1～假设 A5.5 成立；

(2) $(\boldsymbol{G}_1,\boldsymbol{G}_2)$包含矩阵 $\boldsymbol{S}$ 的一个最小 m 重内模；

(3) $\boldsymbol{Q}_{ei}>\boldsymbol{0},\boldsymbol{R}_i>\boldsymbol{0},\boldsymbol{Q}_{vi}\geqslant\boldsymbol{0}$，且 $\boldsymbol{Q}_{vi}$ 满足$(\boldsymbol{G}_1,\boldsymbol{Q}_{vi}^{1/2})$可检测；

(4) 当 $t\leqslant 0$ 时，$\boldsymbol{u}_i(t)=\boldsymbol{0},\boldsymbol{y}_k(t)=\boldsymbol{0},i\in\mathcal{F},k\in\mathcal{R}$。

那么如下具有预见前馈补偿和内模补偿的分布式控制策略：

$$\boldsymbol{u}_i(t)=\boldsymbol{K}_{i,1}\int_0^t\boldsymbol{e}_i(\sigma)\mathrm{d}\sigma+\boldsymbol{K}_{i,2}[\boldsymbol{x}_i(t)-\boldsymbol{x}_{i0}]+\boldsymbol{K}_{i,3}\int_0^t\boldsymbol{v}_i(\sigma)\mathrm{d}\sigma+\sum_{k=N+1}^{N+M}\boldsymbol{K}_{i,4}(l_r^k)\boldsymbol{w}_k(t)\tag{5.35}$$

能够使多智能体系统(5.1)实现对外部系统(5.2)的最优包围预见控制，其中：

$$[\boldsymbol{K}_{i,1}\quad\boldsymbol{K}_{i,2}\quad\boldsymbol{K}_{i,3}]=-\boldsymbol{R}_i^{-1}\widetilde{\boldsymbol{B}}_i^{\mathrm{T}}\boldsymbol{P}_i\tag{5.36}$$

$$\boldsymbol{K}_{i,4}(l_r^k)=\boldsymbol{R}_i^{-1}\widetilde{\boldsymbol{B}}_i^{\mathrm{T}}\int_0^{l_r^k}\mathrm{e}^{\sigma\widetilde{\boldsymbol{A}}_{ci}^{\mathrm{T}}}\boldsymbol{P}_i\widetilde{\boldsymbol{E}}_{i,k}\boldsymbol{D}\mathrm{e}^{\sigma\boldsymbol{S}}\mathrm{d}\sigma\tag{5.37}$$

另外，$\boldsymbol{P}_i$ 为对称半正定矩阵，满足代数 Riccati 方程(5.24)；$\widetilde{\boldsymbol{A}}_{ci}$是稳定矩阵，由式(5.25)定义。

证明 由定理 5.1 知，在条件(1)～(3)下，控制策略(5.34)可以用于实现包围预见控制(问题 5.1)。根据 $\widetilde{\boldsymbol{x}}_i(t)$的构成，将$-\boldsymbol{R}_i^{-1}\widetilde{\boldsymbol{B}}_i^{\mathrm{T}}\boldsymbol{P}_i$ 分解为式(5.36)，于是控制策略(5.34)可写为如下形式：

$$\dot{\boldsymbol{u}}_i(t)=\boldsymbol{K}_{i,1}\boldsymbol{e}_i(t)+\boldsymbol{K}_{i,2}\dot{\boldsymbol{x}}_i(t)+\boldsymbol{K}_{i,3}\boldsymbol{v}_i(t)+\sum_{k=N+1}^{N+M}\boldsymbol{f}_{i,k}(t)\tag{5.38}$$

为得到适用于多智能体系统(5.1)的分布式控制策略，令 $\bar{l}=\max\limits_k\{l_r^k\}$，并对式(5.38)从$-\bar{l}$ 到 t 进行积分，注意到当 $t\leqslant 0$ 时，$\boldsymbol{u}_i(t)=\boldsymbol{0},\boldsymbol{y}_k(t)=\boldsymbol{0}$，于是得到

$$\boldsymbol{u}_i(t)=\boldsymbol{K}_{i,1}\int_0^t\boldsymbol{e}_i(\sigma)\mathrm{d}\sigma+\boldsymbol{K}_{i,2}[\boldsymbol{x}_i(t)-\boldsymbol{x}_{i0}]+\boldsymbol{K}_{i,3}\int_0^t\boldsymbol{v}_i(\sigma)\mathrm{d}\sigma+\sum_{k=N+1}^{N+M}\boldsymbol{g}_{i,k}(t)\tag{5.39}$$

其中：

$$\boldsymbol{g}_{i,k}(t)=\boldsymbol{R}_i^{-1}\widetilde{\boldsymbol{B}}_i^{\mathrm{T}}\int_0^{l_r^k}\mathrm{e}^{\sigma\widetilde{\boldsymbol{A}}_{ci}^{\mathrm{T}}}\boldsymbol{P}_i\widetilde{\boldsymbol{E}}_{i,k}\boldsymbol{y}_k(t+\sigma)\mathrm{d}\sigma$$

进一步地，基于外部系统(5.2)，上式可进一步写为

$$\bar{\boldsymbol{g}}_{i,k}(t)=\left(\boldsymbol{R}_i^{-1}\widetilde{\boldsymbol{B}}_i^{\mathrm{T}}\int_0^{l_r^k}\mathrm{e}^{\sigma\widetilde{\boldsymbol{A}}_{ci}^{\mathrm{T}}}\boldsymbol{P}_i\widetilde{\boldsymbol{E}}_{i,k}\boldsymbol{D}\mathrm{e}^{\sigma\boldsymbol{S}}\mathrm{d}\sigma\right)\boldsymbol{w}_k(t)\tag{5.40}$$

将式(5.40)代入式(5.39)，结合 $\boldsymbol{K}_{i,4}(l_r^k)$的表达式(5.37)，即可得分布式动态控制策略(5.35)。

证毕

附注 5.5 控制策略(5.35)由五部分组成：$\boldsymbol{K}_{i,1}\int_0^t\boldsymbol{e}_i(\sigma)\mathrm{d}\sigma$ 代表积分器，$\boldsymbol{K}_{i,2}\boldsymbol{x}_i(t)$为状态反馈，$-\boldsymbol{K}_{i,2}\boldsymbol{x}_{i0}$ 代表初始值补偿，$\boldsymbol{K}_{i,3}\int_0^t\boldsymbol{v}_i(\sigma)\mathrm{d}\sigma$ 为基于内部模型的动态补偿，$\sum\limits_{k=N+1}^{N+M}\boldsymbol{K}_{i,4}(l_r^k)\boldsymbol{w}_k(t)$ 表示多预见前馈补偿。甚于内模的最优包围预见控制系统的方框图如图 5.2 所示。

附注 5.6 最优控制设计具有一定的鲁棒稳定裕度，而基于内模的动态控制策略对系统参数变化具有鲁棒性。因此，分布式最优动态控制策略(5.35)可用于处理系统中存在摄动的

情形。

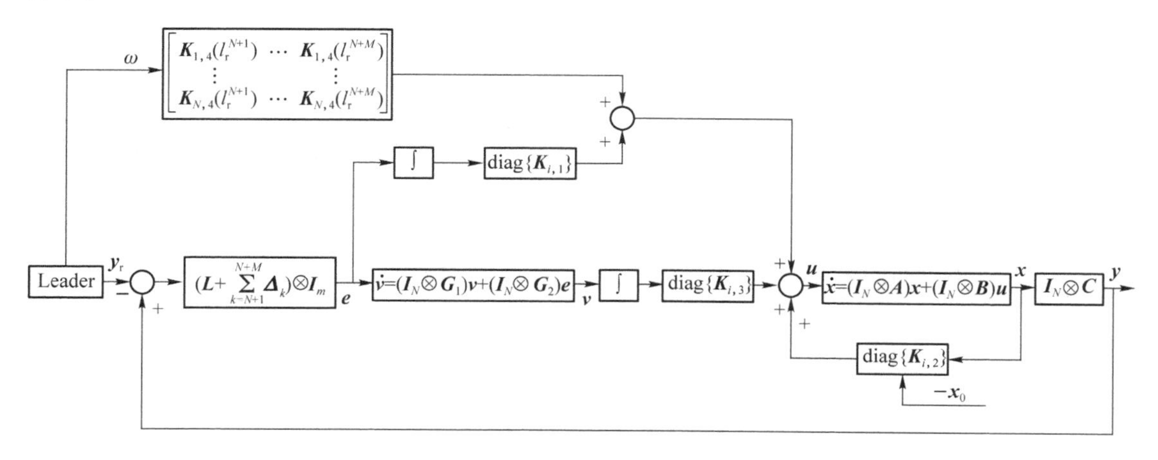

图 5.2 基于内模的最优包围预见控制系统的方框图

附注 5.7 在系统(5.16)中,$\widetilde{E}_{i,k}$ 由权重 a_{ik} 决定。因此,如果跟随者和领导者之间不存在任何信息交互,则预见补偿项(5.40)等于零。然而,通过与仿真部分中的图 5.4(b)和 5.4(d)比较可以发现:通过适度增加预见信息,整个包围误差可以更快地收敛到零。也就是说,带预见行为的分布式控制策略在改善整个包围行为方面有更好的表现。

附注 5.8 有向图$\mathcal{G}$不包含环的假设是很强的,它限制了智能体间的通信类型。为此,考虑含环的一般通信拓扑结构是有意义的。在此种情况下,由于相应的 Laplacian 矩阵是非对称的,因此本文采用的通信解耦技术将不再适用。然而,受文献[207]的启发,如果系统(5.16)可以改写为互连系统的形式,其闭环系统的渐近稳定问题将转化为 H_∞ 干扰抑制问题。因此,使用文献[207]中的小增益方法,研究一般通信拓扑结构下的分布式包围预见控制问题,是未来研究的一个可行方向。

附注 5.9 解决最优包围预见控制问题的一个重要前提是,系统动态的完整信息是可获取的。考虑到在实践中并不总是如此,故所提方法的应用范围将受到限制。目前,强化学习已被广泛用于解决未知或不确定动态系统的最优控制问题,同时多智能体系统基于强化学习的同步和包围控制也得到了广泛研究[208-210]。因此,使用强化学习算法解决分布式包围预见控制问题是值得深入考虑的。

5.4 数值仿真

在本节中,一个数值示例将被用于说明分布式最优动态预见控制策略(5.35)的可行性。

考虑由 3 个领导者和 5 个跟随者构成的多智能体系统,其中个体之间的通信情况如图 5.3 所示,顶点 6、7 和 8 表示领导者。从图 5.3 可以看出,所有领导者的信息都可以通过有向路径流向其他跟随者,而且有向图中不包含环,因此假设 A5.1 成立。

对应于图 5.3,Laplacian 矩阵 $\boldsymbol{L}$ 以及矩阵 $\boldsymbol{H}_6$、$\boldsymbol{H}_7$ 和 $\boldsymbol{H}_8$ 分别为

$$\boldsymbol{L}=\begin{bmatrix}0&0&0&0&0\\-1&1&0&0&0\\0&-1&1&0&0\\0&-1&0&1&0\\-1&0&0&-1&1\end{bmatrix},\quad \boldsymbol{H}_6=\begin{bmatrix}2&0&0&0&0\\-1&1&0&0&0\\0&-1&1&0&0\\0&-1&0&1&0\\-1&0&0&-1&2\end{bmatrix}$$

$$\boldsymbol{H}_7=\begin{bmatrix}2&0&0&0&0\\-1&1&0&0&0\\0&-1&4&0&0\\0&-1&0&1&0\\-1&0&0&-1&2\end{bmatrix},\quad \boldsymbol{H}_8=\begin{bmatrix}1&0&0&0&0\\-1&1&0&0&0\\0&-1&1&0&0\\0&-1&0&1&0\\-1&0&0&-1&5\end{bmatrix}$$

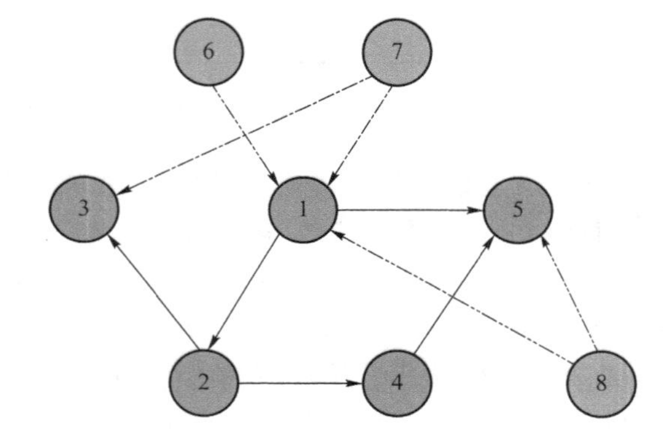

图 5.3　智能体间的有向通信拓扑

给定如下的初始条件：

$$\boldsymbol{w}_6(0)=\begin{bmatrix}-0.6\\0.3\end{bmatrix},\quad \boldsymbol{w}_7(0)=\begin{bmatrix}-1.2\\0.9\end{bmatrix},\quad \boldsymbol{w}_8(0)=\begin{bmatrix}-1.2\\1.8\end{bmatrix}$$

则参考信号 $\boldsymbol{y}_k(t)$，$k\in\mathcal{R}$，可由外部系统(5.2)产生，其中：

$$\boldsymbol{S}=\begin{bmatrix}0&1\\-1&0\end{bmatrix},\quad \boldsymbol{D}=[1\quad 0]$$

进一步地，假设参考信号 $\boldsymbol{y}_k(t)$ 满足假设 A5.5。跟随者的动力学方程由系统(5.1)给出，其中：

$$\boldsymbol{A}=\begin{bmatrix}0&8.5\\-5.5&-3\end{bmatrix},\quad \boldsymbol{B}=\begin{bmatrix}0\\1\end{bmatrix},\quad \boldsymbol{C}=[1\quad 0]$$

可以证明$(\boldsymbol{A},\boldsymbol{B})$是可镇定的并且$(\boldsymbol{C},\boldsymbol{A})$是可检测的，这表明假设 A5.4 成立。此外，注意到 $\boldsymbol{S}$ 的特征值是$\pm$i，其中 i 表示虚数单位。简单地计算得出以下矩阵：

$$\begin{bmatrix}s\boldsymbol{I}-\boldsymbol{A}&\boldsymbol{B}\\\boldsymbol{C}&\boldsymbol{O}\end{bmatrix}$$

对任意的 $s\in\Lambda(\boldsymbol{S})\cup\{0\}$都是行满秩的，这说明假设 A5.3 成立。

基于对假设 A5.1～假设 A5.5 的验证，分布式控制策略(5.35)的设计如下。首先，由于

输出信号 $\boldsymbol{y}_k(t)$，$k\in\mathcal{R}$是一维的，因此根据定义 1.1，$(\boldsymbol{G}_1,\boldsymbol{G}_2)$由下式给出：

$$\boldsymbol{G}_1=\beta,\quad \boldsymbol{G}_2=\sigma$$

其中：

$$\beta=\begin{bmatrix}0 & 1\\ -1 & 0\end{bmatrix},\quad \sigma=\begin{bmatrix}0\\ 1\end{bmatrix}$$

其次，为代数 Riccati 方程(5.24)选择合适的权重矩阵 $\boldsymbol{Q}_{ei}$、$\boldsymbol{Q}_{vi}$ 和 $\boldsymbol{R}_i$，$i\in\mathcal{F}$。那么，分布式控制策略(5.35)的增益矩阵可分别由式(5.36)和式(5.37)计算得到。具体参数如表 5.1 和表 5.2 所示。

表 5.1　控制增益矩阵 $\boldsymbol{K}_{i,1}$、$\boldsymbol{K}_{i,2}$ 和 $\boldsymbol{K}_{i,3}$

跟随者	$\boldsymbol{Q}_{ei}$	$\boldsymbol{Q}_{vi}$	$\boldsymbol{R}_i$	$\boldsymbol{K}_{i,1}$	$\boldsymbol{K}_{i,2}$	$\boldsymbol{K}_{i,3}$
1	5 000	$2\,000I_2$	1	−79.77	[−38.00　−22.59]	[−3.89　−63.13]
2	10 000	$4\,000I_2$	2	−80.64	[−30.44　−19.94]	[−3.02　−63.17]
3	15 000	$6\,000I_2$	3	−78.67	[−51.44　−26.72]	[−5.00　−63.05]
4	20 000	$8\,000I_2$	4	−80.64	[−30.44　−19.95]	[−3.02　−63.17]
5	25 000	$10\,000I_2$	5	−77.25	[−79.64　−33.92]	[−6.42　−62.92]

表 5.2　控制增益矩阵 $\boldsymbol{K}_{i,4}(l_r^6)$、$\boldsymbol{K}_{i,4}(l_r^7)$ 和 $\boldsymbol{K}_{i,4}(l_r^8)$

跟随者	零预见			非零预见		
	$\boldsymbol{K}_{i,4}(l_r^6)$	$\boldsymbol{K}_{i,4}(l_r^7)$	$\boldsymbol{K}_{i,4}(l_r^8)$	$\boldsymbol{K}_{i,4}(l_r^6)$	$\boldsymbol{K}_{i,4}(l_r^7)$	$\boldsymbol{K}_{i,4}(l_r^8)$
1	—	—	—	[4.59　−0.59]	[4.66　−0.64]	—
2	—	—	—	—	—	—
3	—	—	—	—	[18.06　−2.14]	—
4	—	—	—	—	—	—
5	—	—	—	—	—	[−39.72　−3.52]

进一步，选择以下初始值进行仿真：

$$\boldsymbol{x}_1(0)=\begin{bmatrix}3.5\\ 0\end{bmatrix},\quad \boldsymbol{x}_2(0)=\begin{bmatrix}2\\ 0\end{bmatrix},\quad \boldsymbol{x}_3(0)=\begin{bmatrix}1.5\\ 0\end{bmatrix},\quad \boldsymbol{x}_4(0)=\begin{bmatrix}-1.5\\ 0\end{bmatrix},\quad \boldsymbol{x}_5(0)=\begin{bmatrix}-2\\ 0\end{bmatrix}$$

$$\boldsymbol{v}_1(0)=\begin{bmatrix}0.35\\ 0\end{bmatrix},\quad \boldsymbol{v}_2(0)=\begin{bmatrix}0.2\\ 0\end{bmatrix},\quad \boldsymbol{v}_3(0)=\begin{bmatrix}0.15\\ 0\end{bmatrix},\quad \boldsymbol{v}_4(0)=\begin{bmatrix}-0.15\\ 0\end{bmatrix},\quad \boldsymbol{v}_5(0)=\begin{bmatrix}-0.2\\ 0\end{bmatrix}$$

在仿真过程中，本章使用 Euler 方法执行迭代，其中迭代步长选择为 $T=0.001$。图 5.4 和图 5.5 显示了 5 个跟随者在零预见步长($l_r^6=0$，$l_r^7=0$，$l_r^8=0$)下的输出响应曲线和包围误差曲线；图 5.6 和图 5.7 显示了 5 个跟随者在非零预见步长($l_r^6=0.05$，$l_r^7=0.03$，$l_r^8=0.04$)下的输出响应曲线和包围误差曲线。可以看出，无论是否存在预见信息，5 个跟随者都可以进入由 3 个领导者张成的凸包内，这说明了定理 5.2 的有效性。

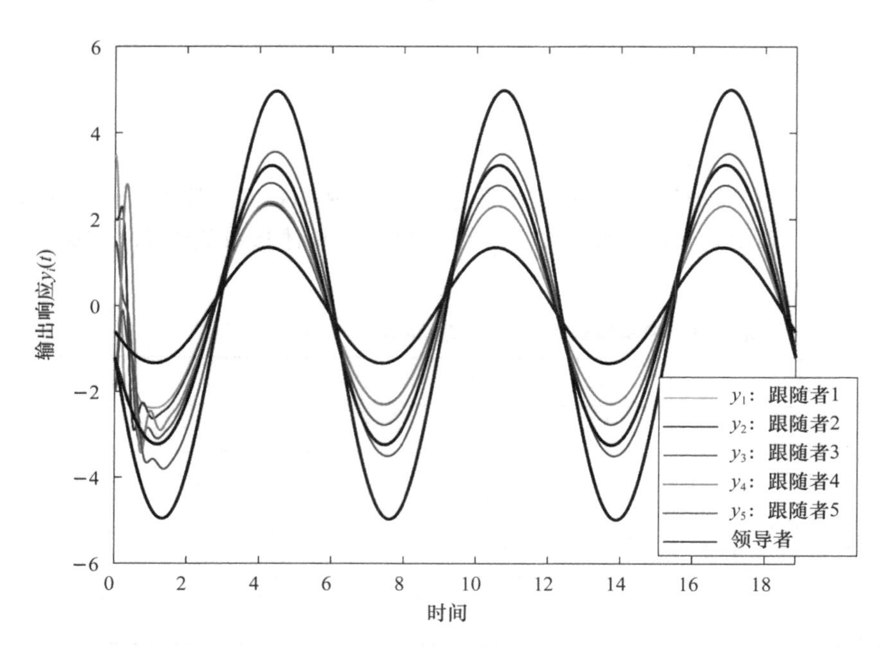

图 5.4　零预见步长下 5 个跟随者的输出响应曲线

图 5.4 彩图

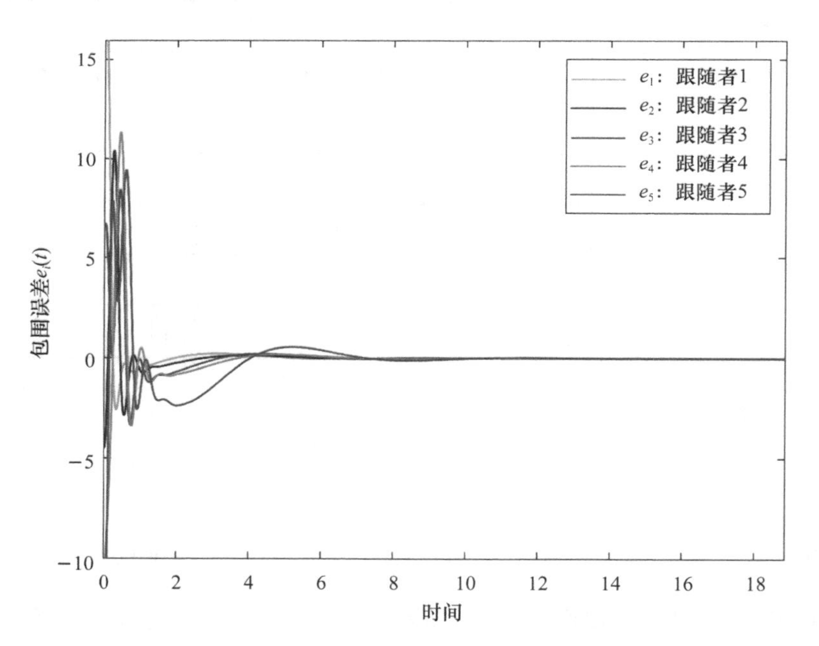

图 5.5　零预见步长下 5 个跟随者的包围误差曲线

图 5.5 彩图

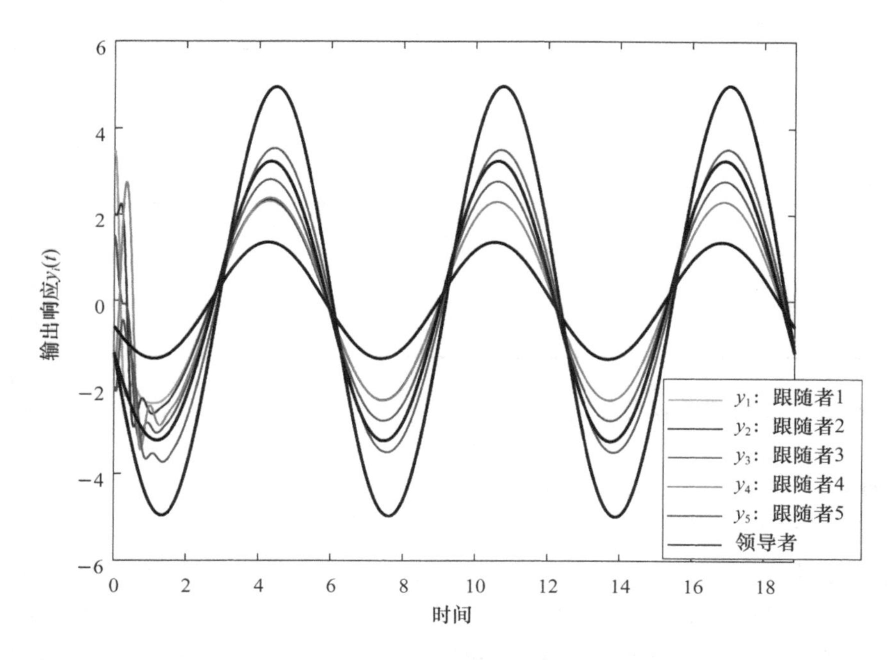

图 5.6 非零预见步长下 5 个跟随者的输出响应曲线

图 5.6 彩图

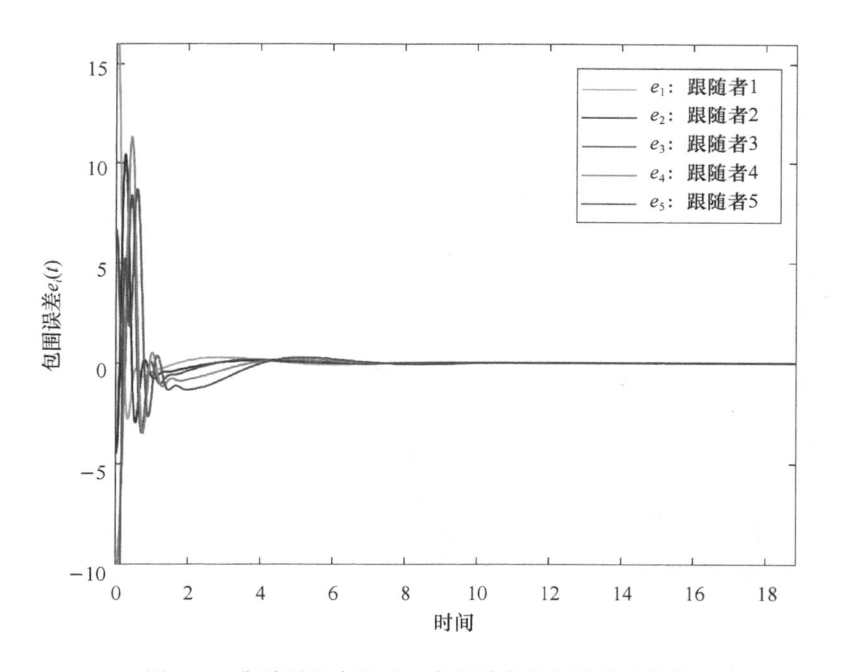

图 5.7 非零预见步长下 5 个跟随者的包围误差曲线

图 5.7 彩图

为验证所设计的最优包围预见控制策略的性能，下面将其与文献[211]中提出的最优 PID 控制策略进行比较，该仿真将在相同的多智能体系统和通信拓扑下进行。根据文献[211]中的算法 1，PID 控制增益矩阵 $\boldsymbol{K}_{\mathrm{P}i}$、$\boldsymbol{K}_{\mathrm{I}i}$、$\boldsymbol{K}_{\mathrm{D}i}$ 如表 5.3 所示。

表 5.3 PID 控制增益矩阵 K_{Pi}、K_{Ii}、K_{Di}

跟随者	Q_i	R_i	K_{Pi}	K_{Ii}	K_{Di}
1	0.3	10	−0.014	−0.173	−0.005
2	0.6	20	−0.014	−0.173	−0.005
3	0.9	30	−0.014	−0.173	−0.005
4	1.2	40	−0.014	−0.173	−0.005
5	1.5	50	−0.014	−0.173	−0.005

进一步，求解文献[211]中的调节器方程(11)，得到

$$\boldsymbol{\Pi}=\begin{bmatrix}1.00 & 0\\ 0.12 & -0.2353\end{bmatrix},\quad \boldsymbol{\Gamma}=[5.7353 \quad -0.7059]$$

在分布式最优 PID 控制策略作用下，图 5.8 和图 5.9 分别显示了 5 个跟随者的输出响应曲线和包围误差曲线。另外，从图 5.5、图 5.7 和图 5.9 可以看出，在包含预见信息的情况下，包围误差的调整时间和最大超调量都会显著减少，这表明预见行为具有提高瞬态响应速度和改善包围控制性能的优势。为了清楚地验证这一特点，定义以下距离：

$$\zeta(t)=\frac{1}{N}\sum_{k=1}^{N}\|\boldsymbol{e}_i(t)\|_2$$

该公式用于度量包围误差 $\boldsymbol{e}_i(t)$ 的平均距离。在图 5.5、图 5.7 和图 5.9 三种情形下绘制的 $\zeta(t)$ 曲线如图 5.10 所示。通过比较可以看出，图 5.7 情形(非零预见步长下)具有更快的收敛速度，特别是在 $t\in[1,7]$ 时间段内的收敛速度较为显著，这便验证了上述观察到的特点。

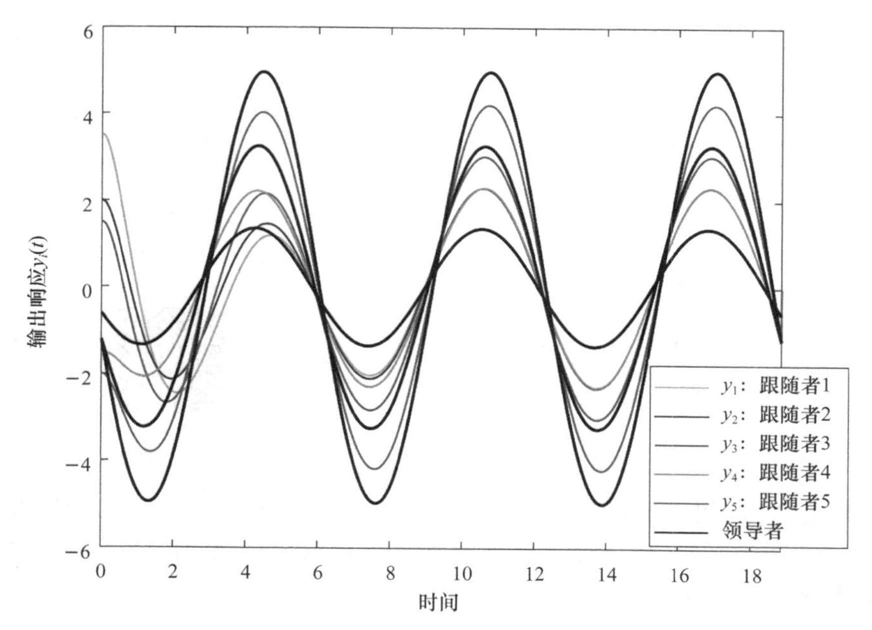

图 5.8 在分布式最优 PID 控制策略作用下，5 个跟随者的输出响应曲线

图 5.8 彩图

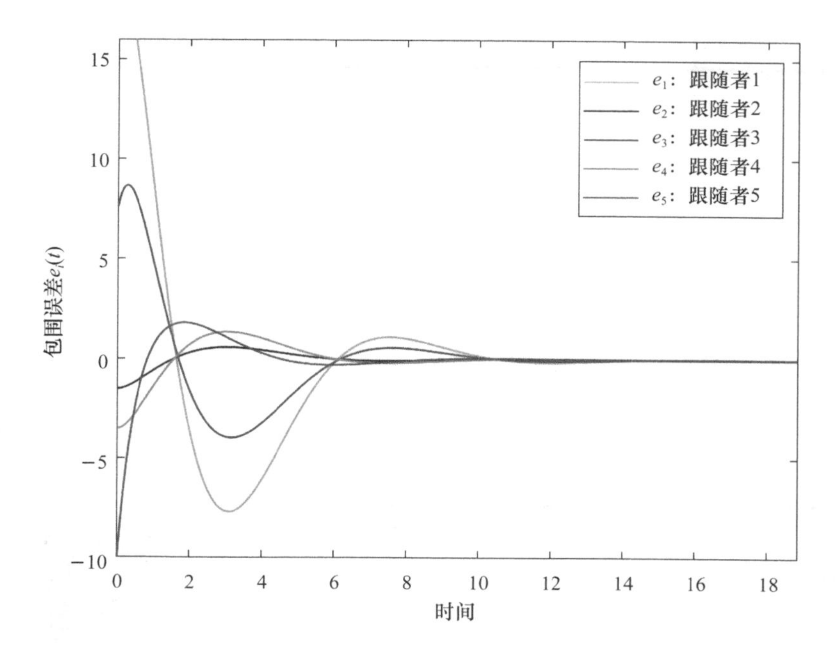

图 5.9 在分布式最优 PID 控制策略作用下，5 个跟随者的包围误差曲线

图 5.9 彩图

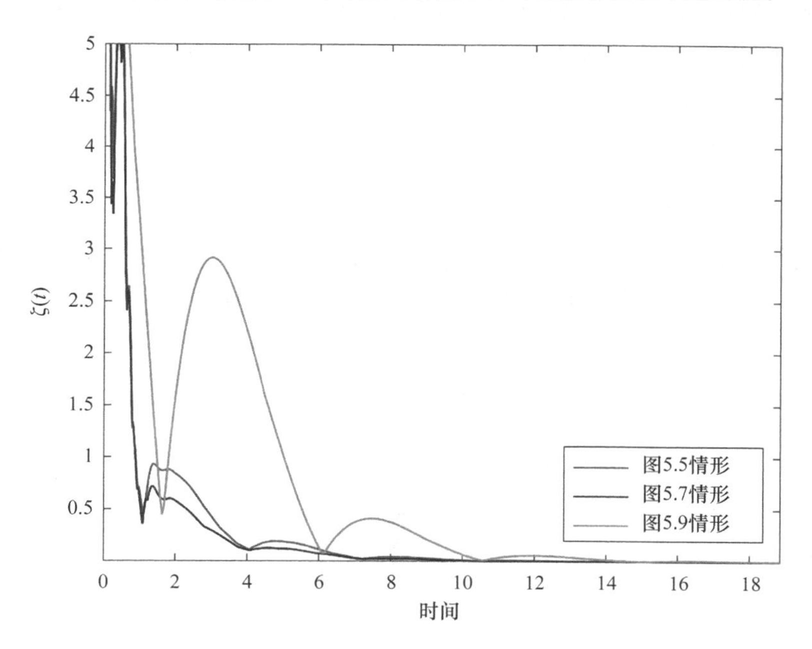

图 5.10 不同控制策略下的 $\zeta(t)$ 曲线

图 5.10 彩图

为进一步探讨所设计控制策略的特点，下文将从两个方面继续进行仿真验证。

第一，性能指数函数 $\boldsymbol{J}(t)$ 的轨迹如图 5.11 所示，其中的两曲线分别代表零预见步长和非零预见步长的情况。可以看出，两种情形下的轨迹均收敛到常值，这说明最优性能可通过控制策略(5.35)实现。另外，可观察到，非零预见步长代表的数值远大于零预见步长代表的值，其核心原因在于控制策略(5.35)中的预见前馈补偿项在非零预见步长下不为零。

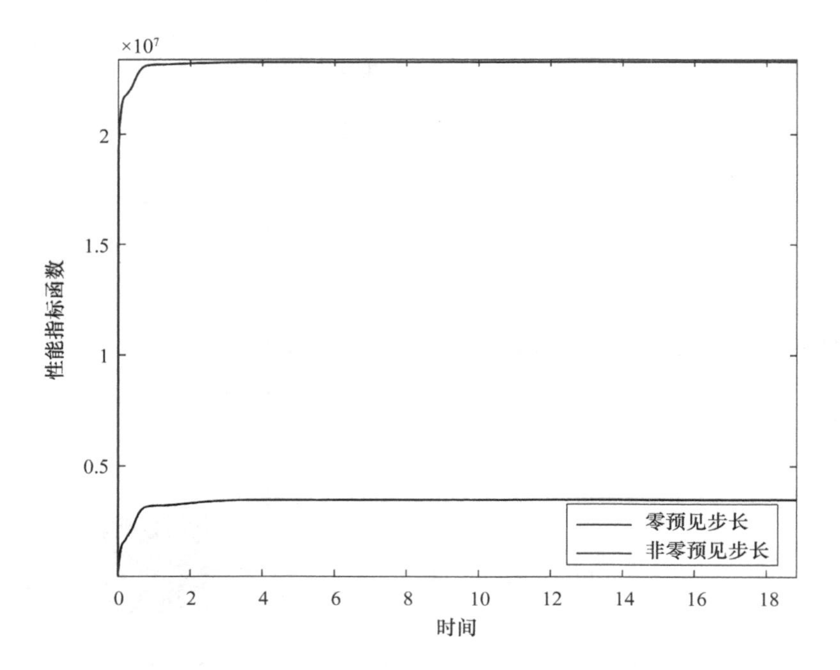

图 5.11　在控制策略(5.35)下的性能指标函数曲线

图 5.11 彩图

第二,正如附注 5.6 指出的,本章所提出的控制策略对系统摄动具有鲁棒性。为验证这一点,本章为系统矩阵 $\boldsymbol{A}$ 和 $\boldsymbol{B}$ 分别添加如下的摄动矩阵:

$$\Delta\boldsymbol{A}=i\cdot\begin{bmatrix}0.1 & 0\\0 & 0\end{bmatrix},\quad \Delta\boldsymbol{B}=i\cdot\begin{bmatrix}0.1\\0\end{bmatrix},\quad i=-10,-5,5,10$$

在 $l_r^6=l_r^7=l_r^8=0$ 的情况下,图 5.12 给出了对应于上述四种情形下 5 个跟随者的包围误差曲线。包围误差 $\boldsymbol{e}_i(t)$均渐近收敛到零,这表明本章所提出的控制策略对系统摄动具有一定的鲁棒性。

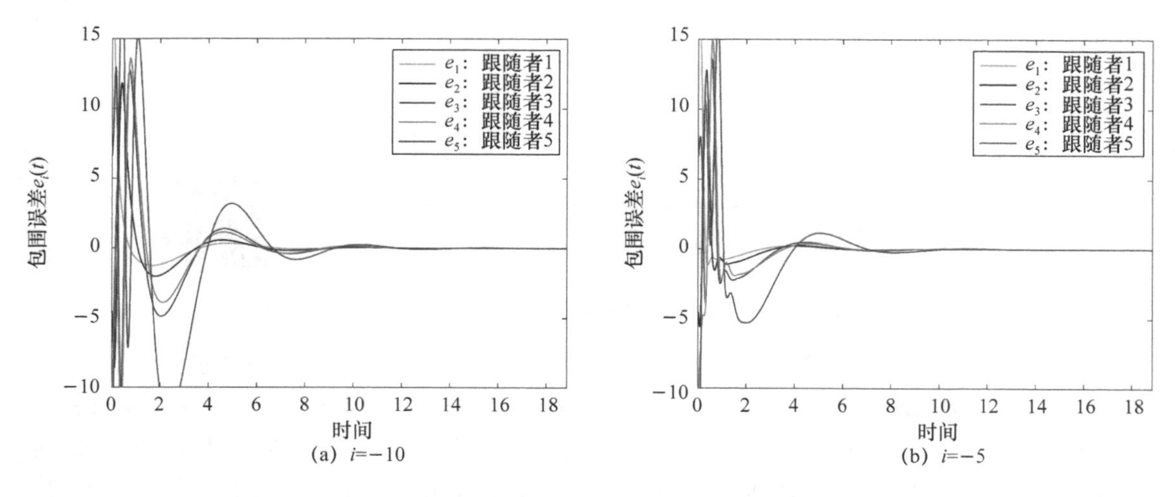

图 5.12　不同摄动矩阵下的 5 个跟随者的包围误差曲线

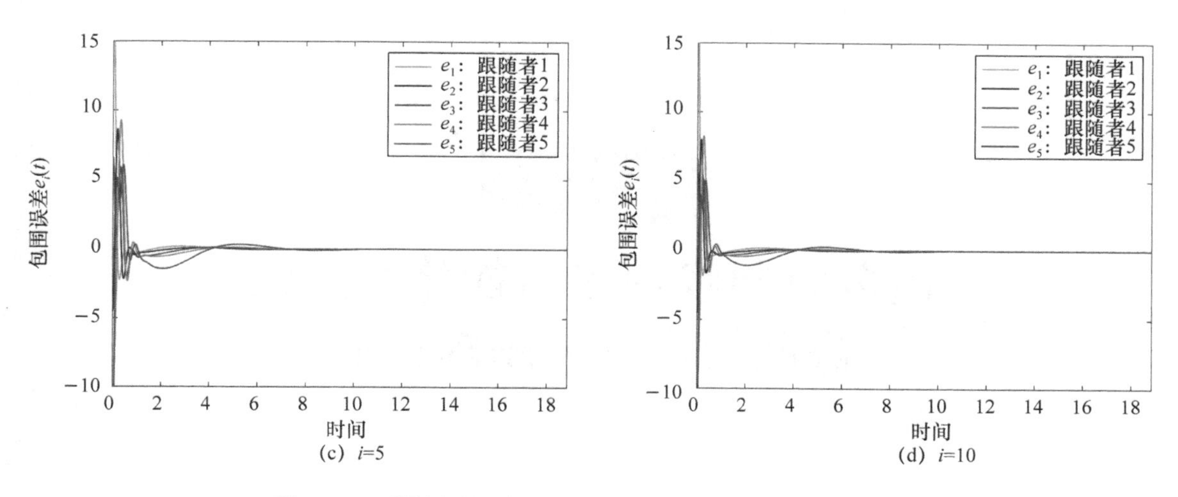

图 5.12　不同摄动矩阵下的 5 个跟随者的包围误差曲线(续)

图 5.12 彩图

5.5 本章小结

本章研究了有向无环拓扑结构下连续时间线性多智能体系统的最优包围预见控制问题，此研究是对第 4 章结果的进一步发展，不同之处在于本章建立了分布式的最优动态控制策略，并对带有预见行为的输出调节问题进行了深入讨论。当预见步长为零或仅存在一个领导者时，本章提出的结果可应用于一般的包围控制问题和协调跟踪(预见跟踪)问题。

6 离散时间线性多智能体系统的协调最优预见跟踪控制

本章将第 2 章中研究的问题扩展至离散时间系统。与第 2 章不同的是，通过构建关于预见信息差分的恒等式，增广后的系统可进一步转化为标准的离散时间线性系统。在用离散时间线性二次型最优调节理论获得全局最优控制器后，可根据系统矩阵的特点对控制器和代数 Riccati 方程进行降阶处理，使所得的结果可用初次进行系统增广后的相应矩阵表示。这将在一定程度上降低仿真时的计算复杂度。

6.1 问题描述

考虑由 N 个跟随者和 1 个领导者构成的多智能体系统，其中跟随者的动力学方程为

$$\begin{cases} \boldsymbol{x}_i(k+1)=\boldsymbol{A}\boldsymbol{x}_i(k)+\boldsymbol{B}\boldsymbol{u}_i(k), \\ \boldsymbol{y}_i(k)=\boldsymbol{C}\boldsymbol{x}_i(k), \end{cases} \quad \boldsymbol{x}_i(0)=\boldsymbol{x}_{i0}, \quad i=1,2,\cdots,N \tag{6.1}$$

其中，$\boldsymbol{x}_i(k)\in\mathbb{R}^n$、$\boldsymbol{u}_i(k)\in\mathbb{R}^r$、$\boldsymbol{y}_i(k)\in\mathbb{R}^m$ 分别表示状态、输入和输出，$\boldsymbol{x}_{i0}$ 表示 $\boldsymbol{x}_i(k)$ 的初值，$\boldsymbol{A}$、$\boldsymbol{B}$、$\boldsymbol{C}$ 分别为 $n\times n$、$n\times r$ 和 $m\times n$ 的矩阵。对于取定的 i，方程(6.1)就是第 i 个跟随者的状态方程。

设领导者的输出(参考信号)为 $\boldsymbol{r}(k)$，本章的目的是设计一个最优预见控制器，使得系统(6.1)的闭环输出 $\boldsymbol{y}_i(k)$ 都渐近跟踪 $\boldsymbol{r}(k)$，即

$$\lim_{k\to+\infty}[\boldsymbol{y}_i(k)-\boldsymbol{r}(k)]=\boldsymbol{0}, \quad i=1,2,\cdots,N \tag{6.2}$$

首先对参考信号作如下假设。

A6.1 *设参考信号 $\boldsymbol{r}(k)$ 在 $k\to\infty$ 时趋于常值向量 $\boldsymbol{r}$，即*

$$\lim_{k\to\infty}\boldsymbol{r}(k)=\boldsymbol{r}$$

设 $\boldsymbol{r}(k)$ 的预见步数为 M_{R}，即在当前时刻 k，参考信号 $\boldsymbol{r}(k)$，$\boldsymbol{r}(k+1)$，$\boldsymbol{r}(k+2)$，$\cdots$，$\boldsymbol{r}(k+M_{\mathrm{R}})$ 的值已知，M_{R} 步以后的值为常值，即

$$\boldsymbol{r}(k+j)=\boldsymbol{r}(k), \quad j=M_{\mathrm{R}}+1,M_{\mathrm{R}}+2,M_{\mathrm{R}}+3,\cdots$$

用预见控制的相关理论来设计控制器。首先把方程(6.1)写成紧凑形式，为此引入向量：

$$x(k)=\begin{bmatrix}x_1(k)\\x_2(k)\\\vdots\\x_N(k)\end{bmatrix}\in\mathbb{R}^{nN},\quad u(k)=\begin{bmatrix}u_1(k)\\u_2(k)\\\vdots\\u_N(k)\end{bmatrix}\in\mathbb{R}^{rN},\quad y(k)=\begin{bmatrix}y_1(k)\\y_2(k)\\\vdots\\y_N(k)\end{bmatrix}\in\mathbb{R}^{mN}$$

系统(6.1)可表示为

$$\begin{cases}x(k+1)=(I_N\otimes A)x(k)+(I_N\otimes B)u(k),\\ y(k)=(I_N\otimes C)x(k),\end{cases}\quad x(0)=x_0 \tag{6.3}$$

进一步,对系统(6.1)及其对应的有向信息交换拓扑$\bar{\mathcal{G}}$作如下假设。

A6.2 设(A,B)可镇定且$\begin{bmatrix}I-A & B\\ C & O\end{bmatrix}$行满秩。

A6.3 设(C,A)可检测。

A6.4 设有向图$\bar{\mathcal{G}}$包含一棵生成树,而且以顶点v_0为根。

在随后的讨论中,还需要用到下面的结果。

引理 6.1 当假设 A6.4 成立时,矩阵$\begin{bmatrix}H\otimes C & O\\ I_{nN}-(I_N\otimes A) & I_N\otimes B\end{bmatrix}$行满秩的充分必要条件是$\begin{bmatrix}I-A & B\\ C & O\end{bmatrix}$行满秩。

附注 6.1 引理 6.1 的证明方法与第 2 章中引理 2.1 的证明方法很相似,因此不再证明。

记跟随者$i(i=1,2,\cdots,N)$的局部邻居输出误差为

$$e_i(k)=\sum_{j\in\mathcal{N}_i}a_{ij}(y_j(k)-y_i(k))+m_i(y_i(k)-r(k)) \tag{6.4}$$

记全局输出误差为

$$e(k)=\begin{bmatrix}e_1(k)\\e_2(k)\\\vdots\\e_N(k)\end{bmatrix}\in\mathbb{R}^{mN}$$

令$R(k)=\mathbf{1}_N\otimes r(k)\in\mathbb{R}^{mN}$,则由式(6.4)得到

$$e(k)=-((L+M)\otimes C)x(k)+(M\otimes I_m)R(k) \tag{6.5}$$

其中,L为有向图$\mathcal{G}$对应的拉普拉斯矩阵,M为牵引矩阵。注意到$H\mathbf{1}_N=(L+M)\mathbf{1}_N=M\mathbf{1}_N$,则式(6.5)可表示为

$$e(k)=-(H\otimes I_m)((I_N\otimes C)x(k)-R(k)) \tag{6.6}$$

在假设 A6.4 下,由引理 1.4 知矩阵H是非奇异的,因此从式(6.6)得到:当且仅当$\lim\limits_{k\to\infty}e(k)=0$,式(6.2)成立。为此,引入如下的二次型性能指标函数:

$$J=\sum_{k=-M_R+1}^{\infty}\sum_{i=1}^{N}e_i^{\mathrm{T}}(k)Q_{ei}e_i(k)+\Delta u_i^{\mathrm{T}}(k)\widetilde{R}_i\Delta u_i(k) \tag{6.7}$$

其中,Q_{ei}和$\widetilde{R}_i$分别是$m\times m$和$r\times r$的正定矩阵$(i=1,2,\cdots,N)$。文献[128]指出,在性能指标中引入输入的差分$\Delta u_i(k)$,可使闭环系统中包含积分器,而积分器的存在有助于消除系统在跟踪过程中产生的静态误差。

下面采用预见控制的方法构造一个增广系统，将多智能体系统的协调预见跟踪问题转化为对增广系统的状态调节问题，然后设计相应的控制器。

6.2 最优预见控制器的设计

6.2.1 增广系统的构造

将一阶后向差分算子 Δ：

$$\Delta\boldsymbol{x}(k)=\boldsymbol{x}(k)-\boldsymbol{x}(k-1)$$

作用于系统(6.3)和全局输出误差〔式(6.5)〕，并引入状态向量：

$$\boldsymbol{X}_0(k)=\begin{bmatrix}\boldsymbol{e}(k)\\ \Delta\boldsymbol{x}(k)\end{bmatrix}$$

得到

$$\boldsymbol{X}_0(k+1)=\boldsymbol{\Phi}\boldsymbol{X}_0(k)+\boldsymbol{G}_{\mathrm{u}}\Delta\boldsymbol{u}(k)+\boldsymbol{G}_{\mathrm{R}}\Delta\boldsymbol{R}(k+1) \tag{6.8}$$

其中：

$$\boldsymbol{\Phi}=\begin{bmatrix}\boldsymbol{I} & -\boldsymbol{H}\otimes\boldsymbol{C}\boldsymbol{A}\\ \boldsymbol{O} & \boldsymbol{I}_N\otimes\boldsymbol{A}\end{bmatrix},\quad \boldsymbol{G}_{\mathrm{u}}=\begin{bmatrix}-\boldsymbol{H}\otimes\boldsymbol{C}\boldsymbol{B}\\ \boldsymbol{I}_N\otimes\boldsymbol{B}\end{bmatrix},\quad \boldsymbol{G}_{\mathrm{R}}=\begin{bmatrix}\boldsymbol{M}\otimes\boldsymbol{I}_m\\ \boldsymbol{O}\end{bmatrix}$$

由假设 A6.1 知，在当前时刻 k，$\boldsymbol{R}(k)$，$\boldsymbol{R}(k+1)$，$\boldsymbol{R}(k+2)$，$\cdots$，$\boldsymbol{R}(k+M_{\mathrm{R}})$的值是已知的。基于此，将参考信号的增量做成列向量：

$$\boldsymbol{X}_{\mathrm{R}}(k)=\begin{bmatrix}\Delta\boldsymbol{R}(k+1)\\ \Delta\boldsymbol{R}(k+2)\\ \vdots\\ \Delta\boldsymbol{R}(k+M_{\mathrm{R}})\end{bmatrix}$$

显然，$\boldsymbol{X}_{\mathrm{R}}(k)$满足如下的代数关系：

$$\boldsymbol{X}_{\mathrm{R}}(k+1)=\boldsymbol{A}_{\mathrm{R}}\boldsymbol{X}_{\mathrm{R}}(k) \tag{6.9}$$

其中，$\boldsymbol{A}_{\mathrm{R}}$ 是$(mNM_{\mathrm{R}})\times(mNM_{\mathrm{R}})$矩阵，定义为

$$\boldsymbol{A}_{\mathrm{R}}=\begin{bmatrix}\boldsymbol{O} & \boldsymbol{I}_{mN} & & & \\ & \boldsymbol{O} & \boldsymbol{I}_{mN} & & \\ & & \ddots & \ddots & \\ & & & & \boldsymbol{I}_{mN}\\ & & & & \boldsymbol{O}\end{bmatrix}$$

再次引入状态变量：

$$\boldsymbol{X}_{\mathrm{R0}}(k)=\begin{bmatrix}\boldsymbol{X}_0(k)\\ \boldsymbol{X}_{\mathrm{R}}(k)\end{bmatrix}$$

于是，结合式(6.8)和式(6.9)得到标准的离散时间线性系统：

$$\boldsymbol{X}_{\mathrm{R0}}(k+1)=\boldsymbol{\Omega}\boldsymbol{X}_{\mathrm{R0}}(k)+\boldsymbol{\Theta}\Delta\boldsymbol{u}(k) \tag{6.10}$$

其中：

$$\boldsymbol{\Omega}=\begin{bmatrix}\boldsymbol{\Phi} & \boldsymbol{\Psi}\\ \boldsymbol{O} & \boldsymbol{A}_{\mathrm{R}}\end{bmatrix},\quad \boldsymbol{\Theta}=\begin{bmatrix}\boldsymbol{G}_{\mathrm{u}}\\ \boldsymbol{O}\end{bmatrix},\quad \boldsymbol{\Psi}=[\boldsymbol{G}_{\mathrm{R}}\quad \boldsymbol{O}\quad \cdots\quad \boldsymbol{O}]$$

并且 $\boldsymbol{\Omega}$ 和 $\boldsymbol{\Theta}$ 分别为$[N(m+n+mM_{\mathrm{R}})]\times[N(m+n+mM_{\mathrm{R}})]$和$[N(m+n+mM_{\mathrm{R}})]\times(Nr)$的矩阵。

根据本文的控制目的，取观测方程：

$$\boldsymbol{e}(k)=\boldsymbol{\Gamma}\boldsymbol{X}_{\mathrm{R0}}(k) \tag{6.11}$$

其中，$\Gamma=[\boldsymbol{C}_0\quad \boldsymbol{O}]$为$(Nm)\times[N(m+n+mM_{\mathrm{R}})]$矩阵。则式(6.10)和式(6.11)为所需要的增广系统。

根据系统(6.10)中的相关变量，性能指标函数(6.7)可表示为

$$\boldsymbol{J}=\sum_{k=1}^{\infty}\boldsymbol{X}_{\mathrm{R0}}^{\mathrm{T}}(k)\hat{\boldsymbol{Q}}\boldsymbol{X}_{\mathrm{R0}}(k)+\Delta\boldsymbol{u}^{\mathrm{T}}(k)\tilde{\boldsymbol{R}}\Delta\boldsymbol{u}(k) \tag{6.12}$$

其中：

$$\hat{\boldsymbol{Q}}=\begin{bmatrix}Q & \boldsymbol{O}\\ \boldsymbol{O} & \boldsymbol{O}\end{bmatrix},\quad Q=\begin{bmatrix}\boldsymbol{Q}_{\mathrm{e}} & \boldsymbol{O}\\ \boldsymbol{O} & \boldsymbol{O}\end{bmatrix}$$

分别为$[N(m+n+mM_{\mathrm{R}})]\times[N(m+n+mM_{\mathrm{R}})]$和$[(m+n)N]\times[(m+n)N]$的半正定矩阵。另外，$\boldsymbol{Q}_{\mathrm{e}}=\mathrm{diag}\{\boldsymbol{Q}_{\mathrm{e1}},\boldsymbol{Q}_{\mathrm{e2}},\cdots,\boldsymbol{Q}_{\mathrm{e}N}\}$，$\tilde{\boldsymbol{R}}=\mathrm{diag}\{\tilde{\boldsymbol{R}}_1,\tilde{\boldsymbol{R}}_2,\cdots,\tilde{\boldsymbol{R}}_N\}$。

至此，离散时间多智能体系统的协调预见跟踪问题就转化为系统(6.11)在性能指标函数(6.12)下的最优调节问题。实际上，根据线性二次型最优控制理论[212]，将所求得的 $\Delta\boldsymbol{u}(k)$ 代入系统(6.10)，其闭环系统为渐近稳定的，于是由系统(6.11)知 $\boldsymbol{e}(k)$在 $k\to\infty$时渐近稳定到 $\boldsymbol{0}$，即系统(6.1)实现了对领导者的协调预见跟踪。通过应用文献[137]的结果，我们立即得到下面的定理。

定理 6.1 若$(\boldsymbol{\Omega},\boldsymbol{\Theta})$可镇定，$(\hat{\boldsymbol{Q}}^{1/2},\boldsymbol{\Omega})$可检测，则系统(6.10)的使性能指标函数(6.12)极小的最优控制输入为

$$\Delta\boldsymbol{u}(k)=-(\tilde{\boldsymbol{R}}+\boldsymbol{\Theta}^{\mathrm{T}}\boldsymbol{P}_{\mathrm{r}}\boldsymbol{\Theta})^{-1}\boldsymbol{\Theta}^{\mathrm{T}}\boldsymbol{P}_{\mathrm{r}}\boldsymbol{\Omega}\boldsymbol{X}_{\mathrm{R0}}(k) \tag{6.13}$$

其中，$\boldsymbol{P}_{\mathrm{r}}$ 是一个$[N(m+n+mM_{\mathrm{R}})]\times[N(m+n+mM_{\mathrm{R}})]$的半正定矩阵，满足如下的离散代数 Riccati 方程：

$$\boldsymbol{P}_{\mathrm{r}}=\hat{\boldsymbol{Q}}+\boldsymbol{\Omega}^{\mathrm{T}}\boldsymbol{P}_{\mathrm{r}}\boldsymbol{\Omega}-\boldsymbol{\Omega}^{\mathrm{T}}\boldsymbol{P}\boldsymbol{\Theta}(\tilde{\boldsymbol{R}}+\boldsymbol{\Theta}^{\mathrm{T}}\boldsymbol{P}_{\mathrm{r}}\boldsymbol{\Theta})^{-1}\boldsymbol{\Theta}^{\mathrm{T}}\boldsymbol{P}_{\mathrm{r}}\boldsymbol{\Omega} \tag{6.14}$$

6.2.2 控制器的存在性

为了保证定理 6.1 中控制器的存在性，我们需要验证原系统在满足什么条件时，$(\boldsymbol{\Omega},\boldsymbol{\Theta})$是可镇定的以及$(\hat{\boldsymbol{Q}}^{1/2},\boldsymbol{\Omega})$是可检测的。

引理 6.2 在假设 A6.4 下，$(\boldsymbol{\Omega},\boldsymbol{\Theta})$可镇定的充要条件是假设 A6.2 成立。

证明 由 PBH 秩判据[198]知，我们需要证明：在假设 A6.4 下，当$|z|\geqslant 1$ 时，$[z\boldsymbol{I}-\boldsymbol{\Omega}\quad \boldsymbol{\Theta}]$

行满秩的充要条件是$[z\boldsymbol{I}-\boldsymbol{A}\quad \boldsymbol{B}]$与$\begin{bmatrix}\boldsymbol{I}-\boldsymbol{A} & \boldsymbol{B}\\ \boldsymbol{C} & \boldsymbol{O}\end{bmatrix}$均行满秩。

根据$\boldsymbol{\Omega}$和$\boldsymbol{\Theta}$的具体结构，有

$$
\begin{aligned}
&[z\boldsymbol{I}-\boldsymbol{\Omega}\quad \boldsymbol{\Theta}]\\
&=\left[\begin{array}{cc|cccccc|c}
(z-1)\boldsymbol{I}_{mN} & \boldsymbol{H}\otimes\boldsymbol{CA} & -\boldsymbol{G}\otimes\boldsymbol{I}_m & \boldsymbol{O} & \boldsymbol{O} & \cdots & \boldsymbol{O} & & -\boldsymbol{H}\otimes\boldsymbol{CB}\\
\boldsymbol{O} & z\boldsymbol{I}_{nN}-(\boldsymbol{I}_N\otimes\boldsymbol{A}) & \boldsymbol{O} & \boldsymbol{O} & \boldsymbol{O} & \cdots & \boldsymbol{O} & & \boldsymbol{I}_N\otimes\boldsymbol{B}\\
\hline
\boldsymbol{O} & \boldsymbol{O} & z\boldsymbol{I}_{mN} & -\boldsymbol{I}_{mN} & & & & & \boldsymbol{O}\\
 & & & z\boldsymbol{I}_{mN} & -\boldsymbol{I}_{mN} & & & & \\
\vdots & \vdots & & & \ddots & \ddots & & & \vdots\\
 & & & & & & -\boldsymbol{I}_{mN} & & \\
\boldsymbol{O} & \boldsymbol{O} & & & & & z\boldsymbol{I}_{mN} & & \boldsymbol{O}
\end{array}\right]
\end{aligned}
$$

注意到

$$
\begin{aligned}
\boldsymbol{H}\otimes\boldsymbol{CA}-z\boldsymbol{H}\otimes\boldsymbol{C}&=(\boldsymbol{H}\otimes\boldsymbol{C})(\boldsymbol{I}_N\otimes\boldsymbol{A})-z(\boldsymbol{H}\otimes\boldsymbol{C})(\boldsymbol{I}_N\otimes\boldsymbol{I}_n)\\
&=-(\boldsymbol{H}\otimes\boldsymbol{C})[z\boldsymbol{I}_{nN}-(\boldsymbol{I}_N\otimes\boldsymbol{A})]
\end{aligned}
\tag{6.15}
$$

于是，用可逆矩阵：

$$
\begin{bmatrix}
\boldsymbol{I}_{mN} & \boldsymbol{H}\otimes\boldsymbol{C} & & & \\
\boldsymbol{O} & \boldsymbol{I}_{nN} & & & \\
 & & \boldsymbol{I}_{mN} & & \\
 & & & \ddots & \\
 & & & & \boldsymbol{I}_{mN}
\end{bmatrix}
$$

左乘$[z\boldsymbol{I}-\boldsymbol{\Omega}\quad \boldsymbol{\Theta}]$得到

$$
\left[\begin{array}{cc|cccccc|c}
(z-1)\boldsymbol{I}_{mN} & z\boldsymbol{H}\otimes\boldsymbol{C} & -\boldsymbol{G}\otimes\boldsymbol{I}_m & \boldsymbol{O} & \boldsymbol{O} & \cdots & \boldsymbol{O} & & \boldsymbol{O}\\
\boldsymbol{O} & z\boldsymbol{I}_{nN}-(\boldsymbol{I}_N\otimes\boldsymbol{A}) & \boldsymbol{O} & \boldsymbol{O} & \boldsymbol{O} & \cdots & \boldsymbol{O} & & \boldsymbol{I}_N\otimes\boldsymbol{B}\\
\hline
\boldsymbol{O} & \boldsymbol{O} & z\boldsymbol{I}_{mN} & -\boldsymbol{I}_{mN} & & & & & \boldsymbol{O}\\
 & & & z\boldsymbol{I}_{mN} & -\boldsymbol{I}_{mN} & & & & \\
\vdots & \vdots & & & \ddots & \ddots & & & \vdots\\
 & & & & & & -\boldsymbol{I}_{mN} & & \\
\boldsymbol{O} & \boldsymbol{O} & & & & & z\boldsymbol{I}_{mN} & & \boldsymbol{O}
\end{array}\right]
$$

由于初等变换不改变矩阵的秩，因此上述矩阵与$[z\boldsymbol{I}-\boldsymbol{\Omega}\quad \boldsymbol{\Theta}]$具有相同的秩。又由于$|z|\geqslant 1$，所以上述矩阵中以$z\boldsymbol{I}_{mN}$为对角元的上三角矩阵块可逆，根据矩阵秩的性质知

$$\mathrm{rank}[z\boldsymbol{I}-\boldsymbol{\Omega}\quad \boldsymbol{\Theta}]=mNM_{\mathrm{R}}+\mathrm{rank}(\boldsymbol{V})$$

其中：

$$
\boldsymbol{V}=\begin{bmatrix}
(z-1)\boldsymbol{I}_{mN} & z\boldsymbol{H}\otimes\boldsymbol{C} & \boldsymbol{O}\\
\boldsymbol{O} & z\boldsymbol{I}_{nN}-(\boldsymbol{I}_N\otimes\boldsymbol{A}) & \boldsymbol{I}_N\otimes\boldsymbol{B}
\end{bmatrix}
\tag{6.16}
$$

于是，只需证明下述命题成立：在假设 A6.4 下，当$|z|\geqslant 1$时，$\boldsymbol{V}$行满秩的充要条件是$[z\boldsymbol{I}-\boldsymbol{A}\quad \boldsymbol{B}]$与$\begin{bmatrix}\boldsymbol{I}-\boldsymbol{A} & \boldsymbol{B}\\ \boldsymbol{C} & \boldsymbol{O}\end{bmatrix}$均行满秩。

必要性。即证明在假设 A6.4 下，当$|z|\geqslant 1$时，若$\boldsymbol{V}$行满秩，则$[z\boldsymbol{I}-\boldsymbol{A}\quad \boldsymbol{B}]$与$\begin{bmatrix}\boldsymbol{I}-\boldsymbol{A} & \boldsymbol{B}\\ \boldsymbol{C} & \boldsymbol{O}\end{bmatrix}$均行满秩。

当 $z=1$ 时，由式(6.16)得到

$$\operatorname{rank}(\boldsymbol{V}|_{z=1})=\operatorname{rank}\begin{bmatrix}\boldsymbol{H}\otimes\boldsymbol{C} & \boldsymbol{O}\\ \boldsymbol{I}_{nN}-(\boldsymbol{I}_N\otimes\boldsymbol{A}) & \boldsymbol{I}_N\otimes\boldsymbol{B}\end{bmatrix}\tag{6.17}$$

在假设 A6.4 下，由引理 6.1 知，如果 $\begin{bmatrix}\boldsymbol{H}\otimes\boldsymbol{C} & \boldsymbol{O}\\ \boldsymbol{I}_{nN}-(\boldsymbol{I}_N\otimes\boldsymbol{A}) & \boldsymbol{I}_N\otimes\boldsymbol{B}\end{bmatrix}$ 行满秩，那么 $\begin{bmatrix}\boldsymbol{I}-\boldsymbol{A} & \boldsymbol{B}\\ \boldsymbol{C} & \boldsymbol{O}\end{bmatrix}$ 行满秩。同时，$\begin{bmatrix}\boldsymbol{I}-\boldsymbol{A} & \boldsymbol{B}\\ \boldsymbol{C} & \boldsymbol{O}\end{bmatrix}$ 行满秩蕴含着 $[z\boldsymbol{I}-\boldsymbol{A}\quad \boldsymbol{B}]_{z=1}$ 行满秩。

当 $|z|\geqslant 1$ 且 $z\neq 1$ 时，$(z-1)\boldsymbol{I}_{mN}$ 非奇异，由矩阵秩的性质知，若 $\boldsymbol{V}$ 行满秩，则 $[z\boldsymbol{I}_{nN}-(\boldsymbol{I}_N\otimes\boldsymbol{A})\quad \boldsymbol{I}_N\otimes\boldsymbol{B}]$ 行满秩。由于

$$\operatorname{rank}[z\boldsymbol{I}_{nN}-(\boldsymbol{I}_N\otimes\boldsymbol{A})\quad \boldsymbol{I}_N\otimes\boldsymbol{B}]=N\cdot\operatorname{rank}[z\boldsymbol{I}-\boldsymbol{A}\quad \boldsymbol{B}]$$

因此进一步得到，在 $|z|\geqslant 1$ 且 $z\neq 1$ 时，若 $\boldsymbol{V}$ 行满秩，则 $[z\boldsymbol{I}-\boldsymbol{A}\quad \boldsymbol{B}]$ 行满秩。

联合两种分类情形下的结果便可证明必要性。

充分性。即证明在假设 A6.4 下，当 $|z|\geqslant 1$ 时，若 $[z\boldsymbol{I}-\boldsymbol{A}\quad \boldsymbol{B}]$ 与 $\begin{bmatrix}\boldsymbol{I}-\boldsymbol{A} & \boldsymbol{B}\\ \boldsymbol{C} & \boldsymbol{O}\end{bmatrix}$ 均行满秩，则 $\boldsymbol{V}$ 行满秩。

在假设 A6.4 下，由引理 6.1 知，如果 $\begin{bmatrix}\boldsymbol{I}-\boldsymbol{A} & \boldsymbol{B}\\ \boldsymbol{C} & \boldsymbol{O}\end{bmatrix}$ 是行满秩的，则 $\boldsymbol{V}|_{z=1}$ 是行满秩的。另外，在 $|z|\geqslant 1$ 且 $z\neq 1$ 时，由于 $[z\boldsymbol{I}-\boldsymbol{A}\quad \boldsymbol{B}]$ 是行满秩的，因此由式(6.16)容易得到 $\boldsymbol{V}|_{z\neq 1}$ 行满秩。这便证得了引理 6.2 的充分性。 **证毕**

引理 6.3 在假设 A6.4 下，$(\hat{\boldsymbol{Q}}^{1/2},\boldsymbol{\Omega})$ 可检测的充要条件是 $(\boldsymbol{C},\boldsymbol{A})$ 可检测。

证明 应用可检测的 PBH 秩判据知，$(\hat{\boldsymbol{Q}}^{1/2},\boldsymbol{\Omega})$ 可检测的充要条件是对任意的 $|z|\geqslant 1$，矩阵 $\begin{bmatrix}z\boldsymbol{I}-\boldsymbol{\Omega}\\ \hat{\boldsymbol{Q}}^{1/2}\end{bmatrix}$ 是行满秩的。由 $\boldsymbol{\Omega}$ 和 $\hat{\boldsymbol{Q}}$ 的结构可得分块矩阵：

$$\begin{bmatrix}s\boldsymbol{I}-\boldsymbol{\Omega}\\ \hat{\boldsymbol{Q}}^{1/2}\end{bmatrix}=\left[\begin{array}{c:c:ccccc}
(z-1)\boldsymbol{I}_{mN} & \boldsymbol{H}\otimes\boldsymbol{CA} & -\boldsymbol{G}\otimes\boldsymbol{I}_m & \boldsymbol{O} & \cdots & & \boldsymbol{O}\\
\boldsymbol{O} & z\boldsymbol{I}_{nN}-(\boldsymbol{I}_N\otimes\boldsymbol{A}) & \boldsymbol{O} & \boldsymbol{O} & \cdots & & \boldsymbol{O}\\ \hdashline
\boldsymbol{O} & \boldsymbol{O} & z\boldsymbol{I}_{mN} & -\boldsymbol{I}_{mN} & & & \\
 & & & z\boldsymbol{I}_{mN} & -\boldsymbol{I}_{mN} & & \\
\vdots & \vdots & & & \ddots & \ddots & \\
 & & & & & & -\boldsymbol{I}_{mN}\\
\boldsymbol{O} & \boldsymbol{O} & & & & & z\boldsymbol{I}_{mN}\\ \hdashline
\boldsymbol{Q}_e^{1/2} & \boldsymbol{O} & \boldsymbol{O} & \boldsymbol{O} & \cdots & & \boldsymbol{O}\\ \hdashline
\boldsymbol{O} & \boldsymbol{O} & \boldsymbol{O} & \boldsymbol{O} & \cdots & & \boldsymbol{O}
\end{array}\right]$$

由于(2,3)处的子块可逆(由于 $z\boldsymbol{I}_{mN}$ 可逆)且 $\boldsymbol{Q}_e^{1/2}$ 也可逆，所以

$$\operatorname{rank}\begin{bmatrix}z\boldsymbol{I}-\boldsymbol{\Omega}\\ \hat{\boldsymbol{Q}}^{1/2}\end{bmatrix}=\operatorname{rank}\begin{bmatrix}\boldsymbol{H}\otimes\boldsymbol{CA}\\ z\boldsymbol{I}_{nN}-(\boldsymbol{I}_N\otimes\boldsymbol{A})\end{bmatrix}+mN+M_{\mathrm{R}}mN\tag{6.18}$$

根据引理 1.4 知，在假设 A6.4 下，$\boldsymbol{H}$ 非奇异，所以

$$\begin{bmatrix}z^{-1}(\boldsymbol{H}^{-1}\otimes\boldsymbol{I}_n) & z^{-1}(\boldsymbol{I}_N\otimes\boldsymbol{C})\\ \boldsymbol{O} & \boldsymbol{I}_{nN}\end{bmatrix}\begin{bmatrix}\boldsymbol{H}\otimes\boldsymbol{CA}\\ z\boldsymbol{I}_{nN}-(\boldsymbol{I}_N\otimes\boldsymbol{A})\end{bmatrix}=\begin{bmatrix}\boldsymbol{I}_N\otimes\boldsymbol{C}\\ z\boldsymbol{I}_{nN}-(\boldsymbol{I}_N\otimes\boldsymbol{A})\end{bmatrix}$$

进而得到

$$\mathrm{rank}\begin{bmatrix}\boldsymbol{H}\otimes\boldsymbol{CA}\\ z\boldsymbol{I}_{nN}-(\boldsymbol{I}_N\otimes\boldsymbol{A})\end{bmatrix}=\mathrm{rank}\begin{bmatrix}\boldsymbol{I}_N\otimes\boldsymbol{C}\\ z\boldsymbol{I}_{nN}-(\boldsymbol{I}_N\otimes\boldsymbol{A})\end{bmatrix}=N\cdot\mathrm{rank}\begin{bmatrix}\boldsymbol{C}\\ z\boldsymbol{I}-\boldsymbol{A}\end{bmatrix} \tag{6.19}$$

从式(6.18)和式(6.19)得到:对任意的$|z|\geqslant 1$,$\begin{bmatrix}s\boldsymbol{I}-\boldsymbol{\Omega}\\ \hat{\boldsymbol{Q}}^{1/2}\end{bmatrix}$列满秩的充要条件是$\begin{bmatrix}\boldsymbol{C}\\ z\boldsymbol{I}-\boldsymbol{A}\end{bmatrix}$列满秩。这便证得了引理 6.3。 **证毕**

6.2.3 原系统的最优预见控制器

需要指出的是,由于所有的问题转换过程都使得系统的维数增加,因而从系统(6.10)和性能指标函数(6.12)出发得到的控制器(6.13),需要求解的代数 Riccati 方程(6.14)的维数较高,会带来计算上的困难。利用系统矩阵和性能指标函数中权重矩阵的特点,可以对 Riccati 方程进行降阶。具体的降阶过程可参见文献[137]。利用降阶的结果可以得到定理 6.2。

定理 6.2 若$(\boldsymbol{\Phi},\boldsymbol{G}_{\mathrm{u}})$可镇定,$(\boldsymbol{Q}^{1/2},\boldsymbol{\Phi})$可检测,则在系统(6.8)下,使性能指标函数(6.7)极小的最优控制输入为

$$\begin{aligned}\Delta\boldsymbol{u}(k)&=\boldsymbol{F}_0\boldsymbol{X}_0(k)+\sum_{j=1}^{M_{\mathrm{R}}}\boldsymbol{F}_{\mathrm{R}}(j)\Delta\boldsymbol{R}(k+j)\\&=\boldsymbol{F}_{\mathrm{e}}\boldsymbol{e}(k)+\boldsymbol{F}_{\mathrm{x}}\Delta\boldsymbol{x}(k)+\sum_{j=1}^{M_{\mathrm{R}}}\boldsymbol{F}_{\mathrm{R}}(j)\Delta\boldsymbol{R}(k+j)\end{aligned} \tag{6.20}$$

其中:

$$\boldsymbol{F}_0=[\boldsymbol{F}_{\mathrm{e}}\quad \boldsymbol{F}_{\mathrm{x}}]=-(\tilde{\boldsymbol{R}}+\boldsymbol{G}_{\mathrm{u}}^{\mathrm{T}}\boldsymbol{P}\boldsymbol{G}_{\mathrm{u}})^{-1}\boldsymbol{G}_{\mathrm{u}}^{\mathrm{T}}\boldsymbol{P}\boldsymbol{\Phi}$$

$$\boldsymbol{F}_{\mathrm{R}}(j)=-(\tilde{\boldsymbol{R}}+\boldsymbol{G}_{\mathrm{u}}^{\mathrm{T}}\boldsymbol{P}\boldsymbol{G}_{\mathrm{u}})^{-1}\boldsymbol{G}_{\mathrm{u}}^{\mathrm{T}}(\boldsymbol{\xi}^{\mathrm{T}})^{j-1}\boldsymbol{P}\boldsymbol{G}_{\mathrm{R}},\quad j=1,2,\cdots,M_{\mathrm{R}}$$

其中,$\boldsymbol{\xi}=\boldsymbol{\Phi}+\boldsymbol{G}_{\mathrm{u}}\boldsymbol{F}_0$是一个$[(m+n)N]\times[(m+n)N]$的稳定矩阵。此外,矩阵$\boldsymbol{P}$是一个$[(m+n)N]\times[(m+n)N]$的半正定矩阵,满足如下的代数黎卡提方程:

$$\boldsymbol{P}=\boldsymbol{Q}+\boldsymbol{\Phi}^{\mathrm{T}}\boldsymbol{P}\boldsymbol{\Phi}-\boldsymbol{\Phi}^{\mathrm{T}}\boldsymbol{P}\boldsymbol{G}_{\mathrm{u}}(\tilde{\boldsymbol{R}}+\boldsymbol{G}_{\mathrm{u}}^{\mathrm{T}}\boldsymbol{P}\boldsymbol{G}_{\mathrm{u}})^{-1}\boldsymbol{G}_{\mathrm{u}}^{\mathrm{T}}\boldsymbol{P}\boldsymbol{\Phi} \tag{6.21}$$

将定理 6.2 中所得的$\Delta\boldsymbol{u}(k)$代入系统(6.8)得到

$$\boldsymbol{X}_0(k+1)=\boldsymbol{\xi}\boldsymbol{X}_0(k)+\boldsymbol{\omega}(k) \tag{6.22}$$

其中:

$$\boldsymbol{\omega}(k)=\boldsymbol{G}_{\mathrm{R}}\Delta\boldsymbol{R}(k+1)+\sum_{j=1}^{M_{\mathrm{R}}}\boldsymbol{G}_{\mathrm{u}}\boldsymbol{F}_{\mathrm{R}}(j)\Delta\boldsymbol{R}(k+j)$$

由假设 A6.1 知,参考信号$\boldsymbol{r}(k)$在$k\to+\infty$时趋于常值向量$\boldsymbol{r}$,因此$\Delta\boldsymbol{R}(k+j)$在$k\to+\infty$时趋于$\boldsymbol{0}(j=1,2,\cdots,M_{\mathrm{R}})$。另外,由定理 6.2 知,$\boldsymbol{\xi}$为稳定矩阵,故$\boldsymbol{X}_0(k)$在$k\to\infty$时渐近稳定到$\boldsymbol{0}$。同样地,作为$\boldsymbol{X}_0(k)$的分量,$\boldsymbol{e}(k)$在$k\to+\infty$时也渐近稳定到$\boldsymbol{0}$。在上述分析的基础上,我们立即可得定理 6.3。

定理 6.3 如果

(1) 假设 A6.1~A6.4 成立;

(2) $\tilde{\boldsymbol{R}}_i$与$\boldsymbol{Q}_{\mathrm{e}i}$正定$(i=1,2,\cdots,N)$;

那么在任意的初始条件$\boldsymbol{x}(0)=\boldsymbol{x}_0$下,使协调预见跟踪问题可解的全局最优预见控制器为

$$u(k)=F_e\sum_{i=0}^{k}e(i)+F_x x(k)+\sum_{j=1}^{M_R}F_R(j)R(i+j) \tag{6.23}$$

证明 由条件(1)和(2)可得定理 6.2 的结果,对闭环系统(6.22)分析可知,在控制器(6.20)的作用下,多智能体系统(6.1)可实现对参考信号 $\boldsymbol{r}(k)$ 的协调最优预见跟踪。根据差分格式,将控制器(6.20)表述为

$$\boldsymbol{u}(k)-\boldsymbol{u}(k-1)=$$

$$\sum_{i=0}^{k}\boldsymbol{F}_e\boldsymbol{e}(i)-\sum_{i=0}^{k-1}\boldsymbol{F}_e\boldsymbol{e}(i)+\boldsymbol{F}_x[\boldsymbol{x}(k)-\boldsymbol{x}(k-1)]+\sum_{j=1}^{M_R}\boldsymbol{F}_R(j)\boldsymbol{R}(i+j)-\sum_{j=1}^{M_R}\boldsymbol{F}_R(j)\boldsymbol{R}(i+j-1)$$

令 $\boldsymbol{u}(0)=0,\boldsymbol{R}(0)=0$,比较等式两端可得式(6.23)。 **证毕**

6.3 数值仿真

根据文献[213],移动车辆的位置状态和速度状态可建模为一个离散时间双积分器系统,因此本章提出的控制器设计方法可应用于多车辆系统。

例 6.1 考虑一个由 6 辆汽车组成的多智能体系统,其中智能体间的信息交换拓扑$\bar{\mathcal{G}}$如图 6.1 所示,该拓扑满足有向图包含一棵生成树的假设,即满足假设 A6.4。

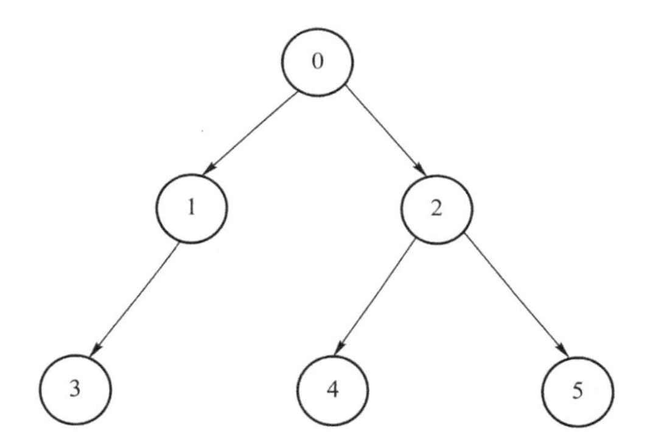

图 6.1 智能体间的信息交换拓扑

从图 6.1 看出 Laplacian 矩阵 $\boldsymbol{L}$ 和牵引矩阵 $\boldsymbol{M}$ 分别为

$$\boldsymbol{L}=\begin{bmatrix}0&0&0&0&0\\0&0&0&0&0\\-1&0&1&0&0\\0&-1&0&1&0\\0&-1&0&0&1\end{bmatrix},\quad \boldsymbol{M}=\begin{bmatrix}1&0&0&0&0\\0&1&0&0&0\\0&0&0&0&0\\0&0&0&0&0\\0&0&0&0&0\end{bmatrix}$$

假设领导者的输出信号 $\boldsymbol{r}(k)$ 为

$$\boldsymbol{r}(k)=\begin{cases}0, & k<40\\ \dfrac{1}{20}(k-40), & 40\leqslant k\leqslant 80\\ 2, & k>80\end{cases}$$

且满足假设 A6.1,即在当前时刻 k,领导者的输出信息 $\boldsymbol{r}(k),\boldsymbol{r}(k+1),\boldsymbol{r}(k+2),\cdots,\boldsymbol{r}(k+M_R)$

是可被跟随者直接利用的。跟随者的动力学方程由如下的离散时间双积分器系统描述：

$$\begin{cases} \boldsymbol{x}_{i1}(k+1)=\boldsymbol{x}_{i1}(k)+h\boldsymbol{x}_{i2}(k), \\ \boldsymbol{x}_{i2}(k+1)=\boldsymbol{x}_{i2}(k)+h\boldsymbol{u}_{i}(k), \quad i=1,2,\cdots,5 \\ \boldsymbol{y}_{i}(k)=\boldsymbol{x}_{i1}(k), \end{cases} \tag{6.24}$$

其中，h 为采样间隔，$\boldsymbol{x}_{i1}(k)\in\mathbb{R}$ 和 $\boldsymbol{x}_{i2}(k)\in\mathbb{R}$ 分别表示第 i 个跟随者在 $t_k=k\cdot h$ 时刻的位置与速度。本例中取采样间隔为 $h=0.1$ s。对于系统(6.1)，矩阵 $\boldsymbol{A}$、$\boldsymbol{B}$ 和 $\boldsymbol{C}$ 分别为

$$\boldsymbol{A}=\begin{bmatrix}1 & 0.1\\0 & 1\end{bmatrix}, \quad \boldsymbol{B}=\begin{bmatrix}0\\0.1\end{bmatrix}, \quad \boldsymbol{C}=\begin{bmatrix}1 & 0\end{bmatrix}$$

由 PBH 秩判据得，$(\boldsymbol{A},\boldsymbol{B})$是可镇定的，$(\boldsymbol{C},\boldsymbol{A})$是可检测的，此外容易验证矩阵 $\begin{bmatrix}\boldsymbol{I}-\boldsymbol{A} & \boldsymbol{B}\\ \boldsymbol{C} & \boldsymbol{O}\end{bmatrix}$ 行满秩，即定理 6.2 和定理 6.3 的条件均成立。对于系统(6.8)和性能指标函数(6.12)，增益矩阵 $\boldsymbol{Q}$ 和 $\widetilde{\boldsymbol{R}}$ 取为

$$\boldsymbol{Q}=\begin{bmatrix}\boldsymbol{Q}_{\mathrm{e}} & \boldsymbol{O}\\ \boldsymbol{O} & \boldsymbol{O}\end{bmatrix}, \quad \boldsymbol{Q}_{\mathrm{e}}=\mathrm{diag}\{0.11,0.1,0.04,0.06,0.27\}, \quad \widetilde{\boldsymbol{R}}=2\cdot\boldsymbol{I}_5$$

于是代数 Riccati 方程(6.14)存在对称半正定解阵。从而根据定理 6.2 可得系统(6.8)的闭环系统渐近稳定，即 $\lim\limits_{k\to+\infty}[\boldsymbol{y}_i(k)-\boldsymbol{r}(k)]=\boldsymbol{0}, i=1,2,\cdots,5$。应用 MATLAB 计算得到最优预见控制器(6.23)中的增益矩阵 $\boldsymbol{F}_{\mathrm{e}}$ 和 $\boldsymbol{F}_{\mathrm{x}}$：

$$\boldsymbol{F}_{\mathrm{e}}=\begin{bmatrix}0.19193 & 0.00000 & -0.04209 & 0.00000 & 0.00000\\ 0.00000 & 0.15567 & 0.00000 & -0.04909 & -0.15066\\ 0.07617 & 0.00000 & 0.11827 & 0.00000 & 0.00000\\ 0.00000 & 0.07385 & 0.00000 & 0.14301 & -0.02007\\ 0.00000 & 0.09987 & 0.00000 & -0.02007 & 0.27059\end{bmatrix}$$

$$\boldsymbol{F}_{\mathrm{x}}=\begin{bmatrix}-3.47389 & -2.76358 & 0.00000 & 0.00000 & 0.46476 & 0.21545 & \rightarrow\\ 0.00000 & 0.00000 & -4.47448 & -3.11641 & 0.00000 & 0.00000 & \\ 0.46476 & 0.21545 & 0.00000 & 0.00000 & -2.19579 & -2.17109 & \\ 0.00000 & 0.00000 & 0.52029 & 0.23529 & 0.00000 & 0.00000 & \\ 0.00000 & 0.00000 & 1.39459 & 0.55728 & 0.00000 & 0.00000 & \end{bmatrix}$$

$$\begin{bmatrix} & 0.00000 & 0.00000 & 0.00000 & 0.00000\\ & 0.52029 & 0.23529 & 1.39459 & 0.55728\\ \leftarrow & 0.00000 & 0.00000 & 0.00000 & 0.00000\\ & -2.48322 & -2.31027 & 0.27049 & 0.14330\\ & 0.27049 & 0.14330 & -3.70817 & -2.81801\end{bmatrix}$$

选取如下的初始状态对本例进行仿真：

$$\begin{bmatrix}x_{11}(0)\\x_{12}(0)\end{bmatrix}=\begin{bmatrix}-0.11\\0.43\end{bmatrix}, \quad \begin{bmatrix}x_{21}(0)\\x_{22}(0)\end{bmatrix}=\begin{bmatrix}-0.05\\0.18\end{bmatrix}, \quad \begin{bmatrix}x_{31}(0)\\x_{32}(0)\end{bmatrix}=\begin{bmatrix}-0.21\\0.23\end{bmatrix}$$

$$\begin{bmatrix}x_{41}(0)\\x_{42}(0)\end{bmatrix}=\begin{bmatrix}-0.13\\0.11\end{bmatrix}, \quad \begin{bmatrix}x_{51}(0)\\x_{52}(0)\end{bmatrix}=\begin{bmatrix}0.20\\0.13\end{bmatrix}$$

图 6.2～图 6.4 表示在上述初始条件下，多智能体系统(6.1)在预见步长 M_{R} 分别为 0、10 和 30 时的输出轨迹。可以看出，在控制器(6.23)的作用下，跟随者〔多智能体系统(6.1)〕实现

了对领导者〔参考信号 $\boldsymbol{r}(k)$〕的协调预见跟踪，且跟踪一致性效果随着预见步长的适度增加而得到了相应的改善。特别地，随着预见步长的增加，跟随者的输出会更快地同步于领导者位置发生变化时段($40\leqslant k\leqslant 80$)的输出信号。

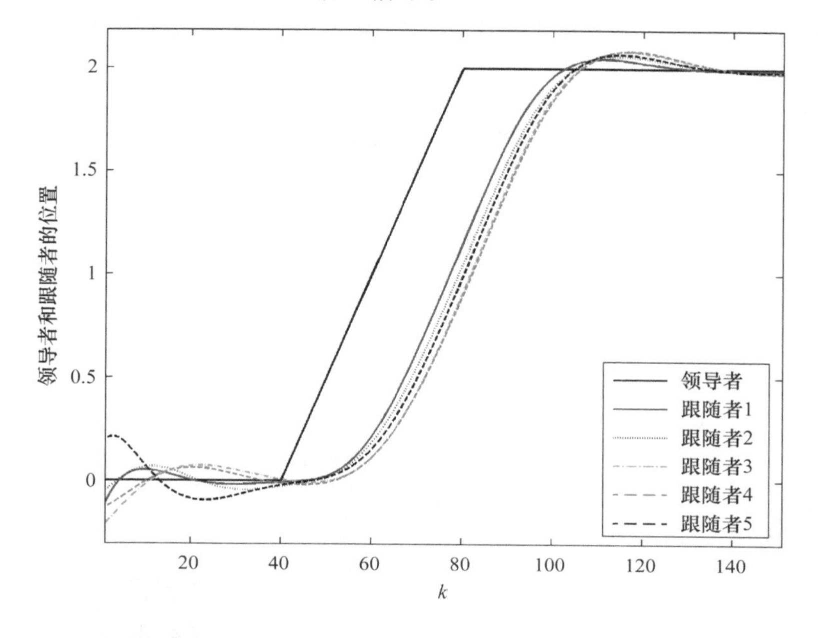

图 6.2　在 $M_{\mathrm{R}}=0$ 时，多智能体系统(6.1)的输出轨迹

图 6.2 彩图

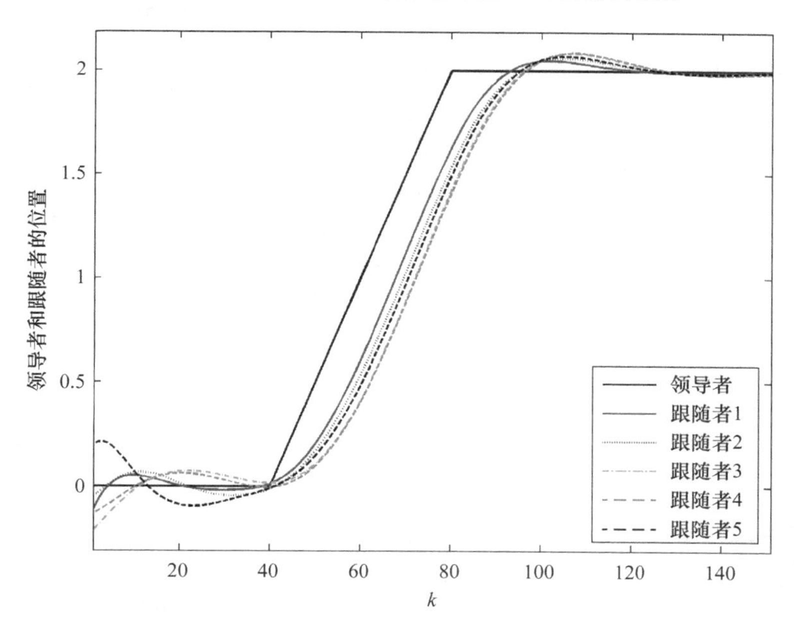

图 6.3　在 $M_{\mathrm{R}}=10$ 时，多智能体系统(6.1)的输出轨迹

图 6.3 彩图

图 6.5～图 6.7 表示多智能体系统(6.1)分别在 $M_{\mathrm{R}}=0$、$M_{\mathrm{R}}=10$ 和 $M_{\mathrm{R}}=30$ 时的局部邻居输出误差(虚拟调节输出)。可以看出，随着时间 k 的增大，三种情形下的局部邻居输出误差都渐近地稳定到 $\mathbf{0}$。于是根据对式(6.6)的分析知，系统(6.24)的闭环系统的输出 $\boldsymbol{y}_j(k)$ 实现了对参考信号 $\boldsymbol{r}(k)$ 的渐近跟踪，这也间接地反映了本章所设计的控制器的有效性。此外，

图 6.5～图 6.7 也反映了多智能体系统在合作完成跟踪任务时的协调性情况。相较于图 6.6 和图 6.7，图 6.5 中的多智能体系统在领导者输出发生变化时段的协调性较差。但随着预见步长的逐渐增加，这一状况（在图 6.6 和图 6.7 中）得到了相应的改善。图 6.5～图 6.7 说明：具有预见补偿作用的控制器可以在一定程度上解决多智能体系统在合作完成任务时协调性较差的问题。

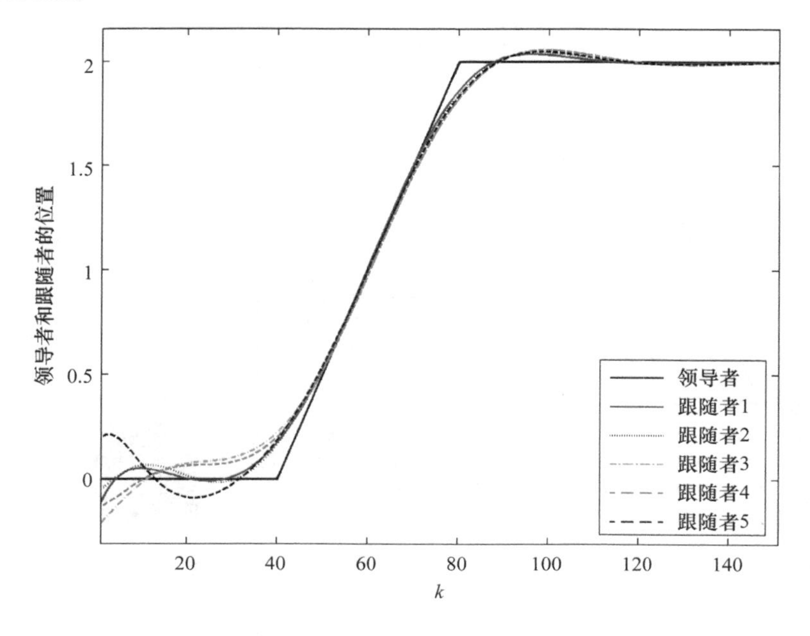

图 6.4　在 $M_R=30$ 时，多智能体系统(6.1)的输出轨迹

图 6.4 彩图

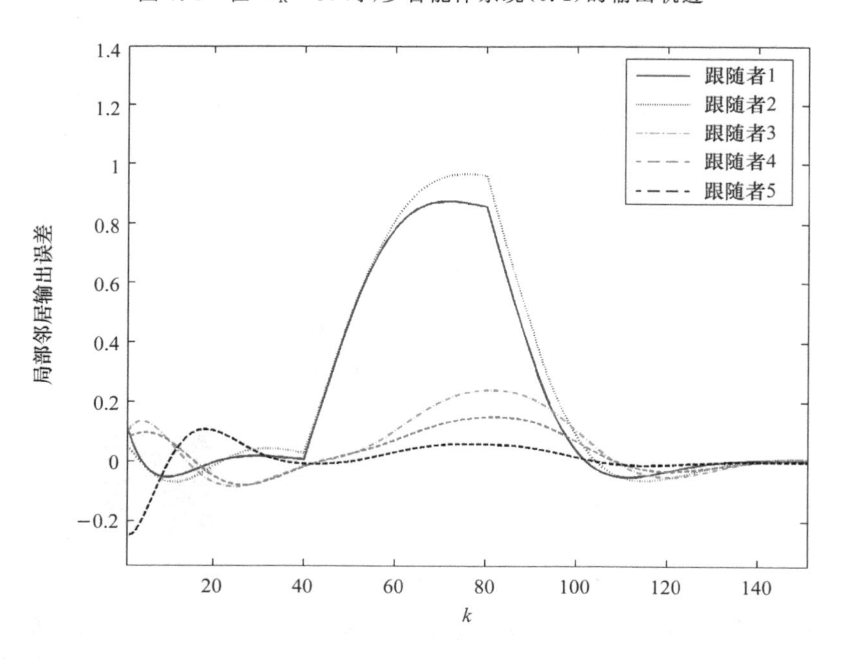

图 6.5　在 $M_R=0$ 时，多智能体系统(6.1)的局部邻居输出误差

图 6.5 彩图

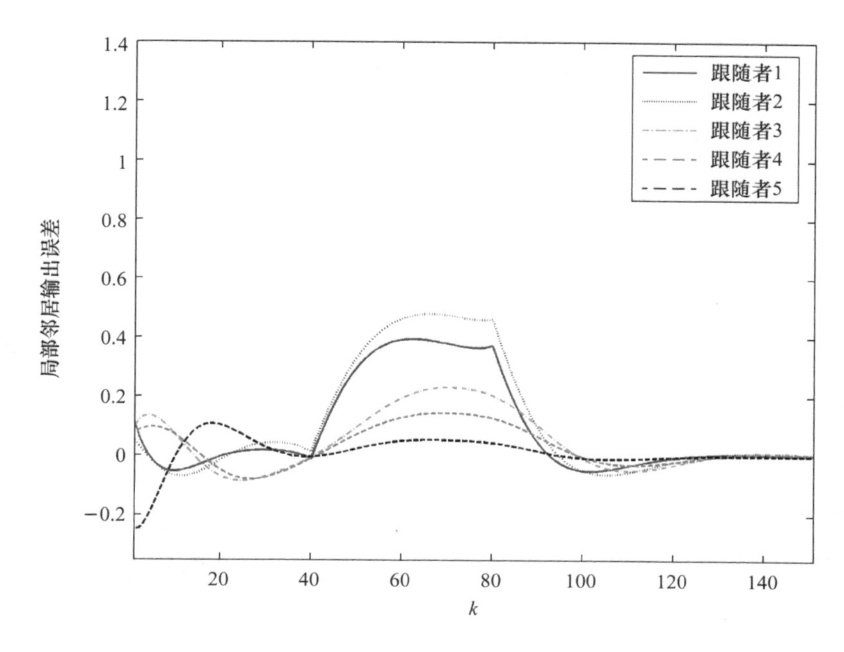

图 6.6　在 $M_R=10$ 时，多智能体系统(6.1)的局部邻居输出误差

图 6.6 彩图

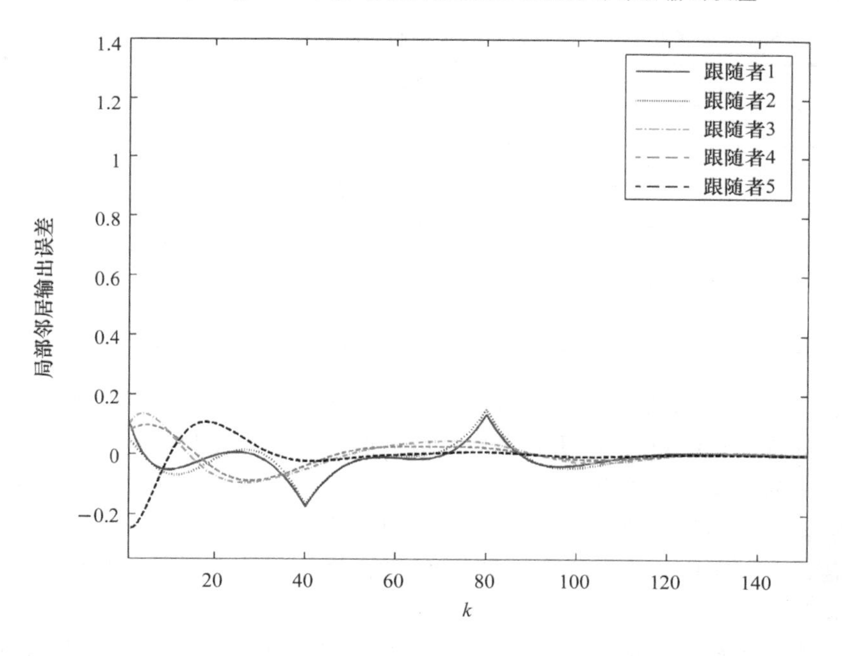

图 6.7　在 $M_R=30$ 时，多智能体系统(6.1)的局部邻居输出误差

图 6.7 彩图

图 6.8 表示在控制器(6.23)的作用下，跟随者 1 在不同预见步长下的输出响应。

为了进一步说明预见前馈补偿对多智能体系统实现协调跟踪的有效性。表 6.1 给出了图 6.8 中跟随者 1 在不同预见步长下的瞬态响应指标。

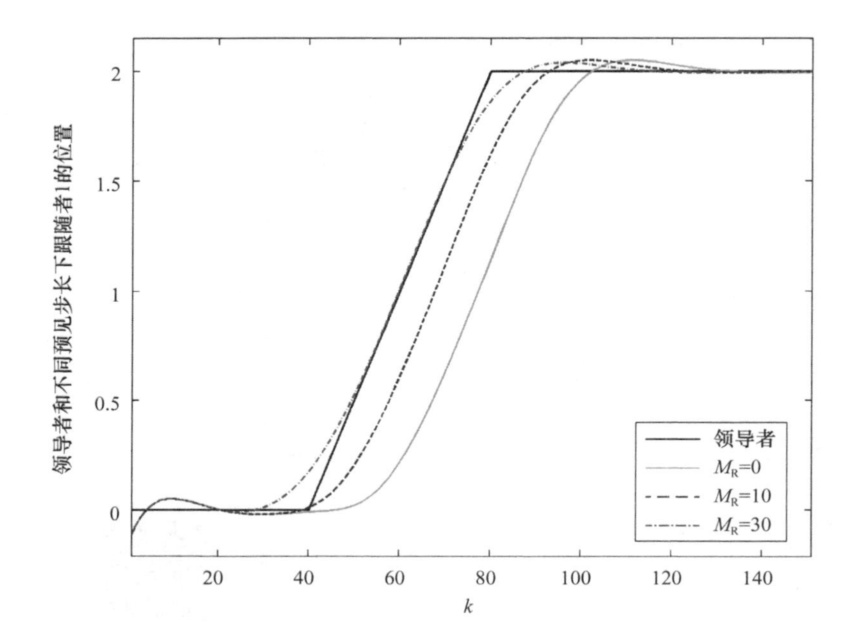

图 6.8　在控制器(6.23)的作用下,跟随者 1 在不同预见步长下的输出响应　　　图 6.8 彩图

表 6.1　跟随者 1 在不同预见步长下的瞬态响应指标

指标	预见步长		
	$M_R=0$	$M_R=10$	$M_R=30$
上升时间/s	102	93	87
峰值时间/s	111	102	96
峰值	2.049 8	2.050 1	2.038 9
最大超调量	0.024 9	0.025 1	0.019 5
调整时间/s	124	114	106

从表 6.1 可以看出,随着预见步长的适度增加,跟随者 1 在跟踪领导者时的输出响应所需要的上升时间与峰值时间都明显缩短,这说明利用预见信息设计的最优控制器有加快系统响应速度的作用。表 6.1 最后一项的数据显示,跟随者 1 输出响应的调整时间随着预见步长的增加而明显减少。结合图 6.8 容易得到,具有预见补偿作用的控制器能够使闭环系统的输出响应更快地趋于稳态值。表 6.1 中的第四和第五项数据表明,最优预见控制器有利于减小系统输出响应的最大超调量。

附注 6.2　上升时间是指系统输出响应曲线从零到第一次上升再到稳态值所需的时间。在 $M_R=0$ 时,$\boldsymbol{y}_1(102)=1.994\,9$;在 $M_R=10$ 时,$\boldsymbol{y}_1(93)=2.001\,9$;在 $M_R=30$ 时,$\boldsymbol{y}_1(87)=1.994\,6$。调整时间定义为输出响应曲线衰减到与稳态值之差不超过某一个特定百分数带所需要的时间,该百分数带一般取 ±0.02 或 ±0.05,本例中取 ±0.02。其中,在 $M_R=0$ 时,$\boldsymbol{y}_1(124)=2.018\,4$;在 $M_R=10$ 时,$\boldsymbol{y}_1(114)=2.019\,7$;在 $M_R=30$ 时,$\boldsymbol{y}_1(106)=2.019\,5$。表 6.1 中的上升时间和峰值时间都是利用 MATLAB 进行仿真后根据四舍五入原则得到的近似值。

附注 6.3　本章在固定信息交换拓扑下研究了离散时间多智能体系统的协调预见跟踪问

题。值得一提的是，离散时间多智能体系统在切换拓扑下的协调预见跟踪也是一个有趣且富有挑战性的研究课题，特别地，智能体间的信息交换拓扑是随机切换的情形。然而，本章提出的控制器设计方法并不能够直接应用于处理该类问题。文献[214]在随机切换拓扑下解决了线性多智能体系统的一致性问题，其处理离散时间一致性问题的方法对解决该问题具有一定的参考意义。

6.4 本章小结

本章研究了离散时间多智能体系统的协调预见跟踪问题，所考虑的信息交换拓扑为固定有向图，智能体的动力学方程为具有任意维数的一般线性系统；应用最优预见控制理论的相关结果，得到了包含误差积分和预见前馈补偿的最优控制器，给出了保证控制器存在的充分条件。不同于单个智能体的情形，多智能体系统的全局最优预见控制器受互联拓扑和系统动力学行为的共同影响。最后，理论和仿真结果均证明：在本章所提出的控制器下，所有的智能体可实现跟踪一致性，且一致性效果会随着预见步长的适度增加而明显改善。

7

离散时间线性多智能体系统的协调预见跟踪控制

本章在有向无环图的假设下，用基于内模的分布式输出调节理论研究离散时间线性多智能体系统的协调预见跟踪问题。通过为线性离散时间多智能体系统引入一类分布式的内模，并借助状态增广技术，证明了协调预见跟踪问题可表述为一个增广系统的分布式最优调节问题，其中外部系统在问题转化过程中起了关键作用。然而，本章建立的分布式输出调节框架不同于文献[102]和文献[103]中的形式，因为通过构建增广系统，虚拟调节输出变为增广系统状态向量的一部分。该特征有助于证明下文中用到的调节方程解的存在唯一性。此外，尽管无环的假设排除了多种图的类型，但它代表着智能体间的一类有效的通信方式。在此假设下，闭环增广系统的系数矩阵将变成下三角矩阵，这对于设计具有预见前馈补偿的分布式动态状态反馈控制律是非常方便的。在给定假设下证明耦合增广系统的可镇定性之后，通过求解代数黎卡提方程便获得控制器的增益矩阵，同时给出实现协调预见跟踪的充分性条件。本章的特点在于：(1)将协调预见跟踪问题表述为一个标准的分布式输出调节问题，本章提出的方法补充了已有的预见控制理论；(2)如果将预见步长取为0，所建立的分布式输出调节框架可用于解决一般的领导者-跟随者一致性问题。

7.1 问题描述

考虑由1个领导者和N个跟随者组成的多智能体系统。对于$i=1,2,\cdots,N$，第i个跟随者的状态方程为

$$\begin{cases}\boldsymbol{x}_i(k+1)=\boldsymbol{A}\boldsymbol{x}_i(k)+\boldsymbol{B}\boldsymbol{u}_i(k), \\ \boldsymbol{y}_i(k)=\boldsymbol{C}\boldsymbol{x}_i(k),\end{cases} \quad \boldsymbol{x}_i(0)=\boldsymbol{x}_{i0} \tag{7.1}$$

其中，$\boldsymbol{x}_i(k)\in\mathbb{R}^n$、$\boldsymbol{u}_i(k)\in\mathbb{R}^r$、$\boldsymbol{y}_i(k)\in\mathbb{R}^m$分别表示第$i$个跟随者的状态、输入和输出，$\boldsymbol{x}_{i0}$表示$\boldsymbol{x}_i(k)$的初值，$\boldsymbol{A}$、$\boldsymbol{B}$、$\boldsymbol{C}$分别为$n\times n$、$n\times r$和$m\times n$的矩阵。

领导者的输出由下面的动态系统产生：

$$\begin{cases}\boldsymbol{v}(k+1)=\boldsymbol{S}\boldsymbol{v}(k) \\ \boldsymbol{r}(k)=\boldsymbol{\Gamma}\boldsymbol{v}(k)\end{cases} \tag{7.2}$$

其中，$\boldsymbol{S}\in\mathbb{R}^{l\times l}$，$\boldsymbol{r}(k)\in\mathbb{R}^m$为系统(7.2)的输出。系统(7.2)通常可看作一个外部系统，用以产生期望的参考信号。

定义跟随者v_i的调节输出为

$$\boldsymbol{\xi}_i(k)=\boldsymbol{y}_i(k)-\boldsymbol{r}(k),\quad i=1,2,\cdots,N \tag{7.3}$$

基于此,离散时间线性多智能体系统的协调预见跟踪问题可表述为问题 7.1。

问题 7.1 给定多智能体系统(7.1),外部系统(7.2)以及有向通信图$\bar{\mathcal{G}}$,利用局部输出信息为每个跟随者 v_i 设计具有预见补偿作用的控制器 $\boldsymbol{u}_i(k)$,$i=1,2,\cdots,N$,使得对任意的初始条件 $\boldsymbol{x}_i(0)=\boldsymbol{x}_{i0}$ 都满足 $\lim\limits_{k\to+\infty}\boldsymbol{\xi}_i(k)=\boldsymbol{0}$。

为解决上述问题,本章提出以下基本假设。

A7.1 $\boldsymbol{S}$ 没有模小于 1 的特征值。

A7.2 对任意的 $z\in\Lambda(\boldsymbol{S})\cup\{1\}$,有

$$\operatorname{rank}\begin{bmatrix} z\boldsymbol{I}-\boldsymbol{A} & \boldsymbol{B} \\ -\boldsymbol{C} & \boldsymbol{O} \end{bmatrix}=n+m \qquad (\text{行满秩}) \tag{7.4}$$

此外,若 $1\notin\Lambda(\boldsymbol{S})$,则进一步令上式在 $z=1$ 时也成立。

附注 7.1 假设 A7.1 和假设 A7.2 是处理输出调节问题的标准假设。但与文献[102]和文献[103]不同的是,在假设 A7.2 中 $z=1$ 时上述秩条件成立。做出上述假设的原因在于,使用本章的方法构建增广系统后,首要的任务是保证该增广系统的可镇定性。实际上,若仅假设当 $z\in\Lambda(\boldsymbol{S})$ 时上述秩条件成立,则由下文定理 7.2 的证明过程可以看出,即便其他假设均满足,增广系统仍是不可镇定的,进而导致问题不可解,为此给出了假设 A7.2。

A7.3 设参考信号 $\boldsymbol{r}(k)$ 是可预见的,且预见步数为 h,即在当前时刻 k,参考信号 $\boldsymbol{r}(k)$ 在 $k,k+1,\cdots,k+h$ 处的值已知。

为设计具有预见补偿作用的分布式控制器,且便于将协调预见跟踪问题转化为用输出调节理论可解的形式,利用一阶前向差分算子 $\Delta\boldsymbol{r}(k)=\boldsymbol{r}(k+1)-\boldsymbol{r}(k)$ 在假设 A7.3 的基础上建立如下的辅助系统:

$$\boldsymbol{X}_{\mathrm{R}}(k+1)=\boldsymbol{A}_{\mathrm{R}}\boldsymbol{X}_{\mathrm{R}}(k)+\boldsymbol{B}_{\mathrm{R}}\Delta\boldsymbol{r}(k+h+1) \tag{7.5}$$

其中:

$$\boldsymbol{X}_{\mathrm{R}}(k)=\begin{bmatrix}\Delta\boldsymbol{r}(k)\\ \Delta\boldsymbol{r}(k+1)\\ \vdots\\ \Delta\boldsymbol{r}(k+h)\end{bmatrix},\quad \boldsymbol{A}_{\mathrm{R}}=\begin{bmatrix}\boldsymbol{O} & \boldsymbol{I} & & & \\ & \boldsymbol{O} & \boldsymbol{I} & & \\ & & & \ddots & \\ & & \ddots & & \boldsymbol{I} \\ & & & & \boldsymbol{O}\end{bmatrix},\quad \boldsymbol{B}_{\mathrm{R}}=\begin{bmatrix}\boldsymbol{O}\\ \vdots\\ \boldsymbol{O}\\ \boldsymbol{I}\end{bmatrix}$$

另外 $\boldsymbol{X}_{\mathrm{R}}(k)\in\mathbb{R}^{(h+1)m}$;$\boldsymbol{A}_{\mathrm{R}}$ 和 $\boldsymbol{B}_{\mathrm{R}}$ 分别为$[(h+1)m]\times[(h+1)m]$和$[(h+1)m]\times m$ 的矩阵。

利用外部系统(7.2),$\Delta\boldsymbol{r}(k+h+1)$可表示为

$$\Delta\boldsymbol{r}(k+h+1)=\boldsymbol{\Gamma}\Delta\boldsymbol{v}(k+h+1)=\boldsymbol{\Gamma}\boldsymbol{S}\Delta\boldsymbol{v}(k+h)=\cdots=\boldsymbol{\Gamma}\boldsymbol{S}^{h+1}\Delta\boldsymbol{v}(k)$$

于是辅助系统(7.5)可进一步写为

$$\boldsymbol{X}_{\mathrm{R}}(k+1)=\boldsymbol{A}_{\mathrm{R}}\boldsymbol{X}_{R}(k)+\boldsymbol{B}_{\mathrm{R}}\boldsymbol{\Gamma}\boldsymbol{S}^{h+1}\Delta\boldsymbol{v}(k) \tag{7.6}$$

接下来,对系统(7.1)和有向图$\bar{\mathcal{G}}$作出如下假设。

A7.4 设$(\boldsymbol{A},\boldsymbol{B})$可镇定。

A7.5 设有向图$\bar{\mathcal{G}}$包含一棵有向生成树,并且以 v_0 为根顶点。另外,设$\mathcal{G}$不包含有向环。

附注 7.2 根据引理 1.4 和假设 A7.5 可得,矩阵 $\boldsymbol{H}$ 的所有特征值都具有正实部,且容易验证得到 $h_{ii}=(l_{ii}+m_i)>0$。

需要指出的是,从对有向图$\bar{\mathcal{G}}$的假设知,并不是所有的跟随者都能直接接收来自领导者的

信息，即跟随者 v_i 并不总能利用外部系统(7.2)的状态或者输出信息。为实现 $\lim\limits_{k\to+\infty}\boldsymbol{\xi}_i(k)=\boldsymbol{0}$，我们为跟随者 v_i 选取如下虚拟调节误差：

$$\boldsymbol{e}_i(k)=\sum_{j\in\mathcal{N}_i}a_{ij}(\boldsymbol{y}_i(k)-\boldsymbol{y}_j(k))+m_i(\boldsymbol{y}_i(k)-\boldsymbol{r}(k)) \tag{7.7}$$

令：

$$\boldsymbol{\xi}(k)=[\boldsymbol{\xi}_1^{\mathrm{T}}(k),\boldsymbol{\xi}_2^{\mathrm{T}}(k),\cdots,\boldsymbol{\xi}_N^{\mathrm{T}}(k)]^{\mathrm{T}},\quad \boldsymbol{e}(k)=[\boldsymbol{e}_1^{\mathrm{T}}(k),\boldsymbol{e}_2^{\mathrm{T}}(k),\cdots,\boldsymbol{e}_N^{\mathrm{T}}(k)]^{\mathrm{T}}$$

$$\boldsymbol{y}(k)=[\boldsymbol{y}_1^{\mathrm{T}}(k),\boldsymbol{y}_2^{\mathrm{T}}(k),\cdots,\boldsymbol{y}_N^{\mathrm{T}}(k)]^{\mathrm{T}},\quad \boldsymbol{R}(k)=\boldsymbol{1}_N\otimes\boldsymbol{r}(k)$$

由于 $\boldsymbol{H1}_N=\boldsymbol{M1}_N$，因此由式(7.7)得到

$$\boldsymbol{e}(k)=(\boldsymbol{H}\otimes\boldsymbol{I}_m)\boldsymbol{y}(k)-(\boldsymbol{M}\otimes\boldsymbol{I}_m)\boldsymbol{R}(k)=(\boldsymbol{H}\otimes\boldsymbol{I}_m)\boldsymbol{\xi}(k) \tag{7.8}$$

根据附注 7.2 知，在假设 A7.5 下 $\boldsymbol{H}$ 是非奇异的，这意味着 $\lim\limits_{k\to+\infty}\boldsymbol{\xi}(k)=\boldsymbol{0}$ 当且仅当 $\lim\limits_{k\to+\infty}\boldsymbol{e}(k)=0$。

7.2 问题转化

在 7.1 节分析的基础上，我们知道如果在假设 A7.1～假设 A7.5 下设计一个合适的控制律使得 $\lim\limits_{k\to+\infty}\boldsymbol{e}(k)=\boldsymbol{0}$，那么该控制律将使得问题 7.1 可解。注意到下面的两个表达式是等价的，即

$$\lim_{k\to+\infty}\boldsymbol{e}_i(k)=\boldsymbol{0}\Leftrightarrow\lim_{k\to+\infty}\boldsymbol{e}(k)=0,\quad i=1,2,\cdots,N$$

因此，问题 7.1 可转化为给每个跟随者设计分布式的控制律，使得 $\lim\limits_{k\to+\infty}\boldsymbol{e}_i(k)=\boldsymbol{0}$。

类似于文献[128]中的方法，首先借助状态增广技术将问题 7.1 转化为一个调节问题。具体地，将一阶前向差分算子 Δ 作用于系统(7.1)和虚拟调节输出(7.7)，得到

$$\begin{cases}\Delta\boldsymbol{x}_i(k+1)=\boldsymbol{A}\Delta\boldsymbol{x}_i(k)+\boldsymbol{B}\Delta\boldsymbol{u}_i(k)\\ \boldsymbol{e}_i(k+1)=\boldsymbol{e}_i(k)+\sum\limits_{j\in\mathcal{N}_i}a_{ij}\boldsymbol{C}(\Delta\boldsymbol{x}_i(k)-\Delta\boldsymbol{x}_j(k))+\boldsymbol{m}_i(\boldsymbol{C}\Delta\boldsymbol{x}_i(k)-\Delta\boldsymbol{r}(k))\end{cases} \tag{7.9}$$

利用辅助系统(7.6)，系统(7.9)可进一步表示为

$$\begin{aligned}\begin{bmatrix}\boldsymbol{e}_i(k+1)\\ \Delta\boldsymbol{x}_i(k+1)\\ \hdashline \boldsymbol{X}_{\mathrm{R}}(k+1)\end{bmatrix}=&\left[\begin{array}{cc:cccc}\boldsymbol{I} & h_{ii}\boldsymbol{C} & -m_i\boldsymbol{I} & \boldsymbol{O} & \cdots & \boldsymbol{O}\\ \boldsymbol{O} & \boldsymbol{A} & \boldsymbol{O} & \boldsymbol{O} & \cdots & \boldsymbol{O}\\ \hdashline \boldsymbol{O} & \boldsymbol{O} & & \boldsymbol{A}_{\mathrm{R}} & & \end{array}\right]\begin{bmatrix}\boldsymbol{e}_i(k)\\ \Delta\boldsymbol{x}_i(k)\\ \hdashline \boldsymbol{X}_{\mathrm{R}}(k)\end{bmatrix}+\begin{bmatrix}\boldsymbol{O}\\ \boldsymbol{B}\\ \boldsymbol{O}\end{bmatrix}\Delta\boldsymbol{u}_i(k)+\\ &\begin{bmatrix}\boldsymbol{O}\\ \boldsymbol{O}\\ \hdashline \boldsymbol{B}_{\mathrm{R}}\boldsymbol{\Gamma}\boldsymbol{S}^{h+1}\end{bmatrix}\Delta\boldsymbol{v}(k)+\sum_{\substack{j\in\mathcal{N}_i\\ j\neq i}}\left[\begin{array}{cc:ccc}\boldsymbol{O} & -h_{ij}\boldsymbol{C} & \boldsymbol{O} & \cdots & \boldsymbol{O}\\ \boldsymbol{O} & \boldsymbol{O} & \boldsymbol{O} & \cdots & \boldsymbol{O}\\ \hdashline \boldsymbol{O} & \boldsymbol{O} & & \boldsymbol{O} & \end{array}\right]\begin{bmatrix}\boldsymbol{e}_j(k)\\ \Delta\boldsymbol{x}_j(k)\\ \hdashline \boldsymbol{X}_{\mathrm{R}}(k)\end{bmatrix}\end{aligned} \tag{7.10}$$

令

$$\bar{\boldsymbol{x}}_i(k)=\begin{bmatrix}\boldsymbol{e}_i(k)\\ \Delta\boldsymbol{x}_i(k)\\ \hdashline \boldsymbol{X}_{\mathrm{R}}(k)\end{bmatrix},\quad \bar{\boldsymbol{A}}_i=\left[\begin{array}{cc:cccc}\boldsymbol{I} & h_{ii}\boldsymbol{C} & -m_i\boldsymbol{I} & \boldsymbol{O} & \cdots & \boldsymbol{O}\\ \boldsymbol{O} & \boldsymbol{A} & \boldsymbol{O} & \boldsymbol{O} & \cdots & \boldsymbol{O}\\ \hdashline \boldsymbol{O} & \boldsymbol{O} & & \boldsymbol{A}_{\mathrm{R}} & & \end{array}\right]$$

$$\bar{\boldsymbol{B}}_i=\begin{bmatrix}\boldsymbol{O}\\ \boldsymbol{B}\\ \hdashline \boldsymbol{O}\end{bmatrix},\quad \bar{\boldsymbol{E}}_i=\begin{bmatrix}\boldsymbol{O}\\ \boldsymbol{O}\\ \hdashline \boldsymbol{B}_{\mathrm{R}}\boldsymbol{\Gamma}\boldsymbol{S}^{h+1}\end{bmatrix},\quad \bar{\boldsymbol{A}}_{ij}=\left[\begin{array}{cc:ccc}\boldsymbol{O} & -h_{ij}\boldsymbol{C} & \boldsymbol{O} & \cdots & \boldsymbol{O}\\ \boldsymbol{O} & \boldsymbol{O} & \boldsymbol{O} & \cdots & \boldsymbol{O}\\ \hdashline \boldsymbol{O} & \boldsymbol{O} & & \boldsymbol{O} & \end{array}\right]$$

则系统(7.10)可写为

$$\begin{cases} \bar{\boldsymbol{x}}_i(k+1) = \bar{\boldsymbol{A}}_i\bar{\boldsymbol{x}}_i(k) + \bar{\boldsymbol{B}}_i\Delta\boldsymbol{u}_i(k) + \bar{\boldsymbol{E}}_i\Delta\boldsymbol{v}(k) + \sum\limits_{\substack{j\in\mathcal{N}_i \\ j\neq i}}\bar{\boldsymbol{A}}_{ij}\bar{\boldsymbol{x}}_j(k) \\ \boldsymbol{e}_i(k) = \bar{\boldsymbol{C}}_i\bar{\boldsymbol{x}}_i(k) = [\boldsymbol{I} \quad \boldsymbol{O} \;\vdots\; \boldsymbol{O}]\bar{\boldsymbol{x}}_i(k) \end{cases} \tag{7.11}$$

系统(7.11)即为所需的增广系统。其中,$\bar{\boldsymbol{x}}_i(k)\in\mathbb{R}^{m+n+(h+1)m}$,$\bar{\boldsymbol{A}}_i$ 和 $\bar{\boldsymbol{A}}_{ij}$ 均为$[m+n+(h+1)m]\times[m+n+(h+1)m]$的矩阵,$\bar{\boldsymbol{B}}_i$、$\bar{\boldsymbol{E}}_i$ 和 $\bar{\boldsymbol{C}}_i$ 分别为$[m+n+(h+1)m]\times r$、$[m+n+(h+1)m]\times l$和$m\times[m+n+(h+1)m]$的矩阵。

需要指出的是,在假设 A7.1 下,外部系统(7.2)中的系数矩阵 $\boldsymbol{S}$ 可能是临界稳定或者是不稳定的。正如文献[91]和文献[96]中所指出的,基于内模的分布式输出调节方法是处理这类协调跟踪问题的有效方式。因此,下面借助一类分布式内模设计所需的控制律。

根据定义 1.1 和虚拟调节输出 $\boldsymbol{e}_i(k)$,本章建立如下的基于内模的分布式动态状态反馈控制律:

$$\begin{cases} \Delta\boldsymbol{u}_i(k)=\boldsymbol{K}_{1i}\bar{\boldsymbol{x}}_i(k)+\boldsymbol{K}_{2i}\boldsymbol{z}_i(k) \\ \boldsymbol{z}_i(k+1)=\boldsymbol{G}_1\boldsymbol{z}_i(k)+\boldsymbol{G}_2\boldsymbol{e}_i(k) \end{cases} \tag{7.12}$$

其中,$\boldsymbol{K}_{1i}$和$\boldsymbol{K}_{2i}$将在定理 7.3 中给出。另外,式(7.12)中的第二个方程称为分布式内模补偿器。

记 $\tilde{\boldsymbol{x}}_i(k)=[\bar{\boldsymbol{x}}_i^{\mathrm{T}}(k) \quad \boldsymbol{z}_i^{\mathrm{T}}(k)]^{\mathrm{T}}$,结合分布式内模与系统(7.11),得到

$$\begin{cases} \tilde{\boldsymbol{x}}_i(k+1)=\tilde{\boldsymbol{A}}_i\tilde{\boldsymbol{x}}_i(k)+\tilde{\boldsymbol{B}}_i\Delta\boldsymbol{u}_i(k)+\sum\limits_{\substack{j\in\mathcal{N}_i \\ j\neq i}}\tilde{\boldsymbol{A}}_{ij}\tilde{\boldsymbol{x}}_j(k)+\tilde{\boldsymbol{E}}_i\Delta\boldsymbol{v}(k) \\ \boldsymbol{e}_i(k)=\tilde{\boldsymbol{C}}_i\tilde{\boldsymbol{x}}_i(k)=[\bar{\boldsymbol{C}}_i \quad \boldsymbol{O}]\tilde{\boldsymbol{x}}_i(k) \end{cases} \tag{7.13}$$

其中:

$$\tilde{\boldsymbol{A}}_i=\begin{bmatrix} \bar{\boldsymbol{A}}_i & \boldsymbol{O} \\ \boldsymbol{G}_2\bar{\boldsymbol{C}}_i & \boldsymbol{G}_1 \end{bmatrix},\quad \tilde{\boldsymbol{A}}_{ij}=\begin{bmatrix} \bar{\boldsymbol{A}}_{ij} & \boldsymbol{O} \\ \boldsymbol{O} & \boldsymbol{O} \end{bmatrix},\quad \tilde{\boldsymbol{B}}_i=\begin{bmatrix} \bar{\boldsymbol{B}}_i \\ \boldsymbol{O} \end{bmatrix},\quad \tilde{\boldsymbol{E}}_i=\begin{bmatrix} \bar{\boldsymbol{E}}_i \\ \boldsymbol{O} \end{bmatrix}$$

系统(7.13)即为所需的增广系统。

将动态反馈控制律(7.12)代入系统(7.13),得到的闭环系统为

$$\begin{cases} \tilde{\boldsymbol{x}}_i(k+1) = \tilde{\boldsymbol{A}}_{ci}\tilde{\boldsymbol{x}}_i(k) + \sum\limits_{\substack{j\in\mathcal{N}_i \\ j\neq i}}\tilde{\boldsymbol{A}}_{ij}\tilde{\boldsymbol{x}}_j(k) + \tilde{\boldsymbol{E}}_i\Delta\boldsymbol{v}(k) \\ \boldsymbol{e}_i(k) = \tilde{\boldsymbol{C}}_i\tilde{\boldsymbol{x}}_i(k) = [\bar{\boldsymbol{C}}_i \quad \boldsymbol{O}]\tilde{\boldsymbol{x}}_i(k) \end{cases} \tag{7.14}$$

其中,$\tilde{\boldsymbol{A}}_{ci}=\begin{bmatrix} \bar{\boldsymbol{A}}_i+\bar{\boldsymbol{B}}_i\boldsymbol{K}_{1i} & \bar{\boldsymbol{B}}_i\boldsymbol{K}_{2i} \\ \boldsymbol{G}_2\bar{\boldsymbol{C}}_i & \boldsymbol{G}_1 \end{bmatrix}$。

进一步令

$$\tilde{\boldsymbol{x}}(k)=[\tilde{\boldsymbol{x}}_{\mathrm{T}1}(k),\tilde{\boldsymbol{x}}_2^{\mathrm{T}}(k),\cdots,\tilde{\boldsymbol{x}}_N^{\mathrm{T}}(k)]^{\mathrm{T}}$$

则可得到系统(7.14)的紧凑形式:

$$\begin{cases} \tilde{\boldsymbol{x}}(k+1)=\boldsymbol{A}_{\mathrm{c}}\tilde{\boldsymbol{x}}(k)+\boldsymbol{E}_{\mathrm{c}}\Delta\boldsymbol{v}(k) \\ \Delta\boldsymbol{v}(k+1)=\boldsymbol{S}\Delta\boldsymbol{v}(k) \\ \boldsymbol{e}(k)=\boldsymbol{C}_{\mathrm{c}}\tilde{\boldsymbol{x}}(k) \end{cases} \tag{7.15}$$

其中：

$$\boldsymbol{A}_c=\begin{bmatrix}\widetilde{\boldsymbol{A}}_{c1} & \widetilde{\boldsymbol{A}}_{12} & \cdots & \widetilde{\boldsymbol{A}}_{1N}\\ \widetilde{\boldsymbol{A}}_{21} & \widetilde{\boldsymbol{A}}_{c2} & \cdots & \widetilde{\boldsymbol{A}}_{2N}\\ \vdots & \vdots & & \vdots\\ \widetilde{\boldsymbol{A}}_{N1} & \widetilde{\boldsymbol{A}}_{N2} & \cdots & \widetilde{\boldsymbol{A}}_{cN}\end{bmatrix},\quad \boldsymbol{E}_c=\begin{bmatrix}\widetilde{\boldsymbol{E}}_1\\ \widetilde{\boldsymbol{E}}_2\\ \vdots\\ \widetilde{\boldsymbol{E}}_N\end{bmatrix},\quad \boldsymbol{C}_c=\begin{bmatrix}\widetilde{\boldsymbol{C}}_1 & & & \\ & \widetilde{\boldsymbol{C}}_2 & & \\ & & \ddots & \\ & & & \widetilde{\boldsymbol{C}}_N\end{bmatrix}$$

通过建立增广系统并引入基于内模的动态状态反馈，问题 7.1 可表述为问题 7.2 所述的分布式输出调节问题。

问题 7.2　设计形式为式(7.12)的分布式控制器，使得闭环系统(7.15)具有下面的 2 条性质：

(1) 与闭环系统(7.15)相应的齐次系统 $\tilde{\boldsymbol{x}}(k+1)=\boldsymbol{A}_c\tilde{\boldsymbol{x}}(k)$ 指数稳定；

(2) 对任意的初始条件 $[\boldsymbol{x}_i(0)$ 和 $\boldsymbol{v}(0)]$，有 $\lim\limits_{k\to+\infty}\boldsymbol{e}_i(k)=\boldsymbol{0}, i=1,2,\cdots,N$。

最终，为多智能体系统(7.1)和外部系统(7.2)设计分布式控制器的协调预见跟踪问题便转化为系统(7.15)的分布式输出调节问题。如果所设计的分布式控制器 $\Delta\boldsymbol{u}_i(k)$ 同时具有问题 7.2 的两条性质，那么根据式(7.8)中 $\boldsymbol{e}(k)$ 和 $\boldsymbol{\xi}(k)$ 之间的线性关系，$\Delta\boldsymbol{u}_i(k)$ 同样使得问题 7.1 可解。进一步地，利用一阶前向差分算子对 $\Delta\boldsymbol{u}_i(k)$ 进行迭代计算，便可得到使问题 7.1 可解的分布式预见控制器 $\boldsymbol{u}_i(k)$。

7.3　分布式控制器的设计

本节提出使问题 7.2 可解的充分性条件。另外，在证明增广系统(7.13)可镇定的基础上，通过离散代数黎卡提方程确定增益矩阵 $\boldsymbol{K}_{1i}$ 和 $\boldsymbol{K}_{2i}$，进而推导出使问题 7.1 可解的充分条件与分布式控制律 $\boldsymbol{u}_i(k)$。

在给出主要结果之前，首先介绍引理 7.1。

引理 7.1　假设$(\boldsymbol{A},\boldsymbol{B})$是可镇定的，且 $\boldsymbol{R}$ 和 $\boldsymbol{Q}$ 为对称正定矩阵，那么代数 Riccati 方程：

$$\boldsymbol{P}=\boldsymbol{A}^{\mathrm{T}}[\boldsymbol{P}-\boldsymbol{P}\boldsymbol{B}(\boldsymbol{R}+\boldsymbol{B}^{\mathrm{T}}\boldsymbol{P}\boldsymbol{B})^{-1}\boldsymbol{B}^{\mathrm{T}}\boldsymbol{P}]\boldsymbol{A}+\boldsymbol{Q}\tag{7.16}$$

存在唯一的对称半正定解阵 $\boldsymbol{P}$，并且系统 $\boldsymbol{x}(k+1)=(\boldsymbol{A}+\boldsymbol{B}\boldsymbol{K})\boldsymbol{x}(k)$ 渐近稳定，其中 $\boldsymbol{K}=-(\boldsymbol{R}+\boldsymbol{B}^{\mathrm{T}}\boldsymbol{P}\boldsymbol{B})^{-1}\boldsymbol{B}^{\mathrm{T}}\boldsymbol{P}\boldsymbol{A}$。

附注 7.3　将 $\boldsymbol{u}(k)=\boldsymbol{K}\boldsymbol{x}(k)$ 代入 $\boldsymbol{x}(k+1)=\boldsymbol{A}\boldsymbol{x}(k)+\boldsymbol{B}\boldsymbol{u}(k)$，便可得引理中的闭环系统 $\boldsymbol{x}(k+1)=(\boldsymbol{A}+\boldsymbol{B}\boldsymbol{K})\boldsymbol{x}(k)$。另外，对于上述引理，读者可参考文献[215]中的定理 5.23。除此之外，为便于设计分布式控制律，$\boldsymbol{R}$ 和 $\boldsymbol{Q}$ 通常可取为相应维数的对角正定矩阵。

引理 7.2[94]　在假设 A7.2 下，若$(\boldsymbol{G}_1,\boldsymbol{G}_2)$包含 $\boldsymbol{S}$ 的最小 m 重内模，且 $\begin{bmatrix}\hat{\boldsymbol{A}} & \hat{\boldsymbol{B}}\\ \boldsymbol{G}_2\hat{\boldsymbol{C}} & \boldsymbol{G}_1\end{bmatrix}$ 是指数稳定的，则对任意具有适当维数的矩阵 $\hat{\boldsymbol{E}}$ 和 $\hat{\boldsymbol{F}}$，矩阵方程：

$$\begin{cases}\boldsymbol{X}\boldsymbol{S}=\hat{\boldsymbol{A}}\boldsymbol{X}+\hat{\boldsymbol{B}}\boldsymbol{Z}+\hat{\boldsymbol{E}}\\ \boldsymbol{Z}\boldsymbol{S}=\boldsymbol{G}_1\boldsymbol{Z}+\boldsymbol{G}_2(\hat{\boldsymbol{C}}\boldsymbol{X}+\hat{\boldsymbol{F}})\end{cases}\tag{7.17}$$

有一对唯一解$(\boldsymbol{X},\boldsymbol{Z})$，而且$\boldsymbol{X}$满足$\hat{\boldsymbol{C}}\boldsymbol{X}+\hat{\boldsymbol{F}}=\boldsymbol{O}$。其中$\hat{\boldsymbol{A}}$、$\hat{\boldsymbol{B}}$和$\hat{\boldsymbol{C}}$为具有适当维数的任意矩阵。

下面提出本章的第一个结论，它给出了保证问题7.2可解的充分条件。

定理7.1 若假设A7.1、假设A7.3和假设A7.5成立，且$(\boldsymbol{G}_1,\boldsymbol{G}_2)$包含外部系统(7.2)的最小$m$重内模。如果对任意的$i=1,2,\cdots,N$，$\widetilde{\boldsymbol{A}}_{ci}$均稳定，那么问题7.2可由分布式控制器(7.12)解决。

证明 根据问题7.2，该定理的证明将分两部分完成。首先证明$\widetilde{\boldsymbol{A}}_{ci}(i=1,2,\cdots,N)$的稳定性蕴含着系统(7.16)的稳定性。

根据文献[203]知，在假设A7.5下有向图$\mathcal{G}$通过重新标记顶点可表述为另一种有序形式。为便于稳定性分析，本章对有向图$\mathcal{G}$中的顶点重命名使得当$(\boldsymbol{v}_j,\boldsymbol{v}_i)\in\mathcal{E}$时$i>j$。于是，与有向图$\bar{\mathcal{G}}$对应的矩阵$\boldsymbol{H}$变为下三角矩阵。同时，闭环系统(7.16)中的系数矩阵$\boldsymbol{A}_c$也相应地变为下三角矩阵，即

$$\boldsymbol{A}_c=\begin{bmatrix}\widetilde{\boldsymbol{A}}_{c1} & & & \\ \widetilde{\boldsymbol{A}}_{21} & \widetilde{\boldsymbol{A}}_{c2} & & \\ \vdots & \vdots & \ddots & \\ \widetilde{\boldsymbol{A}}_{N1} & \widetilde{\boldsymbol{A}}_{N2} & \cdots & \widetilde{\boldsymbol{A}}_{cN}\end{bmatrix}$$

显然，如果$\widetilde{\boldsymbol{A}}_{ci}$稳定，那么问题7.2中的齐次系统稳定。正如文献[198]中所指出的，$\widetilde{\boldsymbol{A}}_{ci}$的稳定性蕴含着$\widetilde{\boldsymbol{x}}_i(k+1)=\widetilde{\boldsymbol{A}}_{ci}\widetilde{\boldsymbol{x}}_i(k)(i=1,2,\cdots,N)$的指数稳定性，因此问题7.2中的齐次系统也是指数稳定的。

接下来，证明全局虚拟调节输出$\boldsymbol{e}_i(k)$渐近地收敛于原点。在进一步证明之前，需要验证耦合矩阵方程：

$$\begin{cases}\boldsymbol{X}_i\boldsymbol{S}=(\bar{\boldsymbol{A}}_i+\bar{\boldsymbol{B}}_i\boldsymbol{K}_{1i})\boldsymbol{X}_i+\bar{\boldsymbol{B}}_i\boldsymbol{K}_{2i}\boldsymbol{Z}_i+\hat{\boldsymbol{E}}_i\\ \boldsymbol{Z}_i\boldsymbol{S}=\boldsymbol{G}_1\boldsymbol{Z}_i+\boldsymbol{G}_2(\bar{\boldsymbol{C}}_i\boldsymbol{X}_i)\end{cases}\tag{7.18}$$

存在一组唯一解$(\boldsymbol{X}_1,\boldsymbol{Z}_1,\boldsymbol{X}_2,\boldsymbol{Z}_2,\cdots,\boldsymbol{X}_N,\boldsymbol{Z}_N)$，同时$\boldsymbol{X}_i$满足$\bar{\boldsymbol{C}}_i\boldsymbol{X}_i=\boldsymbol{O}$，$i=1,2,\cdots,N$，其中$\hat{\boldsymbol{E}}_i=\bar{\boldsymbol{E}}_i+\sum_{j\in\mathcal{N}_i}\bar{\boldsymbol{A}}_{ij}\boldsymbol{X}_j$。

前面证明稳定性时已经提到，对有向图$\bar{\mathcal{G}}$中的顶点进行重新标记后，第i个顶点与记号小于i的顶点之间不存在有向弧，因此$\hat{\boldsymbol{E}}_i$可进一步写为$\hat{\boldsymbol{E}}_i=\bar{\boldsymbol{E}}_i+\sum_{j=1}^{i-1}\bar{\boldsymbol{A}}_{ij}\boldsymbol{X}_j$。

下面使用归纳法给出上面需要的结果。当$i=1$时，$\hat{\boldsymbol{E}}_1=\bar{\boldsymbol{E}}_1$是确定的。记$\hat{\boldsymbol{A}}=\bar{\boldsymbol{A}}_1+\bar{\boldsymbol{B}}_1\boldsymbol{K}_{11}$，$\hat{\boldsymbol{B}}=\bar{\boldsymbol{B}}_1\boldsymbol{K}_{21}$，$\hat{\boldsymbol{C}}=\bar{\boldsymbol{C}}_1$，$\hat{\boldsymbol{E}}=\hat{\boldsymbol{E}}_1$和$\hat{\boldsymbol{F}}=\boldsymbol{O}$。注意到$\widetilde{\boldsymbol{A}}_{ci}$是稳定的且$(\boldsymbol{G}_1,\boldsymbol{G}_2)$包含$\boldsymbol{S}$的一个最小$m$重内模，因此，根据引理7.2知方程(7.18)存在唯一解$(\boldsymbol{X}_1,\boldsymbol{Z}_1)$且$\bar{\boldsymbol{C}}_1\boldsymbol{X}_1=\boldsymbol{O}$。假设当$i=2,3,\cdots,p$时，$(\boldsymbol{X}_i,\boldsymbol{Z}_i)$是方程(7.18)的唯一解且$\bar{\boldsymbol{C}}_i\boldsymbol{X}_i=\boldsymbol{O}$，下面证明当$i=p+1$时，方程(7.18)

也存在唯一解$(\boldsymbol{X}_{p+1},\boldsymbol{Z}_{p+1})$且$\bar{\boldsymbol{C}}_{p+1}\boldsymbol{X}_{p+1}=\boldsymbol{O}$。实际上，若$(\boldsymbol{X}_i,\boldsymbol{Z}_i)$，$i=2,3,\cdots,p$存在且唯一，则$\hat{\boldsymbol{E}}_{p+1}=\bar{\boldsymbol{E}}_{p+1}+\sum_{j=1}^{p}\bar{\boldsymbol{A}}_{ij}\boldsymbol{X}_j$是确定的，进而再次由引理7.2知$(\boldsymbol{X}_{p+1},\boldsymbol{Z}_{p+1})$是方程(7.18)的唯一解且$\bar{\boldsymbol{C}}_{p+1}\boldsymbol{X}_{p+1}=\boldsymbol{O}$。于是，通过归纳即可获得唯一解$(\boldsymbol{X}_1,\boldsymbol{Z}_1,\boldsymbol{X}_2,\boldsymbol{Z}_2,\cdots,\boldsymbol{X}_N,\boldsymbol{Z}_N)$，同时得到$\bar{\boldsymbol{C}}_1\boldsymbol{X}_1=\bar{\boldsymbol{C}}_2\boldsymbol{X}_2=\cdots=\bar{\boldsymbol{C}}_N\boldsymbol{X}_N=\boldsymbol{O}$。

现在，回到$\lim\limits_{k\to+\infty}\boldsymbol{e}_i(k)=\boldsymbol{0}$的证明。记$\boldsymbol{\Gamma}_i=\begin{bmatrix}\boldsymbol{X}_i\\\boldsymbol{Z}_i\end{bmatrix}$且$\hat{\boldsymbol{x}}_i(k)=\tilde{\boldsymbol{x}}_i(k)-\boldsymbol{\Gamma}_i\Delta\boldsymbol{v}(k)$，那么由系统(7.14)和方程(7.18)得到

$$
\begin{aligned}
\hat{\boldsymbol{x}}_i(k+1) &= \tilde{\boldsymbol{x}}_i(k+1)-\boldsymbol{\Gamma}_i\Delta\boldsymbol{v}(k+1)\\
&=\tilde{\boldsymbol{A}}_{ci}\tilde{\boldsymbol{x}}_i(k)+\sum_{j=1}^{i-1}\tilde{\boldsymbol{A}}_{ij}\tilde{\boldsymbol{x}}_j(k)+\tilde{\boldsymbol{E}}_i\Delta\boldsymbol{v}(k)-\boldsymbol{\Gamma}_i\boldsymbol{S}\Delta\boldsymbol{v}(k)\\
&=\tilde{\boldsymbol{A}}_{ci}\hat{\boldsymbol{x}}_i(k)+\sum_{j=1}^{i-1}\tilde{\boldsymbol{A}}_{ij}\tilde{\boldsymbol{x}}_j(k)+\\
&\quad\left[\tilde{\boldsymbol{A}}_{ci}\boldsymbol{\Gamma}_i\Delta\boldsymbol{v}(k)+\sum_{j=1}^{i-1}\tilde{\boldsymbol{A}}_{ij}\boldsymbol{\Gamma}_i\Delta\boldsymbol{v}(k)+\tilde{\boldsymbol{E}}_i\Delta\boldsymbol{v}(k)-\boldsymbol{\Gamma}_i\boldsymbol{S}\Delta\boldsymbol{v}(k)\right]\\
&=\tilde{\boldsymbol{A}}_{ci}\hat{\boldsymbol{x}}_i(k)+\sum_{j=1}^{i-1}\tilde{\boldsymbol{A}}_{ij}\tilde{\boldsymbol{x}}_j(k)
\end{aligned}
$$

由定理7.1第一部分的证明过程知，若$\tilde{\boldsymbol{A}}_{ci}$稳定且假设A7.5成立，那么上述系统也是渐近稳定的，即$\lim\limits_{k\to+\infty}\hat{\boldsymbol{x}}_i(k)=\boldsymbol{0}$，$i=1,2,\cdots,N$。

由于

$$
\boldsymbol{e}_i(k)=\tilde{\boldsymbol{C}}_i\tilde{\boldsymbol{x}}_i(k)=\tilde{\boldsymbol{C}}_i\hat{\boldsymbol{x}}_i(k)+\tilde{\boldsymbol{C}}_i\boldsymbol{\Gamma}_i\Delta\boldsymbol{v}(k)=\tilde{\boldsymbol{C}}_i\hat{\boldsymbol{x}}_i(k)+\bar{\boldsymbol{C}}_i\boldsymbol{X}_i\Delta\boldsymbol{v}(k)=\tilde{\boldsymbol{C}}_i\hat{\boldsymbol{x}}_i(k)
$$

因此$\lim\limits_{k\to+\infty}\boldsymbol{e}_i(k)=\boldsymbol{0}$，$i=1,2,\cdots,N$。这便完成了定理7.1的证明。 **证毕**

从定理7.1的证明可以看出，$\tilde{\boldsymbol{A}}_{ci}(i=1,2,\cdots,N)$稳定对实现分布式输出调节是非常重要的。它不仅使得问题7.2中的齐次系统指数稳定，而且通过保证矩阵方程(7.18)存在唯一解使得$\lim\limits_{k\to+\infty}\boldsymbol{e}_i(k)=\boldsymbol{0}$。然而，一个直接的问题是：本章提出的假设能否满足$\tilde{\boldsymbol{A}}_{ci}$稳定的条件。

根据增广系统(7.13)和它的闭环系统(7.14)，可以得到$\tilde{\boldsymbol{A}}_{ci}=\tilde{\boldsymbol{A}}_i+\tilde{\boldsymbol{B}}_i\boldsymbol{K}_i$。由文献[215]中的定理2.26知，存在状态反馈增益矩阵$\boldsymbol{K}_i$使得$\tilde{\boldsymbol{A}}_{ci}$稳定的充要条件是$(\tilde{\boldsymbol{A}}_i,\tilde{\boldsymbol{B}}_i)$可镇定。基于此，若能验证在本章提出的假设A7.1～假设A7.5下，$(\tilde{\boldsymbol{A}}_i,\tilde{\boldsymbol{B}}_i)$是可镇定的，那么上述问题将得到一个肯定的回答。为此，本章给出定理7.2。

定理7.2 在假设A7.1～假设A7.5下，如果$(\boldsymbol{G}_1,\boldsymbol{G}_2)$包含外部系统(7.2)的最小$m$重内模，那么$(\tilde{\boldsymbol{A}}_i,\tilde{\boldsymbol{B}}_i)$可镇定。

证明 根据PBH秩判据[198]，$(\tilde{\boldsymbol{A}}_i,\tilde{\boldsymbol{B}}_i)$可镇定的充要条件是对任意的$|z|\geqslant1$，有

$$
\operatorname{rank}\begin{bmatrix}z\boldsymbol{I}-\tilde{\boldsymbol{A}}_i & \tilde{\boldsymbol{B}}_i\end{bmatrix}=m+n+m(h+1)+md\quad(\text{行满秩})
$$

根据$\tilde{\boldsymbol{A}}_i$和$\tilde{\boldsymbol{B}}_i$的具体结构得到

$$
\begin{bmatrix} z\boldsymbol{I}-\tilde{\boldsymbol{A}}_i & \tilde{\boldsymbol{B}}_i \end{bmatrix}=\left[\begin{array}{cc:cccccc:c:c}
(z-1)\boldsymbol{I} & -h_{ii}\boldsymbol{C} & m_i\boldsymbol{I} & \boldsymbol{O} & \cdots & & \boldsymbol{O} & & \boldsymbol{O} & \boldsymbol{O} \\
\boldsymbol{O} & z\boldsymbol{I}-\boldsymbol{A} & \boldsymbol{O} & \boldsymbol{O} & \cdots & & \boldsymbol{O} & & \boldsymbol{O} & \boldsymbol{B} \\
\hdashline
\boldsymbol{O} & \boldsymbol{O} & z\boldsymbol{I} & -\boldsymbol{I} & & & & & \boldsymbol{O} & \boldsymbol{O} \\
\boldsymbol{O} & \boldsymbol{O} & & z\boldsymbol{I} & -\boldsymbol{I} & & & & \boldsymbol{O} & \boldsymbol{O} \\
& & & & & \ddots & & & & \\
\vdots & \vdots & & & & \ddots & -\boldsymbol{I} & & \vdots & \vdots \\
\boldsymbol{O} & \boldsymbol{O} & & & & & z\boldsymbol{I} & & \boldsymbol{O} & \boldsymbol{O} \\
\hdashline
\boldsymbol{G}_2 & \boldsymbol{O} & \boldsymbol{O} & \boldsymbol{O} & \cdots & & \boldsymbol{O} & & z\boldsymbol{I}-\boldsymbol{G}_1 & \boldsymbol{O}
\end{array}\right]
$$

由于$|z|\geqslant 1$,因此在上述矩阵中以 $z\boldsymbol{I}$ 为主对角元的上三角矩阵块可逆,因此

$$
\operatorname{rank}\begin{bmatrix} z\boldsymbol{I}-\tilde{\boldsymbol{A}}_i & \tilde{\boldsymbol{B}}_i \end{bmatrix}=m(h+1)+\operatorname{rank}(\boldsymbol{V}(z))
$$

其中:

$$
\boldsymbol{V}(z)=\begin{bmatrix} (z-1)\boldsymbol{I} & -h_{ii}\boldsymbol{C} & \boldsymbol{O} & \boldsymbol{O} \\ \boldsymbol{O} & z\boldsymbol{I}-\boldsymbol{A} & \boldsymbol{O} & \boldsymbol{B} \\ \boldsymbol{G}_2 & \boldsymbol{O} & z\boldsymbol{I}-\boldsymbol{G}_1 & \boldsymbol{O} \end{bmatrix}
$$

根据上述过程知,对任意的$|z|\geqslant 1$,$\begin{bmatrix} z\boldsymbol{I}-\tilde{\boldsymbol{A}}_i & \tilde{\boldsymbol{B}}_i \end{bmatrix}$行满秩的充要条件是$\boldsymbol{V}(z)$行满秩。因此,接下来只需证明在假设 A7.1~假设 A7.5 下,对任意的$|z|\geqslant 1$,当$(\boldsymbol{G}_1,\boldsymbol{G}_2)$包含外部系统(7.2)的最小 m 重内模时,$\boldsymbol{V}(z)$是行满秩的。

首先证明在 $z=1$ 时 $\boldsymbol{V}(z)$行满秩。此时:

$$
\begin{aligned}
\operatorname{rank}(\boldsymbol{V}(z)|_{z=1})&=\operatorname{rank}\begin{bmatrix} \boldsymbol{O} & -h_{ii}\boldsymbol{C} & \boldsymbol{O} & \boldsymbol{O} \\ \boldsymbol{O} & \boldsymbol{I}-\boldsymbol{A} & \boldsymbol{O} & \boldsymbol{B} \\ \boldsymbol{G}_2 & \boldsymbol{O} & \boldsymbol{I}-\boldsymbol{G}_1 & \boldsymbol{O} \end{bmatrix} \\
&=\operatorname{rank}\begin{bmatrix} -h_{ii}\boldsymbol{C} & \boldsymbol{O} \\ \boldsymbol{I}-\boldsymbol{A} & \boldsymbol{B} \end{bmatrix}+\operatorname{rank}\begin{bmatrix} \boldsymbol{G}_2 & \boldsymbol{I}-\boldsymbol{G}_1 \end{bmatrix}
\end{aligned}
$$

因为

$$
\begin{bmatrix} -h_{ii}\boldsymbol{C} & \boldsymbol{O} \\ \boldsymbol{I}-\boldsymbol{A} & \boldsymbol{B} \end{bmatrix}=\begin{bmatrix} \boldsymbol{O} & h_{ii}\boldsymbol{I} \\ \boldsymbol{I} & \boldsymbol{O} \end{bmatrix}\begin{bmatrix} \boldsymbol{I}-\boldsymbol{A} & \boldsymbol{B} \\ -\boldsymbol{C} & \boldsymbol{O} \end{bmatrix}
$$

而由 $\boldsymbol{H}$ 的定义知 $h_{ii}>0$(假设 A7.5),于是矩阵$\begin{bmatrix} \boldsymbol{O} & h_{ii}\boldsymbol{I} \\ \boldsymbol{I} & \boldsymbol{O} \end{bmatrix}$非奇异。由于初等变换不改变矩阵的秩,因此由假设 A7.2 得到

$$
\operatorname{rank}\begin{bmatrix} -h_{ii}\boldsymbol{C} & \boldsymbol{O} \\ \boldsymbol{I}-\boldsymbol{A} & \boldsymbol{B} \end{bmatrix}=\operatorname{rank}\begin{bmatrix} \boldsymbol{I}-\boldsymbol{A} & \boldsymbol{B} \\ -\boldsymbol{C} & \boldsymbol{O} \end{bmatrix}=m+n \quad (\text{行满秩})
$$

另一方面,$(\boldsymbol{G}_1,\boldsymbol{G}_2)$的完全能控性蕴含着$\begin{bmatrix} \boldsymbol{G}_2 & \boldsymbol{I}-\boldsymbol{G}_1 \end{bmatrix}$行满秩。于是基于上述分析得到$\operatorname{rank}(\boldsymbol{V}(z)|_{z=1})=n+m+md$。

其次证明对任意的 $z\in\Lambda(\boldsymbol{G}_1)$且 $z\neq 1$,矩阵 $\boldsymbol{V}(z)$行满秩。注意到 $z\neq 1$,于是$(z-1)\boldsymbol{I}$ 是非奇异的。利用$(z-1)\boldsymbol{I}$ 的非奇异性对 $\boldsymbol{V}(z)$作如下初等变换:① 第 1 列乘$\frac{h_{ii}}{z-1}\boldsymbol{C}$并加到第 2 列;② 第 1 行乘$-\frac{1}{z-1}\boldsymbol{G}_2$ 并加到第 3 行。变换后得到的矩阵为

$$\widetilde{\boldsymbol{V}}(z)=\begin{bmatrix}(z-1)\boldsymbol{I} & \boldsymbol{O} & \boldsymbol{O} & \boldsymbol{O}\\ \boldsymbol{O} & z\boldsymbol{I}-\boldsymbol{A} & \boldsymbol{O} & \boldsymbol{B}\\ \boldsymbol{O} & \frac{h_{ii}}{z-1}\boldsymbol{G}_2\boldsymbol{C} & z\boldsymbol{I}-\boldsymbol{G}_1 & \boldsymbol{O}\end{bmatrix}$$

由于上述矩阵与 $\boldsymbol{V}(z)$ 具有相同的行秩，因此对任意的 $z\in\Lambda(\boldsymbol{G}_1)$ 且 $z\neq1$，得到

$$\operatorname{rank}\boldsymbol{V}(z)=\operatorname{rank}\widetilde{\boldsymbol{V}}(z)=m+\operatorname{rank}\begin{bmatrix}z\boldsymbol{I}-\boldsymbol{A} & \boldsymbol{O} & \boldsymbol{B}\\ \frac{h_{ii}}{z-1}\boldsymbol{G}_2\boldsymbol{C} & z\boldsymbol{I}-\boldsymbol{G}_1 & \boldsymbol{O}\end{bmatrix}\tag{7.19}$$

将 $\begin{bmatrix}z\boldsymbol{I}-\boldsymbol{A} & \boldsymbol{O} & \boldsymbol{B}\\ \frac{h_{ii}}{z-1}\boldsymbol{G}_2\boldsymbol{C} & z\boldsymbol{I}-\boldsymbol{G}_1 & \boldsymbol{O}\end{bmatrix}$ 表示为下面两个矩阵的乘积，即

$$\begin{bmatrix}z\boldsymbol{I}-\boldsymbol{A} & \boldsymbol{O} & \boldsymbol{B}\\ \frac{h_{ii}}{z-1}\boldsymbol{G}_2\boldsymbol{C} & z\boldsymbol{I}-\boldsymbol{G}_1 & \boldsymbol{O}\end{bmatrix}=\begin{bmatrix}\boldsymbol{I} & \boldsymbol{O} & \boldsymbol{O}\\ \boldsymbol{O} & \frac{h_{ii}}{z-1}\boldsymbol{G}_2 & z\boldsymbol{I}-\boldsymbol{G}_1\end{bmatrix}\begin{bmatrix}z\boldsymbol{I}-\boldsymbol{A} & \boldsymbol{O} & \boldsymbol{B}\\ \boldsymbol{C} & \boldsymbol{O} & \boldsymbol{O}\\ \boldsymbol{O} & \boldsymbol{I} & \boldsymbol{O}\end{bmatrix}$$

由 $(\boldsymbol{G}_1,\boldsymbol{G}_2)$ 完全能控及 $\frac{h_{ii}}{z-1}\neq0$ 可以导出，对任意的 $z\in\mathbb{C}$：

$$\operatorname{rank}\begin{bmatrix}\boldsymbol{I} & \boldsymbol{O} & \boldsymbol{O}\\ \boldsymbol{O} & \frac{h_{ii}}{z-1}\boldsymbol{G}_2 & z\boldsymbol{I}-\boldsymbol{G}_1\end{bmatrix}=n+md\quad（行满秩）$$

另外，由于 $z\in\Lambda(\boldsymbol{G}_1)$，因此由假设 A7.2 得

$$\operatorname{rank}\begin{bmatrix}z\boldsymbol{I}-\boldsymbol{A} & \boldsymbol{O} & \boldsymbol{B}\\ \boldsymbol{C} & \boldsymbol{O} & \boldsymbol{O}\\ \boldsymbol{O} & \boldsymbol{I} & \boldsymbol{O}\end{bmatrix}=m+n+md\quad（行满秩）$$

于是利用 Sylvester 不等式[92, 94]得到

$$\begin{aligned}n+md&=(n+md)+(m+n+md)-(m+n+md)\\&\leqslant\operatorname{rank}\begin{bmatrix}z\boldsymbol{I}-\boldsymbol{A} & \boldsymbol{O} & \boldsymbol{B}\\ \frac{h_{ii}}{z-1}\boldsymbol{G}_2\boldsymbol{C} & z\boldsymbol{I}-\boldsymbol{G}_1 & \boldsymbol{O}\end{bmatrix}\leqslant n+md,\quad z\in\Lambda(\boldsymbol{G}_1)\end{aligned}\tag{7.20}$$

联合式(7.19)和式(7.20)可得对任意的 $z\in\Lambda(\boldsymbol{G}_1)$ 且 $z\neq1$，$\operatorname{rank}(\boldsymbol{V}(z))=n+m+md$。

最后证明对任意的 $z\in\{z|z\notin\Lambda(\boldsymbol{G}_1)\cup\{1\},|z|\geqslant1\}$，矩阵 $\boldsymbol{V}(z)$ 行满秩。由于 $z\notin\Lambda(\boldsymbol{G}_1)\cup\{1\}$，因此 $(z\boldsymbol{I}-\boldsymbol{G}_1)$ 和 $(z-1)\boldsymbol{I}$ 非奇异。利用 $(z\boldsymbol{I}-\boldsymbol{G}_1)$ 和 $(z-1)\boldsymbol{I}$ 对 $\boldsymbol{V}(z)$ 做简单的初等变换得到

$$\operatorname{rank}(\boldsymbol{V}(z))=\operatorname{rank}\begin{bmatrix}(z-1)\boldsymbol{I} & \boldsymbol{O} & \boldsymbol{O} & \boldsymbol{O}\\ \boldsymbol{O} & z\boldsymbol{I}-\boldsymbol{A} & \boldsymbol{O} & \boldsymbol{B}\\ \boldsymbol{O} & \boldsymbol{O} & z\boldsymbol{I}-\boldsymbol{G}_1 & \boldsymbol{O}\end{bmatrix}=m+md+\operatorname{rank}[z\boldsymbol{I}-\boldsymbol{A}\quad\boldsymbol{B}]$$

因为 $(\boldsymbol{A},\boldsymbol{B})$ 可镇定，所以对任意的 $|z|\geqslant1$ 都有 $\operatorname{rank}[z\boldsymbol{I}-\boldsymbol{A}\quad\boldsymbol{B}]=n$，即对任意的 $z\in\{z|z\notin\Lambda(\boldsymbol{G}_1)\cup\{1\},|z|\geqslant1\}$，$\operatorname{rank}(\boldsymbol{V}(z))=n+m+md$。

联合考虑上述三种情形，即证得对任意的 $|z|\geqslant1$，定理 7.2 给出的条件可使的 $\boldsymbol{V}(z)$ 行满秩，进而使得 $[z\boldsymbol{I}-\widetilde{\boldsymbol{A}}_i\quad\widetilde{\boldsymbol{B}}_i]$ 行满秩。

证毕

借助定理 7.2 以及引理 7.1，本章给出关于定理 7.1 的一个更一般的结论，同时该结论也给出了分布式控制律(7.12)的具体设计方法。

定理 7.3 在假设 A7.1～假设 A7.5 下，如果(G_1,G_2)包含外部系统(7.2)的最小 m 重内模，那么问题 7.2 可由分布式控制器(7.12)解决，并且状态反馈增益矩阵为$[K_{1i} \quad K_{2i}]=K_i=-(R_i+\widetilde{B}_i^{\mathrm{T}}P_i\widetilde{B}_i)^{-1}\widetilde{B}_i^{\mathrm{T}}P_i\widetilde{A}_i$，其中正定矩阵 P_i 满足如下的代数 Riccati 方程：

$$P_i=\widetilde{A}_i^{\mathrm{T}}[P_i-P_i\widetilde{B}_i(R_i+\widetilde{B}_i^{\mathrm{T}}P_i\widetilde{B}_i)^{-1}\widetilde{B}_i^{\mathrm{T}}P_i]\widetilde{A}_i+Q_i \tag{7.21}$$

其中，R_i 和 Q_i 为任意选取的具有适当维数的对称正定矩阵。

证明 若假设 A7.1～假设 A7.5 成立，且(G_1,G_2)包含外部系统(7.2)的最小 m 重内模，那么由定理 7.2 知($\widetilde{A}_i$,$\widetilde{B}_i$)是可镇定的。进而，根据引理 7.1 可得 $\widetilde{A}_{ci}=\widetilde{A}_i+\widetilde{B}_iK_i$ 是稳定的，其中，$[K_{1i} \quad K_{2i}]=K_i=-(R_i+\widetilde{B}_i^{\mathrm{T}}P_i\widetilde{B}_i)^{-1}\widetilde{B}_i^{\mathrm{T}}P_i\widetilde{A}_i$，$P_i$ 为代数 Riccati 方程(7.21)的唯一对称正定解阵。而由定理 7.1 知，在定理 7.3 给出的假设下，$\widetilde{A}_{ci}$稳定蕴含着问题 7.2 可解，故而定理 7.3 成立。

证毕

现在回到问题 7.1。实际上，当领导者与跟随者组成的信息交换拓扑$\bar{\mathcal{G}}$满足假设 A7.5 时，由式(7.8)可得全局虚拟调节误差 $e(k)$与全局调节输出 $\xi(k)$具有相同的渐近性质。因此，使问题 7.2 可解的充分条件同样使得问题 7.1 可解。基于上述分析，本章指出定理 7.4。

定理 7.4 若假设 A7.1～假设 A7.5 成立，且(G_1,G_2)包含外部系统(7.2)的最小 m 重内模。那么协调预见跟踪问题(问题 7.1)可由下面的分布式控制器解决：

$$\begin{aligned}u_i(k) &= u_i(k-1)+K_{ei}e_i(k-1)+K_{xi}(x_i(k)-x_i(k-1))+\\&\sum_{l=0}^{h}K_{\mathrm{R}}(l)(r(l+k)-r(l+k-1))+K_{2i}z_i(k-1)\end{aligned} \tag{7.22}$$

其中，$[K_{ei} \quad K_{xi} \quad K_{\mathrm{R}}(0) \quad \cdots \quad K_{\mathrm{R}}(h) \quad K_{2i}]=K_i=[K_{1i} \quad K_{2i}]=-(I+\widetilde{B}_i^{\mathrm{T}}P_i\widetilde{B}_i)^{-1}\widetilde{B}_i^{\mathrm{T}}P_i\widetilde{A}_i$，$i=1,2,\cdots,N$。另外，$P_i$ 为代数 Riccati 方程(7.21)的唯一对称正定解阵。

证明 由定理 7.3 知，在定理 7.4 中的条件下，存在动态状态反馈控制律(7.12)使得 $\lim\limits_{k\to+\infty}e_i(k)=\mathbf{0}(i=1,2,\cdots,N)$。利用式(7.8)中 $e(k)$和 $\xi(k)$之间的关系知，控制律(7.12)同样使得 $\lim\limits_{k\to+\infty}\xi(k)=\mathbf{0}$，因此控制律(7.12)可解决问题 7.1。

将反馈增益矩阵 K_{1i}分解如下：

$$K_{1i}=[K_{ei} \quad K_{xi} \quad K_{\mathrm{R}}(0) \quad \cdots \quad K_{\mathrm{R}}(h)]$$

则由控制律(7.12)得

$$\Delta u_i(k)=K_{ei}e_i(k)+K_{xi}\Delta x_i(k)+\sum_{l=0}^{h}K_{\mathrm{R}}(l)\Delta r(l+k)+K_{2i}z_i(k)$$

利用一阶前向差分算子的定义可得

$$\begin{aligned}&u_i(k+1)-u_i(k)\\&=K_{ei}e_i(k)+K_{xi}(x_i(k+1)-x_i(k))+\sum_{l=0}^{h}K_{\mathrm{R}}(l)(r(l+k+1)-r(l+k))+K_{2i}z_i(k)\end{aligned}$$

将$-u_i(k)$移至上述等式的右侧，并用 $k-1$ 代替 k，即可得分布式控制器(7.22)。 **证毕**

附注 7.5 当取预见步长 $h=0$ 时，协调预见跟踪问题便退化为一般的领导者-跟随者一致性问题。此时，辅助系统(7.5)中的 A_R 和 B_R 分别变为 $\mathbf{0}$ 和 I_m。也就是说，系统(7.6)将退化为 $X_{\mathrm{R}}(k+1)=\Gamma S\Delta v(k)$，其中 $X_{\mathrm{R}}(k)=\Delta r(k)$。根据定理 7.4，本章将此种情形的结论表述为推论 7.1。

推论 7.1 若假设 A7.1～假设 A7.5 成立，且(G_1，G_2)包含外部系统(7.2)的最小 m 重内模，那么领导者-跟随者一致性问题可由下面的分布式控制器解决：

$$\begin{aligned}\boldsymbol{u}_i(k)=&\boldsymbol{u}_i(k-1)+\boldsymbol{K}_{ei}\boldsymbol{e}_i(k-1)+\boldsymbol{K}_{xi}(\boldsymbol{x}_i(k)-\boldsymbol{x}_i(k-1))+\\&\boldsymbol{K}_{R}(0)(\boldsymbol{r}(k)-\boldsymbol{r}(k-1))+\boldsymbol{K}_{2i}\boldsymbol{z}_i(k-1)\end{aligned}\tag{7.23}$$

其中，$[\boldsymbol{K}_{ei}\quad \boldsymbol{K}_{xi}\quad \boldsymbol{K}_{R}(0)\quad \boldsymbol{K}_{2i}]=\boldsymbol{K}_i=[\boldsymbol{K}_{1i}\quad \boldsymbol{K}_{2i}]=-(\boldsymbol{I}+\widetilde{\boldsymbol{B}}_i^{\mathrm{T}}\boldsymbol{P}_i\widetilde{\boldsymbol{B}}_i)^{-1}\widetilde{\boldsymbol{B}}_i^{\mathrm{T}}\boldsymbol{P}_i\widetilde{\boldsymbol{A}}_i$，$i=1,2,\cdots,N$。

7.4 数值仿真

本节通过一个例子来说明本章提出的控制器设计方法可以有效地解决问题 7.1。

考虑由 6 个跟随者和 1 个领导者组成的多智能体系统。跟随者的动力学方程由系统(7.1)表述，其中：

$$\boldsymbol{A}=\begin{bmatrix}1.4 & 2.2\\-2.9 & -2.8\end{bmatrix},\quad \boldsymbol{B}=\begin{bmatrix}2.05\\-3.8\end{bmatrix},\quad \boldsymbol{C}=[-1\quad 0]$$

利用 PBH 秩判据验证得($\boldsymbol{A}$,$\boldsymbol{B}$)是可镇定的，即假设 A7.4 成立。领导者的输出由外部系统(7.2)产生，其中：

$$\boldsymbol{S}=\begin{bmatrix}\cos\dfrac{\pi}{4} & \sin\dfrac{\pi}{4}\\-\sin\dfrac{\pi}{4} & \cos\dfrac{\pi}{4}\end{bmatrix},\quad \boldsymbol{\Gamma}=[1\quad 0]$$

此处假设领导者的输出是可预见的，即 $\boldsymbol{r}(k)$满足假设 A7.3。

智能体间的信息交换拓扑$\bar{\mathcal{G}}$如图 7.1 所示，其中顶点 v_0(图中 0)对应于领导者，其他顶点对应着跟随者。从图 7.1 可以看出，有向图$\bar{\mathcal{G}}$包含一棵生成树且以顶点 v_0 为根，同时观察到$\bar{\mathcal{G}}$中不包含有向圈，即假设 A7.5 成立。另外，与有向图$\bar{\mathcal{G}}$相应的矩阵 $\boldsymbol{H}$ 为

$$\boldsymbol{H}=\begin{bmatrix}1 & 0 & 0 & 0 & 0 & 0\\0 & 1 & 0 & 0 & 0 & 0\\0 & -1 & 1 & 0 & 0 & 0\\0 & 0 & -1 & 1 & 0 & 0\\-2 & 0 & 0 & -1 & 3 & 0\\-1 & 0 & 0 & 0 & 0 & 1\end{bmatrix}$$

本例的目的是设计具有预见补偿作用的分布式控制器，使得对任意的初始条件 $\boldsymbol{x}_i(0)=\boldsymbol{x}_{i0}$都有$\lim\limits_{k\to+\infty}\boldsymbol{\xi}_i(k)=\lim\limits_{k\to+\infty}[\boldsymbol{y}_i(k)-\boldsymbol{r}(k)]=\boldsymbol{0}$，$i=1,2,\cdots,6$。根据定理 7.4，本例仍需验证假设 A7.1 和假设 A7.2 是否成立。求解 $\boldsymbol{S}$ 的最小多项式得到 $p(\lambda)=\lambda^2-\sqrt{2}\lambda+1$，令 $p(\lambda)=0$，直接计算得到 $\lambda_{1,2}=\dfrac{\sqrt{2}}{2}\pm\dfrac{\sqrt{2}}{2}\mathrm{i}$。由于$|\lambda_i|=1$，$i=1,2$，且 $1\notin\Lambda(\boldsymbol{S})$，因此假设 A7.1 成立。

此外，容易验证假设 A7.2 中的秩条件对任意的 $z\in\{\lambda_1,\lambda_2,1\}$均成立。由于假设 A7.1～假设 A7.5 均满足，因此由定理 7.4 知，可设计形如式(7.22)的分布式控制器来解决此问题。下面给出设计过程。

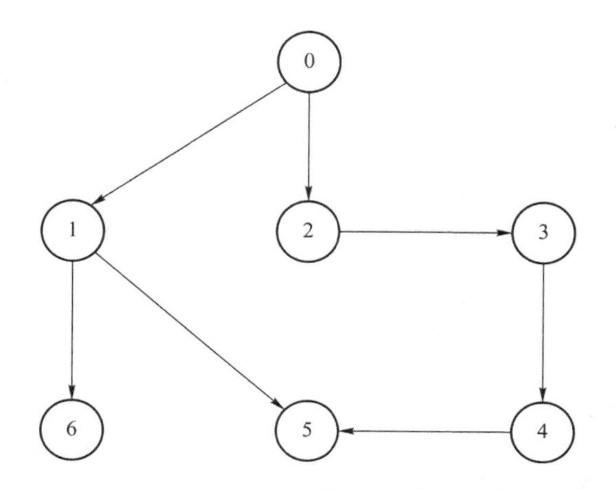

图 7.1　领导者与跟随者间的信息交互拓扑

首先,选取 $\boldsymbol{S}$ 的最小 1 重内模($\boldsymbol{G}_1$,$\boldsymbol{G}_2$),由上述可知 $\boldsymbol{S}$ 的最小多项式为 $p(\lambda)=\lambda^2-\sqrt{2}\lambda+1$,那么根据定义 1.1 和附注 7.3 得

$$\boldsymbol{G}_1=\begin{bmatrix}0 & 1\\ -1 & \sqrt{2}\end{bmatrix},\boldsymbol{G}_2=\begin{bmatrix}0\\ 1\end{bmatrix}$$

其次,针对两种情形进行仿真,即领导者输出的预见步长 h 分别为 0 和 9。在将协调预见跟踪问题转化为输出调节问题后,选取

$$\boldsymbol{Q}_1=\boldsymbol{Q}_5=5\cdot\boldsymbol{I}_{6+h},\quad \boldsymbol{Q}_2=\boldsymbol{Q}_6=\boldsymbol{I}_{6+h},\quad \boldsymbol{Q}_3=\boldsymbol{Q}_4=2\cdot\boldsymbol{I}_{6+h}$$

$$\boldsymbol{R}_1=\boldsymbol{R}_2=\cdots=\boldsymbol{R}_6=\boldsymbol{I}$$

通过求解代数 Riccati 方程(7.21),分别得到对应于上述两种情形的控制增益矩阵。

当 $h=0$ 时:

$$\begin{aligned}&[\boldsymbol{K}_{e1}\quad \boldsymbol{K}_{x1}\quad \boldsymbol{K}_{R}\quad \boldsymbol{K}_{21}]\\ &=[-0.029\,74 \mid -0.617\,46\quad -0.531\,72 \mid 0.192\,45 \mid -0.162\,71\quad 0.015\,32]\end{aligned}$$

$$\begin{aligned}&[\boldsymbol{K}_{e2}\quad \boldsymbol{K}_{x2}\quad \boldsymbol{K}_{R}\quad \boldsymbol{K}_{22}]\\ &=[-0.029\,28 \mid -0.615\,69\quad -0.529\,01 \mid 0.186\,92 \mid -0.157\,64\quad 0.015\,78]\end{aligned}$$

$$\begin{aligned}&[\boldsymbol{K}_{e3}\quad \boldsymbol{K}_{x3}\quad \boldsymbol{K}_{R}\quad \boldsymbol{K}_{23}]\\ &=[-0.029\,57 \mid -0.616\,73\quad -0.530\,61 \mid 0 \mid -0.160\,75\quad 0.015\,53]\end{aligned}$$

$$\begin{aligned}&[\boldsymbol{K}_{e4}\quad \boldsymbol{K}_{x4}\quad \boldsymbol{K}_{R}\quad \boldsymbol{K}_{24}]\\ &=[-0.029\,57 \mid -0.616\,73\quad -0.530\,61 \mid 0 \mid -0.160\,75\quad 0.015\,53]\end{aligned}$$

$$\begin{aligned}&[\boldsymbol{K}_{e5}\quad \boldsymbol{K}_{x5}\quad \boldsymbol{K}_{R}\quad \boldsymbol{K}_{25}]\\ &=[-0.031\,59 \mid -0.476\,53\quad -0.361\,05 \mid 0 \mid -0.093\,66\quad 0.030\,95]\end{aligned}$$

$$\begin{aligned}&[\boldsymbol{K}_{e6}\quad \boldsymbol{K}_{x6}\quad \boldsymbol{K}_{R}\quad \boldsymbol{K}_{26}]\\ &=[-0.029\,28 \mid -0.615\,69\quad -0.529\,01 \mid 0 \mid -0.157\,64\quad 0.015\,78]\end{aligned}$$

当 $h=9$ 时:

$$\begin{aligned}&[\boldsymbol{K}_{e1}\quad \boldsymbol{K}_{x1}\quad \boldsymbol{K}_{R}\quad \boldsymbol{K}_{21}]\\ &=[-0.029\,74 \mid -0.617\,46\quad -0.531\,72 \mid 0.192\,45\quad 0.407\,24\quad 0.572\,05\quad 0.534\,78\quad \rightarrow\\ &\leftarrow 0.416\,48\quad 0.296\,34\quad 0.214\,93\quad 0.173\,70\quad 0.154\,26\quad 0.139\,06 \mid -0.162\,71\quad 0.015\,32]\end{aligned}$$

$$[\boldsymbol{K}_{e2}\quad \boldsymbol{K}_{x2}\quad \boldsymbol{K}_{R}\quad \boldsymbol{K}_{22}]$$
$$=[-0.029\,28 \mid -0.615\,69\quad -0.529\,01 \mid 0.186\,92\quad 0.394\,07\quad 0.551\,52\quad 0.515\,17 \rightarrow$$
$$\leftarrow 0.398\,94\quad 0.279\,77\quad 0.198\,89\quad 0.161\,65\quad 0.150\,05\quad 0.143\,41 \mid -0.157\,64\quad 0.015\,78]$$

$$[\boldsymbol{K}_{e3}\quad \boldsymbol{K}_{x3}\quad \boldsymbol{K}_{R}\quad \boldsymbol{K}_{23}]=[-0.029\,57 \mid -0.616\,73\quad -0.530\,61 \mid 0\quad 0\quad 0\quad 0$$
$$\leftarrow 0\quad 0\quad 0\quad 0\quad 0\quad 0 \mid -0.160\,75\quad 0.015\,53]$$

$$[\boldsymbol{K}_{e4}\quad \boldsymbol{K}_{x4}\quad \boldsymbol{K}_{R}\quad \boldsymbol{K}_{24}]=[-0.029\,57\quad -0.616\,73\quad -0.530\,61\quad 0\quad 0\quad 0\quad 0$$
$$\leftarrow 0\quad 0\quad 0\quad 0\quad 0\quad 0\quad -0.160\,75\quad 0.015\,53]$$

$$[\boldsymbol{K}_{e5}\quad \boldsymbol{K}_{x5}\quad \boldsymbol{K}_{R}\quad \boldsymbol{K}_{25}]=[-0.031\,59\quad -0.476\,53\quad -0.361\,05\quad 0\quad 0\quad 0\quad 0$$
$$\leftarrow 0\quad 0\quad 0\quad 0\quad 0\quad 0\quad -0.093\,66\quad 0.030\,95]$$

$$[\boldsymbol{K}_{e6}\quad \boldsymbol{K}_{x6}\quad \boldsymbol{K}_{R}\quad \boldsymbol{K}_{26}]=[-0.029\,28\quad -0.615\,69\quad -0.529\,01\quad 0\quad 0\quad 0\quad 0$$
$$\leftarrow 0\quad 0\quad 0\quad 0\quad 0\quad 0\quad -0.157\,64\quad 0.015\,78]$$

最后，选取如下的初始条件进行数值仿真：

$$\boldsymbol{x}_{10}=\begin{bmatrix}0.11\\0.13\end{bmatrix},\quad \boldsymbol{x}_{20}=\begin{bmatrix}0.15\\0.10\end{bmatrix},\quad \boldsymbol{x}_{30}=\begin{bmatrix}0.11\\0.13\end{bmatrix},\quad \boldsymbol{x}_{40}=\begin{bmatrix}-0.13\\-0.21\end{bmatrix}$$
$$\boldsymbol{x}_{50}=\begin{bmatrix}0.04\\0.06\end{bmatrix},\quad \boldsymbol{x}_{60}=\begin{bmatrix}-0.18\\-0.17\end{bmatrix},\quad \boldsymbol{v}(0)=\begin{bmatrix}0\\1\end{bmatrix}$$

应用上述初始条件和分布式控制器(7.22)，得到如图 7.2～图 7.5 所示的仿真结果。图 7.2 和图 7.3 分别表示多智能体系统(7.1)在预见步长 $h=0$ 和 $h=9$ 时的闭环输出轨迹。可以看出，无论有无预见，多智能体系统(7.1)都能实现对外部系统(7.2)的协调跟踪。这说明本章设计的控制器是有效的。但是，比较图 7.2 和图 7.3 发现，在预见补偿的作用下，图 7.3 中的跟随者大约在 $k=20$ 时就达到了跟踪一致性，这比图 7.2 中实现跟踪一致性所用的时间提前了近一个周期。此外，与无预见时的情形相比，图 7.3 中的跟随者能更好地实现对领导者信号的波峰与波谷处的跟踪，这说明预见信息对于提升多智能体系统的跟踪品性有明显的帮助作用。图 7.4 和图 7.5 展示了多智能体系统(7.1)在分布式控制器(7.22)作用下的调节输出。观察发现，在预见补偿的作用下，调节输出能更快地衰减到 $\mathbf{0}$。

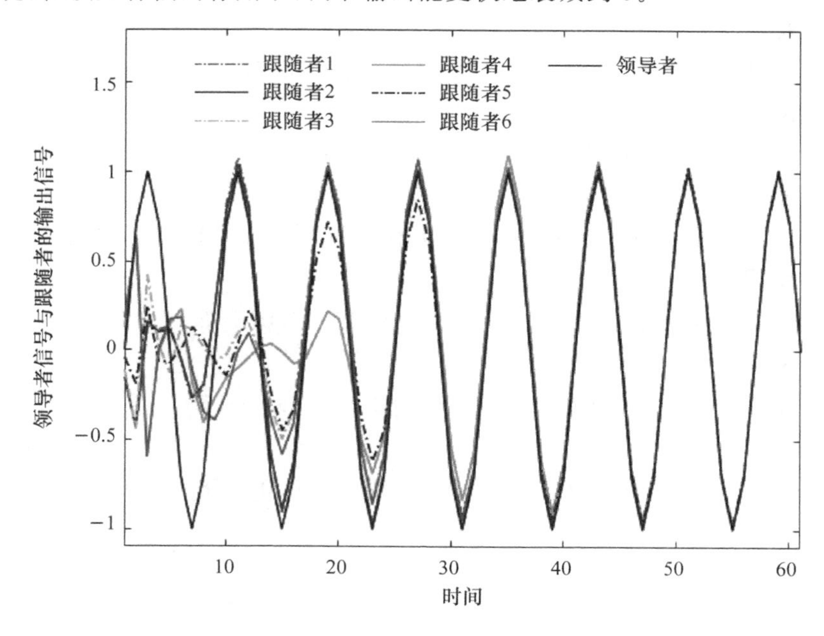

图 7.2　多智能体系统(7.1)在 $h=0$ 时的输出轨迹

图 7.2 彩图

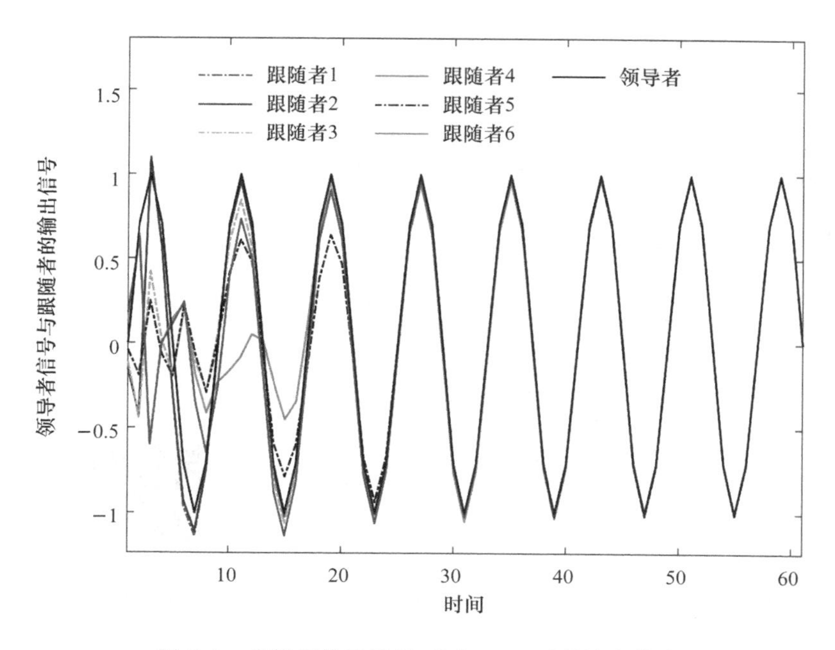

图 7.3　多智能体系统(7.1)在 $h=9$ 时的输出轨迹

图 7.3 彩图

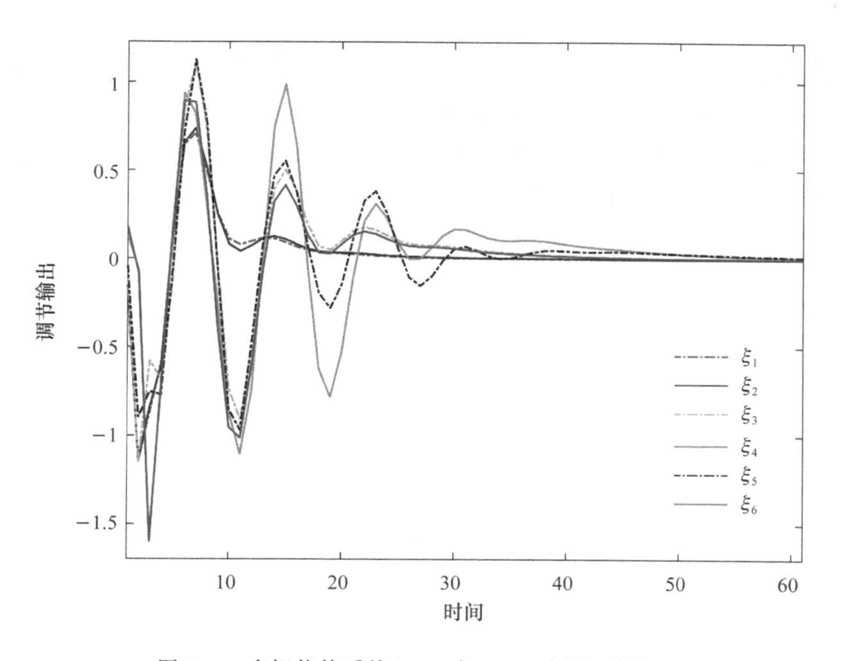

图 7.4　多智能体系统(7.1)在 $h=0$ 时的调节输出

图 7.4 彩图

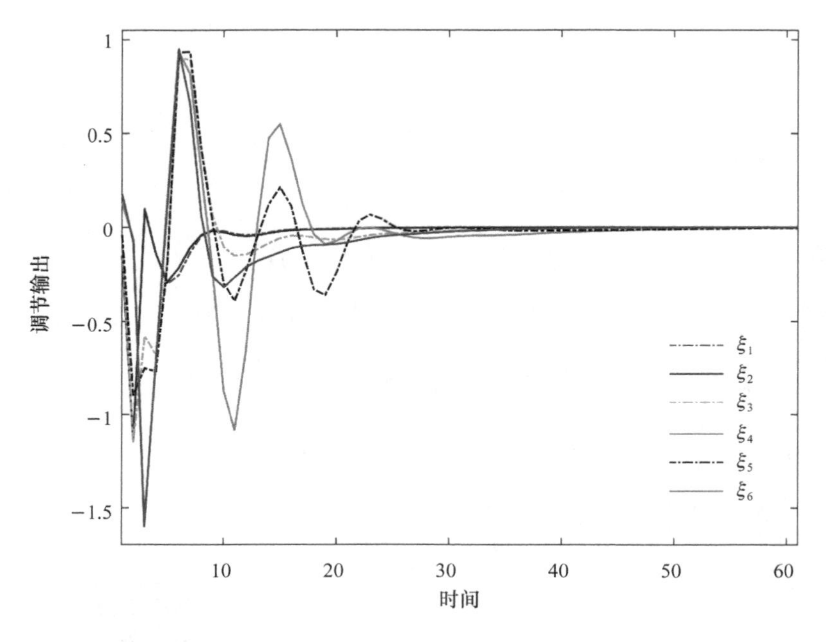

图 7.5　多智能体系统(7.1)在 $h=9$ 时的调节输出

图 7.5 彩图

7.5　本章小结

本章在无环通信拓扑包含一棵有向生成树的假设下，解决了离散时间线性多智能体系统的协调预见跟踪问题，该问题可以看成第 4 章所研究问题的离散时间情形，不同的是，本章将原始问题表述为一个分布式输出调节问题。当预见步长为零时，本章的结论给出了解决一般离散时间线性多智能体系统的协调跟踪问题的一种新的框架。

8 离散时间线性异质多智能体系统的编队预见跟踪控制

编队控制是多智能体系统研究的热点问题之一，它指由多个智能体组成的团队，在向特定目标或方向运动的过程中，相互之间保持特定几何队形的控制问题。与协调跟踪控制一样，编队跟踪控制需要借助智能体间的局部信息交互，以实现多智能体系统的群体行为。在设计编队跟踪控制策略时，以往研究只关注参考信号的过去和当前信息。然而，在许多实际情况下，如车辆的局部路径是可以完全(或部分)提前知道的。为此，文献[216]研究了离散时间多智能体系统基于预见的编队控制，仿真结果清楚地表明，预见行为对编队的形成有积极影响。考虑到预见控制理论在处理跟踪问题时具有快速响应和高精度的特点，同时注意到，当前缺乏基于前馈输出调节的协同预见控制的研究成果。受此启发，在领导者的输出信息对部分跟随者可预见的情况下，本章基于前馈输出调节理论研究线性离散时间异质多智能体系统的编队预见跟踪问题。

8.1 问题描述

本章考虑包含1个领导者和N个跟随者的离散时间线性多智能体系统，其中每个跟随者的动力学方程可以表述为

$$\begin{cases}\boldsymbol{x}_i(k+1)=\boldsymbol{A}_i\boldsymbol{x}_i(k)+\boldsymbol{B}_i\boldsymbol{u}_i(k),\\ \boldsymbol{y}_i(k)=\boldsymbol{C}_i\boldsymbol{x}_i(k), \qquad\qquad i=1,2,\cdots,N\\ \boldsymbol{x}_i(0)=\boldsymbol{x}_{i0},\end{cases} \tag{8.1}$$

其中，对于每个跟随者v_i，$\boldsymbol{x}_i(k)\in\mathbb{R}^{n_i}$、$\boldsymbol{u}_i(k)\in\mathbb{R}^{r_i}$、$\boldsymbol{y}_i(k)\in\mathbb{R}^{m}$分别代表其状态变量、控制输入、测量输出；$\boldsymbol{x}_{i0}$是$\boldsymbol{x}_i(k)$的初值，且$\boldsymbol{A}_i$、$\boldsymbol{B}_i$、$\boldsymbol{C}_i$分别为$n_i\times n_i$、$n_i\times r_i$、$m\times n_i$矩阵。

领导者系统是一个自治系统，其动力学方程可写成以下的形式：

$$\begin{cases}\boldsymbol{v}(k+1)=\boldsymbol{S}\boldsymbol{v}(k)\\ \boldsymbol{r}(k)=\boldsymbol{\Gamma}\boldsymbol{v}(k)\end{cases} \tag{8.2}$$

其中，$\boldsymbol{v}(k)\in\mathbb{R}^{l}$、$\boldsymbol{r}(k)\in\mathbb{R}^{m}$分别是领导者的状态变量和输出变量；$\boldsymbol{S}\in\mathbb{R}^{l\times l}$、$\boldsymbol{\Gamma}\in\mathbb{R}^{m\times l}$都为常数矩阵。系统(8.2)一般被视作一个用于产生期望参考信号的外部系统。

对于多智能体系统(8.1)和外部系统(8.2)，本章提出如下假设：

A8.1 有向图$\bar{\mathcal{G}}$包含一个以 v_0 为根顶点的有向生成树，且$\bar{\mathcal{G}}$不含有向圈。

A8.2 矩阵 $\boldsymbol{S}$ 的特征值均不位于复平面的单位圆内。

A8.3 参考信号 $\boldsymbol{r}(k)$ 可预见且其预见步长为 h，在每个时刻 k，h 步的未来信息 $\boldsymbol{r}(k+1)$，$\boldsymbol{r}(k+2)$，…，$\boldsymbol{r}(k+h)$ 是事先已知的。

A8.4 对于任意的 $\lambda\in\Lambda(\boldsymbol{S})$：

$$\operatorname{rank}\begin{bmatrix}\lambda\boldsymbol{I}-\boldsymbol{A}_i & \boldsymbol{B}_i\\ \boldsymbol{C}_i & \boldsymbol{O}\end{bmatrix}=n_i+m \qquad (\text{行满秩}) \tag{8.3}$$

A8.5 $(\boldsymbol{A}_i,\boldsymbol{B}_i)$ 可镇定，$(\boldsymbol{S},\boldsymbol{\Gamma})$ 可检测。

本章的目标是设计一个适当的带有前馈预见补偿作用的分布式控制律，使得每个跟随者 v_i 的输出与参考信号保持一个期望的轨迹偏差 $\boldsymbol{d}_i$，即

$$\lim_{k\to+\infty}\boldsymbol{\xi}_i(k)=\lim_{k\to+\infty}[\boldsymbol{y}_i(k)-\boldsymbol{d}_i-\boldsymbol{r}(k)]=\boldsymbol{0},\quad i=1,2,\cdots,N \tag{8.4a}$$

且跟随者 v_i 与跟随者 v_j 的输出间保持期望的相关偏差 $\boldsymbol{d}_{ij}=\boldsymbol{d}_i-\boldsymbol{d}_j$，即

$$\lim_{k\to+\infty}(\boldsymbol{y}_i(k)-\boldsymbol{y}_j(k))=\boldsymbol{d}_{ij},i,j=1,2,\cdots,N \tag{8.4b}$$

如果所设计的分布式预见控制律使得式(8.4a)与式(8.4b)均成立，则称该控制律能够使得多智能体系统(8.1)实现对外部系统(8.2)的编队预见跟踪控制。这里规定 $\boldsymbol{d}_i$ 为常值向量。

注意到，在通信拓扑$\bar{\mathcal{G}}$中，当存在从 v_0 到 v_i 的弧时，参考信号 $\boldsymbol{r}(k)$对于跟随者 v_i 才是可获取的。即对每个跟随者而言，$\boldsymbol{r}(k)$并不都是可测的，进而 $\boldsymbol{\xi}_i(k)$不可测。为此，本章为每个跟随者引入如下的虚拟调节输出：

$$\boldsymbol{e}_i(k)=\sum_{j\in\mathcal{N}_i}a_{ij}[(\boldsymbol{y}_i(k)-\boldsymbol{y}_j(k))-(\boldsymbol{d}_i-\boldsymbol{d}_j)]+m_i[\boldsymbol{y}_i(k)-\boldsymbol{d}_i-\boldsymbol{r}(k)] \tag{8.5}$$

其中，$a_{ij}(j\in\mathcal{N}_i)$和 m_i 分别是邻接矩阵 $\boldsymbol{A}$ 和牵引矩阵 $\boldsymbol{M}$ 的元素。

分别记

$$\boldsymbol{\xi}(k)=[\boldsymbol{\xi}_1^{\mathrm{T}}(k),\boldsymbol{\xi}_2^{\mathrm{T}}(k),\cdots,\boldsymbol{\xi}_N^{\mathrm{T}}(k)]^{\mathrm{T}},\quad \boldsymbol{e}(k)=[\boldsymbol{e}_1^{\mathrm{T}}(k),\boldsymbol{e}_2^{\mathrm{T}}(k),\cdots,\boldsymbol{e}_N^{\mathrm{T}}(k)]^{\mathrm{T}}$$

$$\boldsymbol{y}(k)=[\boldsymbol{y}_1^{\mathrm{T}}(k),\boldsymbol{y}_2^{\mathrm{T}}(k),\cdots,\boldsymbol{y}_N^{\mathrm{T}}(k)]^{\mathrm{T}},\quad \boldsymbol{d}(k)=[\boldsymbol{d}_1^{\mathrm{T}}(k),\boldsymbol{d}_2^{\mathrm{T}}(k),\cdots,\boldsymbol{d}_N^{\mathrm{T}}(k)]^{\mathrm{T}}$$

$$\boldsymbol{R}(k)=\boldsymbol{1}_N\otimes\boldsymbol{r}(k)$$

则式(8.5)可以表述为

$$\boldsymbol{e}(k)=(\boldsymbol{H}\otimes\boldsymbol{I}_m)\boldsymbol{y}(k)-(\boldsymbol{H}\otimes\boldsymbol{I}_m)\boldsymbol{d}(k)-(\boldsymbol{M}\otimes\boldsymbol{I}_m)\boldsymbol{R}(k)=(\boldsymbol{H}\otimes\boldsymbol{I}_m)\boldsymbol{\xi}(k) \tag{8.6}$$

上式在推导时利用了公式 $\boldsymbol{H1}_N=\boldsymbol{M1}_N$。

根据假设 A8.1 以及引理 1.4，矩阵 $\boldsymbol{H}$ 是非奇异的。于是，利用线性代数的知识，可得

$$\lim_{k\to+\infty}\boldsymbol{e}(k)=\boldsymbol{0}\Leftrightarrow\lim_{k\to+\infty}\boldsymbol{\xi}(k)=0 \tag{8.7}$$

因此，若能设计合适的控制律使得 $\lim\limits_{k\to+\infty}\boldsymbol{e}(k)=\boldsymbol{0}$，则由式(8.7)知式(8.4a)和式(8.4b)成立，那么在所设计的控制律下，所有的智能体都能够在保持期望编队的同时实现对领导者的预见跟踪。

8.2 问题转化

本节通过状态增广技术和基于前馈的输出调节原理将编队预见跟踪问题转化为分布式输出调节问题进行处理。

与前述章节中所使用的方法相似，下面使用预见控制理论中常用的状态增广技术对原问题进行转化。注意到 $\boldsymbol{d}_i(i=1,2,\cdots,N)$ 为常值向量，因而将一阶前向差分算子：

$$\Delta\boldsymbol{x}(k)=\boldsymbol{x}(k+1)-\boldsymbol{x}(k)$$

作用于系统(8.1)和虚拟调节输出(8.6)，得到

$$\begin{cases}\Delta\boldsymbol{x}_i(k+1)=\boldsymbol{A}_i\Delta\boldsymbol{x}_i(k)+\boldsymbol{B}_i\Delta\boldsymbol{u}_i(k)\\ \boldsymbol{e}_i(k+1)=\boldsymbol{e}_i(k)+\sum\limits_{j\in\mathcal{N}_i}a_{ij}\boldsymbol{C}_i(\Delta\boldsymbol{x}_i(k)-\Delta\boldsymbol{x}_j(k))+m_i(\boldsymbol{C}_i\Delta\boldsymbol{x}_i(k)-\Delta\boldsymbol{r}(k))\end{cases}\tag{8.8}$$

为设计具有预见前馈补偿的编队控制策略，下面基于假设 A8.4 建立辅助系统：

$$\boldsymbol{X}_{\mathrm{R}}(k+1)=\boldsymbol{A}_{\mathrm{R}}\boldsymbol{X}_{\mathrm{R}}(k)+\boldsymbol{B}_{\mathrm{R}}\Delta\boldsymbol{r}(k+h+1)\tag{8.9}$$

其中：

$$\boldsymbol{X}_{\mathrm{R}}(k)=\begin{bmatrix}\Delta\boldsymbol{r}(k)\\ \Delta\boldsymbol{r}(k+1)\\ \vdots\\ \Delta\boldsymbol{r}(k+h)\end{bmatrix},\quad \boldsymbol{A}_{\mathrm{R}}=\begin{bmatrix}\boldsymbol{O} & \boldsymbol{I} & & & \\ & \boldsymbol{O} & \boldsymbol{I} & & \\ & & & \ddots & \\ & & & \ddots & \boldsymbol{I}\\ & & & & \boldsymbol{O}\end{bmatrix},\quad \boldsymbol{B}_{\mathrm{R}}=\begin{bmatrix}\boldsymbol{O}\\ \vdots\\ \boldsymbol{O}\\ \boldsymbol{I}\end{bmatrix}$$

并且 $\boldsymbol{X}_{\mathrm{R}}(k)\in\mathbb{R}^{(h+1)m}$；$\boldsymbol{A}_{\mathrm{R}}$、$\boldsymbol{B}_{\mathrm{R}}$ 分别为$[(h+1)m]\times[(h+1)m]$和$[(h+1)m]\times m$ 矩阵。利用外部系统(8.2)，$\Delta\boldsymbol{r}(k+h+1)$可以递归地表述为 $\boldsymbol{\Gamma}\boldsymbol{S}^{h+1}\Delta\boldsymbol{v}(k)$，于是辅助系统(8.9)可进一步写为

$$\boldsymbol{X}_{\mathrm{R}}(k+1)=\boldsymbol{A}_{\mathrm{R}}\boldsymbol{X}_{\mathrm{R}}(k)+\boldsymbol{B}_{\mathrm{R}}\boldsymbol{\Gamma}\boldsymbol{S}^{h+1}\Delta\boldsymbol{v}(k)\tag{8.10}$$

基于式(8.8)与式(8.10)，可建立下述新系统：

$$\begin{aligned}\begin{bmatrix}\boldsymbol{e}_i(k+1)\\ \Delta\boldsymbol{x}_i(k+1)\\ \hdashline \boldsymbol{X}_{\mathrm{R}}(k+1)\end{bmatrix}=&\left[\begin{array}{cc:cccc}\boldsymbol{I} & h_{ii}\boldsymbol{C}_i & -m_i\boldsymbol{I} & \boldsymbol{O} & \cdots & \boldsymbol{O}\\ \boldsymbol{O} & \boldsymbol{A}_i & \boldsymbol{O} & \boldsymbol{O} & \cdots & \boldsymbol{O}\\ \hdashline \boldsymbol{O} & \boldsymbol{O} & & \boldsymbol{A}_{\mathrm{R}} & & \end{array}\right]\begin{bmatrix}\boldsymbol{e}_i(k)\\ \Delta\boldsymbol{x}_i(k)\\ \hdashline \boldsymbol{X}_{\mathrm{R}}(k)\end{bmatrix}+\begin{bmatrix}\boldsymbol{O}\\ \boldsymbol{B}_i\\ \hdashline \boldsymbol{O}\end{bmatrix}\Delta\boldsymbol{u}_i(k)+\\ &\begin{bmatrix}\boldsymbol{O}\\ \boldsymbol{O}\\ \hdashline \boldsymbol{B}_{\mathrm{R}}\boldsymbol{\Gamma}\boldsymbol{S}^{h+1}\end{bmatrix}\Delta\boldsymbol{v}(k)+\sum_{\substack{j\in\mathcal{N}_i\\ j\neq i}}\left[\begin{array}{cc:ccc}\boldsymbol{O} & -h_{ij}\boldsymbol{C}_i & \boldsymbol{O} & \cdots & \boldsymbol{O}\\ \boldsymbol{O} & \boldsymbol{O} & \boldsymbol{O} & \cdots & \boldsymbol{O}\\ \hdashline \boldsymbol{O} & \boldsymbol{O} & & \boldsymbol{O} & \end{array}\right]\begin{bmatrix}\boldsymbol{e}_j(k)\\ \Delta\boldsymbol{x}_j(k)\\ \hdashline \boldsymbol{X}_{\mathrm{R}}(k)\end{bmatrix}\end{aligned}\tag{8.11}$$

令

$$\bar{\boldsymbol{x}}_i(k)=\begin{bmatrix}\boldsymbol{e}_i(k)\\ \Delta\boldsymbol{x}_i(k)\\ \hdashline \boldsymbol{X}_{\mathrm{R}}(k)\end{bmatrix},\quad \bar{\boldsymbol{A}}_i=\left[\begin{array}{cc:cccc}\boldsymbol{I} & h_{ii}\boldsymbol{C}_i & -m_i\boldsymbol{I} & \boldsymbol{O} & \cdots & \boldsymbol{O}\\ \boldsymbol{O} & \boldsymbol{A}_i & \boldsymbol{O} & \boldsymbol{O} & \cdots & \boldsymbol{O}\\ \hdashline \boldsymbol{O} & \boldsymbol{O} & & \boldsymbol{A}_{\mathrm{R}} & & \end{array}\right]$$

$$\bar{\boldsymbol{B}}_i=\begin{bmatrix}\boldsymbol{O}\\ \boldsymbol{B}_i\\ \hdashline \boldsymbol{O}\end{bmatrix},\quad \bar{\boldsymbol{E}}_i=\begin{bmatrix}\boldsymbol{O}\\ \boldsymbol{O}\\ \hdashline \boldsymbol{B}_{\mathrm{R}}\boldsymbol{\Gamma}\boldsymbol{S}^{h+1}\end{bmatrix},\quad \bar{\boldsymbol{A}}_{ij}=\left[\begin{array}{cc:ccc}\boldsymbol{O} & -h_{ij}\boldsymbol{C}_i & \boldsymbol{O} & \cdots & \boldsymbol{O}\\ \boldsymbol{O} & \boldsymbol{O} & \boldsymbol{O} & \cdots & \boldsymbol{O}\\ \hdashline \boldsymbol{O} & \boldsymbol{O} & & \boldsymbol{O} & \end{array}\right]$$

则系统(8.11)可重新整理为

$$\begin{cases}\bar{\boldsymbol{x}}_i(k+1)=\bar{\boldsymbol{A}}_i\bar{\boldsymbol{x}}_i(k)+\bar{\boldsymbol{B}}_i\Delta\boldsymbol{u}_i(k)+\bar{\boldsymbol{E}}_i\Delta\boldsymbol{v}(k)+\sum\limits_{\substack{j\in\mathcal{N}_i\\ j\neq i}}\bar{\boldsymbol{A}}_{ij}\bar{\boldsymbol{x}}_j(k)\\ \boldsymbol{e}_i(k)=\bar{\boldsymbol{C}}_i\bar{\boldsymbol{x}}_i(k)=[\boldsymbol{I}\quad\boldsymbol{O}\ \vdots\ \boldsymbol{O}]\bar{\boldsymbol{x}}_i(k)\end{cases}\tag{8.12}$$

其中，$\bar{\boldsymbol{x}}_i(k)\in\mathbb{R}^{m+n_i+(h+1)m}$、$\bar{\boldsymbol{A}}_i$ 和 $\bar{\boldsymbol{A}}_{ij}$ 均为$[m+n_i+(h+1)m]\times[m+n_i+(h+1)m]$矩阵；$\bar{\boldsymbol{B}}_i$、$\bar{\boldsymbol{E}}_i$ 和 $\bar{\boldsymbol{C}}_i$ 分别为$[m+n_i+(h+1)m]\times r_i$、$[m+n_i+(h+1)m]\times l$ 和 $m\times[m+n_i+(h+1)m]$矩阵。

使用一阶前向差分算子建立增广系统，使得多智能体系统的协同编队预见跟踪问题转化为增广系统(8.12)的输出调节问题。根据文献[94]中的前馈输出调节原理和增广系统(8.12)中$\boldsymbol{v}(k)$的具体形式，为系统(8.12)建立如下的静态状态反馈控制策略：

$$\Delta \boldsymbol{u}_i(k)=\boldsymbol{K}_{\bar{x},i}\bar{\boldsymbol{x}}_i(k)+\boldsymbol{K}_{v,i}\Delta \boldsymbol{v}(k) \tag{8.13}$$

其中，$\boldsymbol{K}_{\bar{x},i}\in\mathbb{R}^{r_i\times[m+n_i+(h+1)m]}$和$\boldsymbol{K}_{v,i}\in\mathbb{R}^{r_i\times l}$为待设计的常数增益矩阵，$\lambda_{\max}(\bar{\boldsymbol{R}})>0$和$\lambda_{\min}(\boldsymbol{Q})>0$分别表示矩阵$\bar{\boldsymbol{R}}$和$\boldsymbol{Q}$的最大特征值和最小特征值。

然而，需要指出的是，在有向图$\bar{\mathcal{G}}$中，并不是每个跟随者都能获得领导者的信息，于是$\Delta\boldsymbol{v}(k)$仅对能够直接获得领导者信息的跟随者可用，因此所设计的静态控制器(8.13)对于部分跟随者将无法正常运行。受观测器思想的启发，如果能为每个跟随者设计观测器来估计领导者的状态$\boldsymbol{v}(k)$，使得估测量趋于领导者的状态量，那么可以使用由观测器产生的估测量来进行前馈补偿。基于上述讨论，本章为系统(8.12)建立如下基于分布式观测器的动态控制策略：

$$\Delta \boldsymbol{u}_i(k)=\boldsymbol{K}_{\bar{x},i}\bar{\boldsymbol{x}}_i(k)+\boldsymbol{K}_{v,i}\Delta \boldsymbol{\eta}_i(k) \tag{8.14a}$$

$$\boldsymbol{\eta}_i(k+1)=\boldsymbol{S}\boldsymbol{\eta}_i(k)+\mu\boldsymbol{\Omega}\boldsymbol{\Gamma}\Big[\sum_{j\in\mathcal{N}_i}a_{ij}(\boldsymbol{\eta}_i(k)-\boldsymbol{\eta}_j(k))+m_i(\boldsymbol{\eta}_i(k)-\boldsymbol{v}(k))\Big] \tag{8.14b}$$

其中，$\boldsymbol{\eta}_i(k)$表示第i个跟随者对领导者状态$\boldsymbol{v}(k)$的估计，$\mu\in\mathbb{R}$为待确定的系数，$\boldsymbol{\Omega}$为待设计的观测器增益，$i,j=1,2,\cdots,N$。如果存在μ和$\boldsymbol{\Omega}$，使得在任意初始条件$\boldsymbol{\eta}_i(0)$和$\boldsymbol{v}(0)$下有$\lim\limits_{k\to+\infty}\boldsymbol{\eta}_i(k)-\boldsymbol{v}(k)=\boldsymbol{0}$成立，那么系统(8.14b)称为跟随者的分布式观测器。

接下来，将动态控制策略(8.14)带入系统(8.12)得到

$$\begin{cases}\bar{\boldsymbol{x}}_i(k+1)=\bar{\boldsymbol{A}}_{c,i}\bar{\boldsymbol{x}}_i(k)+\bar{\boldsymbol{B}}_i\boldsymbol{K}_{v,i}\Delta\boldsymbol{\eta}_i(k)+\bar{\boldsymbol{E}}_i\Delta\boldsymbol{v}(k)+\sum\limits_{\substack{j\in\mathcal{N}_i\\ j\neq i}}\bar{\boldsymbol{A}}_{ij}\bar{\boldsymbol{x}}_j(k)\\ \Delta\boldsymbol{\eta}_i(k+1)=\boldsymbol{S}\Delta\boldsymbol{\eta}_i(k)+\mu\boldsymbol{L}\boldsymbol{\Gamma}\Delta\boldsymbol{z}_i(k)\\ \Delta\boldsymbol{z}_i(k)=\sum\limits_{j\in\mathcal{N}_i}a_{ij}(\Delta\boldsymbol{\eta}_i(k)-\Delta\boldsymbol{\eta}_j(k))+a_{i0}(\Delta\boldsymbol{\eta}_i(k)-\Delta\boldsymbol{v}(k))\\ \boldsymbol{e}_i(k)=\bar{\boldsymbol{C}}_i\bar{\boldsymbol{x}}_i(k)=[\boldsymbol{I}\quad\boldsymbol{O}\;\vdots\;\boldsymbol{O}]\bar{\boldsymbol{x}}_i(k)\end{cases} \tag{8.15}$$

这里，$\bar{\boldsymbol{A}}_{c,i}=\bar{\boldsymbol{A}}_i+\bar{\boldsymbol{B}}_i\boldsymbol{K}_{\bar{x},i}$。令

$$\bar{\boldsymbol{B}}=\mathrm{diag}\{\bar{\boldsymbol{B}}_1,\bar{\boldsymbol{B}}_2,\cdots,\bar{\boldsymbol{B}}_N\},\quad \bar{\boldsymbol{C}}=\mathrm{diag}\{\bar{\boldsymbol{C}}_1,\bar{\boldsymbol{C}}_2,\cdots,\bar{\boldsymbol{C}}_N\},\quad \bar{\boldsymbol{E}}=\mathrm{diag}\{\bar{\boldsymbol{E}}_1,\bar{\boldsymbol{E}}_2,\cdots,\bar{\boldsymbol{E}}_N\},$$

$$\boldsymbol{K}_v=\mathrm{diag}\{\boldsymbol{K}_{v,1},\boldsymbol{K}_{v,2},\cdots,\boldsymbol{K}_{v,N}\},\quad \bar{\boldsymbol{v}}(k)=\boldsymbol{1}_N\otimes\boldsymbol{v}(k)$$

$$\bar{\boldsymbol{x}}(k)=\begin{bmatrix}\bar{\boldsymbol{x}}_1(k)\\ \bar{\boldsymbol{x}}_2(k)\\ \vdots\\ \bar{\boldsymbol{x}}_N(k)\end{bmatrix},\quad \boldsymbol{\eta}(k)=\begin{bmatrix}\boldsymbol{\eta}_1(k)\\ \boldsymbol{\eta}_2(k)\\ \vdots\\ \boldsymbol{\eta}_N(k)\end{bmatrix},\quad \bar{\boldsymbol{A}}_c=\begin{bmatrix}\bar{\boldsymbol{A}}_{c,1} & \bar{\boldsymbol{A}}_{12} & \cdots & \bar{\boldsymbol{A}}_{1N}\\ \bar{\boldsymbol{A}}_{21} & \bar{\boldsymbol{A}}_{c,2} & \cdots & \bar{\boldsymbol{A}}_{2N}\\ \vdots & \vdots & & \vdots\\ \bar{\boldsymbol{A}}_{N1} & \bar{\boldsymbol{A}}_{N2} & \cdots & \bar{\boldsymbol{A}}_{c,N}\end{bmatrix}$$

则闭环系统(8.15)可另表示为

$$\begin{cases}\begin{bmatrix}\bar{\boldsymbol{x}}(k+1)\\ \Delta\boldsymbol{\eta}(k+1)\end{bmatrix}=\begin{bmatrix}\bar{\boldsymbol{A}}_c & \bar{\boldsymbol{B}}\boldsymbol{K}_v\\ \boldsymbol{O} & \boldsymbol{I}_N\otimes\boldsymbol{S}+\mu(\boldsymbol{H}\otimes\boldsymbol{L}\boldsymbol{\Gamma})\end{bmatrix}\begin{bmatrix}\bar{\boldsymbol{x}}(k)\\ \Delta\boldsymbol{\eta}(k)\end{bmatrix}+\begin{bmatrix}\bar{\boldsymbol{E}}\\ -\mu(\boldsymbol{H}\otimes\boldsymbol{L}\boldsymbol{\Gamma})\end{bmatrix}\Delta\bar{\boldsymbol{v}}(k)\\ \Delta\bar{\boldsymbol{v}}(k+1)=(\boldsymbol{I}_N\otimes\boldsymbol{S})\Delta\bar{\boldsymbol{v}}(k)\\ \boldsymbol{e}(k)=\begin{bmatrix}\bar{\boldsymbol{C}} & \boldsymbol{O}\end{bmatrix}\begin{bmatrix}\bar{\boldsymbol{x}}(k)\\ \Delta\boldsymbol{\eta}(k)\end{bmatrix}\end{cases} \tag{8.16}$$

定义 8.1（全局输出调节[94]） 如果系统(8.16)具有如下两条性质：

(1) 齐次系统

$$\begin{bmatrix} \bar{\boldsymbol{x}}(k+1) \\ \Delta\boldsymbol{\eta}(k+1) \end{bmatrix} = \begin{bmatrix} \bar{\boldsymbol{A}}_c & \bar{\boldsymbol{B}}\boldsymbol{K}_v \\ \boldsymbol{O} & \boldsymbol{I}_N \otimes \boldsymbol{S} + \mu(\boldsymbol{H} \otimes \boldsymbol{L}\boldsymbol{\Gamma}) \end{bmatrix} \begin{bmatrix} \bar{\boldsymbol{x}}(k) \\ \Delta\boldsymbol{\eta}(k) \end{bmatrix} \tag{8.17}$$

指数稳定；

(2) 给定任意的初始条件 $\boldsymbol{x}_i(0)$、$\boldsymbol{\eta}_i(0)$ 和 $\boldsymbol{v}(0)$，满足

$$\lim_{k\to+\infty} \boldsymbol{e}(k) = \lim_{k\to+\infty} \bar{\boldsymbol{C}}\bar{\boldsymbol{x}}(k) = \boldsymbol{0}$$

那么称系统(8.16)实现了全局输出调节。

附注 8.1 文献[217]和文献[218]通常将期望轨迹偏差 $\boldsymbol{d}_i(i=1,2,\cdots,N)$ 作为干扰处理，通过坐标变换来消除 $\boldsymbol{d}_i$ 对闭环系统渐近稳定性的影响。本章对 $\boldsymbol{d}_i$ 的处理与上述文献不同，从问题转化过程可以看出，使用预见控制中的状态增广技术可以直接消除虚拟调节输出(8.5)中的常值向量 $\boldsymbol{d}_i$，使得后续增广系统在形式上更简单，从而更容易转化为标准的输出调节问题进行处理。

8.3 分布式动态编队预见控制器

本节给出多智能体系统(8.1)实现编队预见跟踪所需的充分条件，以及相应的分布式动态编队预见控制策略的设计方法。在进一步讨论之前，本节根据附录 B 中的引理 B.4 给出关于分布式观测器(8.14b)的以下结论。

定理 8.1 在假设 A8.1、A8.2 和 A8.5 下，记矩阵 $\boldsymbol{H}$ 的特征值为 $\lambda_i=\mathrm{Re}(\lambda_i)+\mathrm{j}\mathrm{Im}(\lambda_i)$，其中 j 表示虚数单位，$i=1,2,\cdots,N$。选取 $\boldsymbol{\Omega}=-\boldsymbol{S}\boldsymbol{P}\boldsymbol{\Gamma}^{\mathrm{T}}(\boldsymbol{\Gamma}\boldsymbol{P}\boldsymbol{\Gamma}^{\mathrm{T}}+\boldsymbol{R}_2)^{-1}$，若 δ 满足

$$\delta < \min\left\{ \min_{i=1,2,\cdots,N} \left(\frac{\lambda_{\min}(\boldsymbol{Q})}{\lambda_{\max}(\bar{\boldsymbol{R}})} + \frac{\mathrm{Re}^2(\lambda_i)}{|\lambda_i|^2} \right), 1 \right\} \tag{8.18}$$

且 μ 属于集合：

$$\varphi(\mu) = \bigcap_{i=1}^{N} \varphi_i(\mu) \tag{8.19a}$$

$$\varphi_i(\mu) = \left\{ \mu \in \mathbb{R} \;\middle|\; \left| \mu - \frac{\mathrm{Re}(\lambda_i)}{|\lambda_i|^2} \right| < \frac{\sqrt{\mathrm{Re}^2(\lambda_i) - \delta|\lambda_i|^2}}{|\lambda_i|^2} \right\} \tag{8.19b}$$

则在任意初始条件 $\boldsymbol{\eta}_i(0)$ 和 $\boldsymbol{v}(0)$ 下：

$$\lim_{k\to+\infty} (\boldsymbol{\eta}_i(k) - \boldsymbol{v}(k)) = \boldsymbol{0}, \quad i=1,\cdots,N \tag{8.20}$$

指数收敛。

证明 记观测偏差为 $\tilde{\boldsymbol{\eta}}_i(k)=\boldsymbol{\eta}_i(k)-\boldsymbol{v}(k)$，利用式(8.2)和式(8.14b)得到

$$\begin{aligned} \tilde{\boldsymbol{\eta}}_i(k+1) &= \boldsymbol{S}\boldsymbol{\eta}_i(k) - \boldsymbol{S}\boldsymbol{v}(k) + \mu\boldsymbol{\Omega}\boldsymbol{\Gamma}\Big[\sum_{j\in\mathcal{N}_i} a_{ij}(\boldsymbol{\eta}_i(k) - \boldsymbol{\eta}_j(k)) + m_i(\boldsymbol{\eta}_i(k) - \boldsymbol{v}(k))\Big] \\ &= \boldsymbol{S}\tilde{\boldsymbol{\eta}}_i(k) + \mu\boldsymbol{\Omega}\boldsymbol{\Gamma}\Big[\sum_{j\in\mathcal{N}_i} a_{ij}(\tilde{\boldsymbol{\eta}}_i(k) - \tilde{\boldsymbol{\eta}}_j(k)) + m_i\tilde{\boldsymbol{\eta}}_i(k)\Big], \quad i=1,\cdots,N \end{aligned} \tag{8.21}$$

令 $\tilde{\boldsymbol{\eta}}(k)=[\tilde{\boldsymbol{\eta}}_1^{\mathrm{T}}(k) \quad \tilde{\boldsymbol{\eta}}_2^{\mathrm{T}}(k) \quad \cdots \quad \tilde{\boldsymbol{\eta}}_N^{\mathrm{T}}(k)]^{\mathrm{T}}$，根据 Kronecker 积的运算性质，式(8.21)可表述为如下的紧凑形式：

$$\tilde{\boldsymbol{\eta}}(k+1)=[\boldsymbol{I}_N\otimes\boldsymbol{S}+\mu(\boldsymbol{H}\otimes\boldsymbol{\Omega\Gamma})]\tilde{\boldsymbol{\eta}}(k) \tag{8.22}$$

基于定理所给条件,如果系统(8.22)是指数稳定的,那么结论是显然成立的。为证明该系统的指数稳定性,对式(8.22)实施坐标变换 $\boldsymbol{\phi}(k)=(\boldsymbol{T}^{-1}\otimes\boldsymbol{I}_l)\tilde{\boldsymbol{\eta}}(k)$,其中 $\boldsymbol{T}^{-1}$ 为非奇异矩阵,它使得 $\boldsymbol{H}$ 相似于其 Jordan 标准型矩阵 $\boldsymbol{J}$。由此得到

$$\boldsymbol{\phi}(k+1)=[\boldsymbol{I}_N\otimes\boldsymbol{S}+\mu(\boldsymbol{H}\otimes\boldsymbol{\Omega\Gamma})]\boldsymbol{\phi}(k) \tag{8.23}$$

注意到矩阵 $\boldsymbol{I}_N\otimes\boldsymbol{S}+\mu(\boldsymbol{J}\otimes\boldsymbol{\Omega\Gamma})$ 是上三角形矩阵,因此系统(8.23)的稳定性由 $\boldsymbol{S}+\mu\lambda_i\boldsymbol{\Omega\Gamma}$ 的稳定性确定。于是,在定理条件下,只需要证明当 δ 和 μ 满足定理中的约束时:

$$\boldsymbol{\phi}_i(k+1)=(\boldsymbol{S}+\mu\lambda_i\boldsymbol{\Omega\Gamma})\boldsymbol{\phi}_i(k),\quad i=1,\cdots,N \tag{8.24}$$

指数稳定即可。

借助引理 B.4 中的修正代数 Riccati 方程(B4),定义候选 Lyapunov 函数为

$$\boldsymbol{V}(\boldsymbol{\phi}_i(k))=\boldsymbol{\phi}_i^{\mathrm{T}}(k)\boldsymbol{P}\boldsymbol{\phi}_i(k),\quad i=1,\cdots,N$$

由 $\boldsymbol{P}=\boldsymbol{P}^{\mathrm{T}}>0$ 知,$\boldsymbol{V}(\boldsymbol{\xi}_i(k))$ 正定。那么沿着系统(8.24)的轨迹对 $\boldsymbol{V}(\boldsymbol{\xi}_i(k))$ 取差分得

$$\begin{aligned}
\Delta\boldsymbol{V}(\boldsymbol{\phi}_i(k))&=\boldsymbol{\phi}_i^{\mathrm{T}}(k+1)\boldsymbol{P}\boldsymbol{\phi}_i(k+1)-\boldsymbol{\phi}_i^{\mathrm{T}}(k)\boldsymbol{P}\boldsymbol{\phi}_i(k)\\
&=\boldsymbol{\phi}_i^{\mathrm{T}}(k)[(\boldsymbol{S}+\mu\lambda_i\boldsymbol{\Omega\Gamma})\boldsymbol{P}(\boldsymbol{S}+\mu\lambda_i\boldsymbol{\Omega\Gamma})^{\mathrm{T}}-\boldsymbol{P}]\boldsymbol{\phi}_i(k)\\
&=\boldsymbol{\phi}_i^{\mathrm{T}}(k)[\boldsymbol{SPS}^{\mathrm{T}}-2\mathrm{Re}(\lambda_i)\mu\bar{\boldsymbol{R}}-\boldsymbol{P}+\\
&\quad|\lambda_i|^2\mu^2\boldsymbol{SP\Gamma}^{\mathrm{T}}(\boldsymbol{\Gamma P\Gamma}^{\mathrm{T}}+\boldsymbol{R}_2)^{-1}\boldsymbol{\Gamma P\Gamma}^{\mathrm{T}}(\boldsymbol{\Gamma P\Gamma}^{\mathrm{T}}+\boldsymbol{R}_2)^{-1}\boldsymbol{\Gamma PS}^{\mathrm{T}}]\boldsymbol{\phi}_i(k)\\
&=\boldsymbol{\phi}_i^{\mathrm{T}}(k)[-\boldsymbol{Q}_2+\delta\bar{\boldsymbol{R}}-2\mathrm{Re}(\lambda_i)\mu\bar{\boldsymbol{R}}+\\
&\quad|\lambda_i|^2\mu^2\boldsymbol{SP\Gamma}^{\mathrm{T}}(\boldsymbol{\Gamma P\Gamma}^{\mathrm{T}}+\boldsymbol{R}_2)^{-1}(\boldsymbol{\Gamma P\Gamma}^{\mathrm{T}}+\boldsymbol{R}_2-\boldsymbol{R}_2)(\boldsymbol{\Gamma P\Gamma}^{\mathrm{T}}+\boldsymbol{R}_2)^{-1}\boldsymbol{\Gamma PS}^{\mathrm{T}}]\boldsymbol{\phi}_i(k)\\
&\leqslant\boldsymbol{\phi}_i^{\mathrm{T}}(k)[(|\lambda_i|^2\mu^2-2\mathrm{Re}(\lambda_i)\mu+\delta)\bar{\boldsymbol{R}}-\boldsymbol{Q}_2]\boldsymbol{\phi}_i(k)\\
&\leqslant\boldsymbol{\phi}_i^{\mathrm{T}}(k)\{[(|\lambda_i|^2\mu^2-2\mathrm{Re}(\lambda_i)\mu+\delta)\lambda_{\max}(\bar{\boldsymbol{R}})-\lambda_{\min}(\boldsymbol{Q}_2)]\cdot\boldsymbol{I}\}\boldsymbol{\phi}_i(k)
\end{aligned}$$

其中,$\bar{\boldsymbol{R}}$ 参见附录 B 中的引理 B.4。令

$$f_i(\mu)=(|\lambda_i|^2\mu^2-2\mathrm{Re}(\lambda_i)\mu+\delta)\lambda_{\max}(\bar{\boldsymbol{R}})-\lambda_{\min}(\boldsymbol{Q}_2)$$

显然,若使得 $\Delta\boldsymbol{V}(\boldsymbol{\xi}_i(k))$ 负定,则只需 $f_i(\mu)<0$,或者令

$$g_i(\mu)\triangleq|\lambda_i|^2\mu^2-2\mathrm{Re}(\lambda_i)\mu+\left(\delta-\frac{\lambda_{\min}(\boldsymbol{Q}_2)}{\lambda_{\max}(\bar{\boldsymbol{R}})}\right)<0$$

注意到 $|\lambda_i|^2>0$,利用一元二次函数的基本知识知,当

$$\delta-\left(\frac{\lambda_{\min}(\boldsymbol{Q}_2)}{\lambda_{\max}(\bar{\boldsymbol{R}})}+\frac{\mathrm{Re}^2(\lambda_i)}{|\lambda_i|^2}\right)<0 \tag{8.25}$$

成立时,存在关于 μ 的定义域使得 $g_i(\mu)<0$。容易判断,当 δ 满足限制条件(8.18)时,式(8.25)成立。再由一元二次函数根与系数的关系得到,当 μ 属于集合 $\varphi(\mu)$〔式(8.19b)〕时,$g_i(\mu)<0$。进一步,如果 $\mu\in\varphi(\mu)=\bigcap_{i=1}^{N}\varphi_i(\mu)$,那么对任意的 i,都有 $g_i(\mu)<0$,进而有 $\Delta\boldsymbol{V}(\boldsymbol{\xi}_i(k))<0$。注意到 $\boldsymbol{P}$ 是对称正定矩阵,$\boldsymbol{V}(\phi_i(k))$ 是正定二次型函数,于是证得系统(8.24)在定理 8.1 所给条件下是渐近稳定的。对于线性时不变系统而言,由文献[198]知,其渐近稳定与指数稳定等价,于是系统(8.22)在定理 8.1 所给条件下指数稳定,进而结论成立。 **证毕**

附注 8.2 考虑到引理 B.4 中 $\delta_c<\delta\leqslant1$ 的约束,因此当 $\dfrac{\lambda_{\min}(\boldsymbol{Q})}{\lambda_{\max}(\bar{\boldsymbol{R}})}+\dfrac{\mathrm{Re}^2(\lambda_i)}{|\lambda_i|^2}$ 的取值大于 1 时,需要用条件(8.18)对 δ 取值范围进行限制。另外,在进行数值仿真时,为计算得到修正代数 Riccati 方程(B4)中的正定解阵,通常从趋近于 δ_c 的一侧对 δ 进行取值,其中 $\delta_c=1-1/\max|\lambda_i(\boldsymbol{S})|$,

$i=1,2,\cdots,l$。

基于附录 B 中的引理 B.6、B.7 以及定理 B.1，下面给出系统(8.16)实现全局输出调节的充分条件。

定理 8.2 在假设 A8.1～假设 A8.5 下，如果：

(1) 反馈增益矩阵 $\boldsymbol{K}_{\bar{x},i}$ 使得 $\bar{\boldsymbol{A}}_i+\bar{\boldsymbol{B}}_i\boldsymbol{K}_{\bar{x},i}$ 稳定，其中 $i=1,2,\cdots,N$；

(2) 前馈增益为 $\boldsymbol{K}_{v,i}=\boldsymbol{U}_i-\boldsymbol{K}_{\bar{x},i}\boldsymbol{X}_i$，其中 $(\boldsymbol{X}_i,\boldsymbol{U}_i)$ 为调节方程(B6)的解；

(3) 分布式观测器增益为 $\boldsymbol{\Omega}=-\boldsymbol{SP\Gamma}^{\mathrm{T}}(\boldsymbol{\Gamma P\Gamma}^{\mathrm{T}}+\boldsymbol{R}_2)^{-1}$，其中 $\boldsymbol{P}$ 为修正代数 Riccati 方程(B4)的正定解；

(4) 参数 μ 和 δ 分别满足式(8.18)和式(8.19)。

那么分布式动态控制策略(8.14)可使得系统(8.16)实现输出调节。

证明 由上文中的讨论知，若控制策略(8.14)使得输出调节问题可解，则闭环系统(8.16)需要满足定义 8.1 中的两个性质。

下面利用定理 8.2 中的所给条件来证明定义 8.1 中的性质(1)。观察系统(8.17)的系数矩阵的特点可以发现，其指数稳定性由 $\bar{\boldsymbol{A}}_c$ 和 $\boldsymbol{I}_N\otimes\boldsymbol{S}+\mu(\boldsymbol{H}\otimes\boldsymbol{\Omega\Gamma})$ 的稳定性来确定。在假设 A8.1 下，通过对有向图 $\bar{\mathcal{G}}$ 中的顶点的重新排序，可使得 $\bar{\boldsymbol{A}}_c$ 具有下三角形式，因此若定理 8.2 中的条件(1)成立，则 $\bar{\boldsymbol{A}}_c$ 稳定。另外，重新标记顶点，等价于对矩阵 $\boldsymbol{H}$ 做初等变换，此时矩阵 $\boldsymbol{H}$ 的特征值不变。因此，在假设 A8.1～假设 A8.5 下，根据引理 8.1，当定理 8.2 中的条件(3)和(4)满足时，矩阵 $\boldsymbol{I}_N\otimes\boldsymbol{S}+\mu(\boldsymbol{H}\otimes\boldsymbol{\Omega\Gamma})$ 稳定。于是得齐次系统(8.17)指数稳定。

接着，证明定义 8.1 中的性质(2)成立。对于调节方程(B6)，记

$$\boldsymbol{X}=\mathrm{diag}\{\boldsymbol{X}_1,\boldsymbol{X}_2,\cdots,\boldsymbol{X}_N\},\quad \boldsymbol{U}=\mathrm{diag}\{\boldsymbol{U}_1,\boldsymbol{U}_2,\cdots,\boldsymbol{U}_N\}$$
$$\boldsymbol{K}_{\bar{x}}=\mathrm{diag}\{\boldsymbol{K}_{\bar{x},1},\boldsymbol{K}_{\bar{x},2},\cdots,\boldsymbol{K}_{\bar{x},N}\}$$

$$\bar{\boldsymbol{A}}=\begin{bmatrix}\bar{\boldsymbol{A}}_{11} & & & \\ \bar{\boldsymbol{A}}_{21} & \bar{\boldsymbol{A}}_{22} & & \\ \vdots & \vdots & \ddots & \\ \bar{\boldsymbol{A}}_{N1} & \bar{\boldsymbol{A}}_{N2} & \cdots & \bar{\boldsymbol{A}}_{NN}\end{bmatrix}$$

由于 $\boldsymbol{K}_{v,i}=\boldsymbol{U}_i-\boldsymbol{K}_{\bar{x},i}\boldsymbol{X}_i$，则引理 8.6 中的调节方程(B6)可表示为

$$\begin{cases}\boldsymbol{X}(\boldsymbol{I}_N\otimes\boldsymbol{S})=\bar{\boldsymbol{A}}_c\boldsymbol{X}+\bar{\boldsymbol{E}}_c\\ \boldsymbol{O}=\bar{\boldsymbol{C}}\boldsymbol{X}\end{cases}\tag{8.26}$$

其中，$\bar{\boldsymbol{A}}_c=\bar{\boldsymbol{A}}+\bar{\boldsymbol{B}}\boldsymbol{K}_{\bar{x}}$，$\bar{\boldsymbol{E}}_c=\bar{\boldsymbol{E}}+\bar{\boldsymbol{B}}\boldsymbol{K}_v$。令 $\bar{\boldsymbol{X}}=[\boldsymbol{X}^{\mathrm{T}}\quad \boldsymbol{I}_{Nl}]^{\mathrm{T}}$，由式(8.26)可得到

$$\begin{bmatrix}\bar{\boldsymbol{A}}_c & \bar{\boldsymbol{B}}\boldsymbol{K}_v\\ \boldsymbol{O} & \boldsymbol{I}_N\otimes\boldsymbol{S}+\mu(\boldsymbol{H}\otimes\boldsymbol{\Omega\Gamma})\end{bmatrix}\bar{\boldsymbol{X}}+\begin{bmatrix}\bar{\boldsymbol{E}}\\ -\mu(\boldsymbol{H}\otimes\boldsymbol{\Omega\Gamma})\end{bmatrix}$$
$$=\begin{bmatrix}\bar{\boldsymbol{A}}_c\boldsymbol{X}+\bar{\boldsymbol{B}}\boldsymbol{K}_v+\bar{\boldsymbol{E}}\\ \boldsymbol{I}_N\otimes\boldsymbol{S}+\mu(\boldsymbol{H}\otimes\boldsymbol{\Omega\Gamma})-\mu(\boldsymbol{H}\otimes\boldsymbol{\Omega\Gamma})\end{bmatrix}=\begin{bmatrix}\boldsymbol{X}(\boldsymbol{I}_N\otimes\boldsymbol{S})\\ \boldsymbol{I}_N\otimes\boldsymbol{S}\end{bmatrix}=\bar{\boldsymbol{X}}(\boldsymbol{I}_N\otimes\boldsymbol{S})\tag{8.27a}$$

和

$$\bar{\boldsymbol{C}}\boldsymbol{X}=[\bar{\boldsymbol{C}}\quad \boldsymbol{O}]\bar{\boldsymbol{X}}=\boldsymbol{O}\tag{8.27b}$$

注意到$\begin{bmatrix}\bar{\boldsymbol{A}}_{\mathrm{c}} & \bar{\boldsymbol{B}}\boldsymbol{K}_{\mathrm{v}}\\ \boldsymbol{O} & \boldsymbol{I}_N\otimes\boldsymbol{S}+\mu(\boldsymbol{H}\otimes\boldsymbol{\Omega\Gamma})\end{bmatrix}$与$(\boldsymbol{I}_N\otimes\boldsymbol{S})$的谱集相交为空集，因此根据附录B中的引理B.2知，上述关于$\bar{\boldsymbol{X}}$的调节方程(8.27)存在唯一解。下面应用$\bar{\boldsymbol{X}}$对系统(8.16)进行坐标变换：

$$\begin{bmatrix}\tilde{\boldsymbol{x}}(k)\\ \Delta\tilde{\boldsymbol{\eta}}(k)\end{bmatrix}=\begin{bmatrix}\bar{\boldsymbol{x}}(k)\\ \Delta\boldsymbol{\eta}(k)\end{bmatrix}-\bar{\boldsymbol{X}}\Delta\bar{\boldsymbol{v}}(k)$$

于是，由调节方程(8.27a)得到

$$\begin{cases}\begin{bmatrix}\tilde{\boldsymbol{x}}(k+1)\\ \Delta\tilde{\boldsymbol{\eta}}(k+1)\end{bmatrix}=\begin{bmatrix}\bar{\boldsymbol{A}}_{\mathrm{c}} & \bar{\boldsymbol{B}}\boldsymbol{K}_{\mathrm{v}}\\ \boldsymbol{O} & \boldsymbol{I}_N\otimes\boldsymbol{S}+\mu(\boldsymbol{H}\otimes\boldsymbol{\Omega\Gamma})\end{bmatrix}\begin{bmatrix}\tilde{\boldsymbol{x}}(k)\\ \Delta\tilde{\boldsymbol{\eta}}(k)\end{bmatrix}\\ \boldsymbol{e}(k)=\begin{bmatrix}\bar{\boldsymbol{C}} & \boldsymbol{O}\end{bmatrix}\begin{bmatrix}\tilde{\boldsymbol{x}}(k)\\ \Delta\tilde{\boldsymbol{\eta}}(k)\end{bmatrix}+\begin{bmatrix}\bar{\boldsymbol{C}} & \boldsymbol{O}\end{bmatrix}\bar{\boldsymbol{X}}\Delta\bar{\boldsymbol{v}}(k)\end{cases}$$

已经证得，$\begin{bmatrix}\tilde{\boldsymbol{x}}^{\mathrm{T}}(k) & \Delta\tilde{\boldsymbol{\eta}}^{\mathrm{T}}(k)\end{bmatrix}^{\mathrm{T}}$的指数随着时间$k$趋于无穷而收敛于$\boldsymbol{0}$，而$\begin{bmatrix}\bar{\boldsymbol{C}} & \boldsymbol{O}\end{bmatrix}$为常值矩阵，因此可以得到

$$\lim_{k\to+\infty}\boldsymbol{e}(k)=\begin{bmatrix}\bar{\boldsymbol{C}} & \boldsymbol{O}\end{bmatrix}\cdot\lim_{k\to+\infty}\begin{bmatrix}\tilde{\boldsymbol{x}}(k)\\ \Delta\tilde{\boldsymbol{\eta}}(k)\end{bmatrix}=\boldsymbol{0}$$

即定义8.1中的性质(2)成立。这便证得在定理8.2所给条件下，分布式动态控制策略(8.14)可使得系统(8.16)实现输出调节。 **证毕**

当领导者与跟随者组成的信息交换拓扑$\bar{\mathcal{G}}$满足假设A8.1时，$\lim\limits_{k\to+\infty}\boldsymbol{e}(k)=\boldsymbol{0}$蕴含着$\lim\limits_{k\to+\infty}\boldsymbol{\xi}(k)=0$，从而$\lim\limits_{k\to+\infty}\boldsymbol{\xi}_i(k)=\boldsymbol{0}$，$i=1,2,\cdots,N$。同时从式(8.5)和式(8.6)容易得到$\lim\limits_{k\to+\infty}(\boldsymbol{y}_i(k)-\boldsymbol{y}_j(k))=\boldsymbol{d}_{ij}$。因此，使得全局协调输出调节问题可解的充分条件同样使得编队预见跟踪问题可解。

进一步，基于定理8.2与引理8.3，立即可得定理8.3。

定理8.3 在假设A8.1～假设A8.5下，如果：

(1) 反馈增益矩阵为$\boldsymbol{K}_{\bar{x},i}=-(\boldsymbol{R}_{1,i}+\bar{\boldsymbol{B}}_i^{\mathrm{T}}\boldsymbol{Y}_i\bar{\boldsymbol{B}}_i)^{-1}\bar{\boldsymbol{B}}_i^{\mathrm{T}}\boldsymbol{Y}_i\bar{\boldsymbol{A}}_i$，$i=1,2,\cdots,N$，其中矩阵$\boldsymbol{Y}_i$满足的代数Riccati方程为

$$\boldsymbol{Y}_i=\bar{\boldsymbol{A}}_i^{\mathrm{T}}[\boldsymbol{Y}_i-\boldsymbol{Y}_i\bar{\boldsymbol{B}}_i(\boldsymbol{R}_{1,i}+\bar{\boldsymbol{B}}_i^{\mathrm{T}}\boldsymbol{Y}_i\bar{\boldsymbol{B}}_i)^{-1}\bar{\boldsymbol{B}}_i^{\mathrm{T}}\boldsymbol{Y}_i]\bar{\boldsymbol{A}}_i+\boldsymbol{Q}_{1,i} \tag{8.28}$$

$\boldsymbol{R}_{1,i}$和$\boldsymbol{Q}_{1,i}$均为对称正定矩阵；

(2) 前馈增益为$\boldsymbol{K}_{\mathrm{v},i}=\boldsymbol{U}_i-\boldsymbol{K}_{\bar{x},i}\boldsymbol{X}_i$，其中$(\boldsymbol{X}_i,\boldsymbol{U}_i)$为调节方程(B6)的解；

(3) 分布式观测器增益为$\boldsymbol{\Omega}=-\boldsymbol{SP\Gamma}^{\mathrm{T}}(\boldsymbol{\Gamma P\Gamma}^{\mathrm{T}}+\boldsymbol{R}_2)^{-1}$，其中$\boldsymbol{P}$为修正代数Riccati方程(B4)的正定解；

(4) 参数μ和δ分别满足式(8.18)和式(8.19)。

那么使编队预见跟踪问题可解的分布式动态控制策略为

$$\boldsymbol{u}_i(k)=\sum_{t=0}^{k-1}\boldsymbol{K}_{\mathrm{e},i}\boldsymbol{e}_i(t)+\boldsymbol{K}_{\mathrm{x},i}\boldsymbol{x}_i(k)+\sum_{j=0}^{h}\boldsymbol{K}_{\mathrm{R},i}^{(j)}\boldsymbol{r}(j+k)+\boldsymbol{K}_{\mathrm{v},i}\boldsymbol{\eta}_i(k)+\boldsymbol{\varphi}_i(0) \tag{8.29}$$

在上述控制器中，$[\boldsymbol{K}_{\mathrm{e},i} \quad \boldsymbol{K}_{\mathrm{x},i} \quad \boldsymbol{K}_{\mathrm{R},i}(1) \quad \cdots \quad \boldsymbol{K}_{\mathrm{R},i}(h+1)]=\boldsymbol{K}_{\bar{x},i}$；$\boldsymbol{\varphi}_i(0)$ 代表初始值补偿，定义为

$$\boldsymbol{\varphi}_i(0)=\boldsymbol{u}_i(0)-\boldsymbol{K}_{\mathrm{x},i}\boldsymbol{x}_i(0)-\sum_{j=0}^{h}\boldsymbol{K}_{\mathrm{R},i}^{(j)}\boldsymbol{r}(j)-\boldsymbol{K}_{\mathrm{v},i}\boldsymbol{\eta}_i(0)$$

另外，各分块增益矩阵的维数分别为 $\boldsymbol{K}_{\mathrm{e},i}\in\mathbb{R}^{r_i\times m}$、$\boldsymbol{K}_{\mathrm{x},i}\in\mathbb{R}^{r_i\times n_i}$、$\boldsymbol{K}_{\mathrm{R},i}^{(j)}\in\mathbb{R}^{r_i\times m}$ 和 $\boldsymbol{K}_{\mathrm{v},i}\in\mathbb{R}^{r_i\times l}$，其中 $i=1,2,\cdots,N$，$j=0,1,\cdots,h$。

证明 在定理 8.3 中的假设下，当条件(1)成立时，从引理 B.3 知 $\bar{\boldsymbol{A}}_i+\bar{\boldsymbol{B}}_i\boldsymbol{K}_{\bar{x},i}$ 稳定。于是，根据定理 8.2 可得，分布式动态控制策略(8.14)可使得全局输出调节问题可解，再次利用式(8.7)中 $\boldsymbol{e}(k)$ 和 $\boldsymbol{\xi}(k)$ 之间的关系可以证明，控制策略(8.14)也可用于解决编队预见跟踪问题。

根据增广状态向量 $\bar{\boldsymbol{x}}_i(k)$ 的构成，将反馈增益矩阵 $\boldsymbol{K}_{\bar{x},i}$ 分解为

$$\boldsymbol{K}_{\bar{x},i}=[\boldsymbol{K}_{\mathrm{e},i} \quad \boldsymbol{K}_{\mathrm{x},i} \quad \boldsymbol{K}_{\mathrm{R},i}(1) \quad \cdots \quad \boldsymbol{K}_{\mathrm{R},i}(h+1)]$$

则由控制策略(8.14)得

$$\Delta\boldsymbol{u}_i(k)=\boldsymbol{K}_{\mathrm{e},i}\boldsymbol{e}_i(k)+\boldsymbol{K}_{\mathrm{x},i}\Delta\boldsymbol{x}_i(k)+\sum_{j=1}^{h+1}\boldsymbol{K}_{\mathrm{R},i}(j)\Delta\boldsymbol{r}(j+k-1)+\boldsymbol{K}_{\mathrm{v},i}\Delta\boldsymbol{\eta}_i(k)$$

将上式按一阶前向差分算子展开，所得结果从 1 到 k 执行叠加运算，便可得到分布式动态编队预见跟踪控制策略(8.29)。

证毕

附注 8.3 本章研究的虽是编队预见跟踪问题，但当编队偏差向量 $\boldsymbol{d}_i$ 为零时，问题将退化为一般的分布式协同跟踪问题。注意到使用差分进行状态增广后，编队偏差向量将不再出现在增广系统中，因此本章的方法也适用于解决分布式协同预见跟踪控制问题。

附注 8.4 本章所构造的分布式观测器受到了文献[102]和文献[219]的启发。文献[102]研究了输出同步问题，为每个智能体设计了如下的内部参考模型〔详见文献[102]中的式(4c)〕：

$$\boldsymbol{z}_i(k+1)=\boldsymbol{A}_{\mathrm{m}}\boldsymbol{z}_i(k)+\boldsymbol{L}_3\sum_{j=1}^{n}a_{ij}\boldsymbol{C}_{\mathrm{m}}(\boldsymbol{z}_j(k)-\boldsymbol{z}_i(k)),\quad i=1,2,\cdots,n \tag{8.30}$$

其中，$(\boldsymbol{A}_{\mathrm{m}},\boldsymbol{C}_{\mathrm{m}})$ 可检测，$\boldsymbol{L}_3$ 为待设计的增益矩阵。本章为解决编队预见跟踪问题，在上述模型的基础上考虑了跟随者与领导者间的通信情况，且在模型中添加了自由参数 δ。与文献[102]相比，自由参数的引入使得分布式观测器(8.14b)在实现对 $\boldsymbol{v}(k)$ 的估计时，与通信拓扑相应的矩阵 $\boldsymbol{H}$ 的特征值将不再被限制在某一区域内，这也意味着通信权重可以任意调整。

另外，文献[219]基于领导者的状态方程，提出了如下的分布式观测器〔详见文献[219]中的式(16)〕：

$$\boldsymbol{\eta}_i(k+1)=\boldsymbol{S}_0\boldsymbol{\eta}_i(k)+\mu\boldsymbol{S}_0\Big(\sum_{j\in\mathcal{N}_i}a_{ij}(\boldsymbol{\eta}_j(k)-\boldsymbol{\eta}_i(k))\Big),\quad i=1,2,\cdots,N \tag{8.31}$$

该模型与本章中的分布式观测器(8.14b)结构相似，不同点在于本章的分布式观测器(8.14b)的通信耦合项中使用了领导者的测量输出矩阵而非状态矩阵。这样做的好处有两个：一是通信拓扑与领导者的状态矩阵都不再受到限制，二是观测器增益 $\boldsymbol{\Omega}$ 的引入增加了设计自由度。

最后，基于定理 8.3，给出分布式动态编队预见跟踪控制策略增益的求解过程(见算法 8.1)。

算法 8.1 分布式动态编队预见跟踪控制策略增益的求解过程

Step 1：解代数 Riccati 方程(8.28)获得反馈增益矩阵 $\boldsymbol{K}_{\bar{x},i}$。

Step 2：使用调节方程(B6)计算$(\boldsymbol{X}_i,\boldsymbol{U}_i)$，并由$\boldsymbol{K}_{v,i}=\boldsymbol{U}_i-\boldsymbol{K}_{\bar{x},i}\boldsymbol{X}_i$获得前馈增益矩阵$\boldsymbol{K}_{v,i}$。

Step 3：据$\delta_c=1-\dfrac{1}{\max\|\lambda_i(\boldsymbol{S})\|}$计算$\delta_c$，选择$\delta(\delta_c<\delta\leqslant 1)$并据此求解引理B.4中的修正代数Riccati方程(B4)。

Step 4：验证所选δ是否满足

$$\delta\leqslant\lambda_{\min}(\boldsymbol{Q})/\lambda_{\max}(\bar{\boldsymbol{R}})+\mathrm{Re}^2(\lambda_i)/|\lambda_i|^2$$

if $\delta>\lambda_{\min}(\boldsymbol{Q})/\lambda_{\max}(\bar{\boldsymbol{R}})+\mathrm{Re}^2(\lambda_i)/|\lambda_i|^2$ then

| 更新δ：$\delta>\lambda_{\min}(\boldsymbol{Q})/\lambda_{\max}(\bar{\boldsymbol{R}})+\mathrm{Re}^2(\lambda_i)/|\lambda_i|^2$；

else

| 返回；

end

Step 5：根据所选的δ和式(8.19)确定μ。

Step 6：根据代数Riccati方程(B4)，确定分布式观测器增益$\boldsymbol{\Omega}$。

对于该算法，下面就Step 2中的调节方程求解以及Step 3中的修正代数Riccati方程求解给出一些必要的说明。

附注8.5 从对方程(B6)的分析得出，求解$(\boldsymbol{X}_i,\boldsymbol{U}_i)$的关键在于解出方程(B10)中的$(\boldsymbol{X}_{i,2},\boldsymbol{U}_i)$。根据Kronecker积的性质，方程(B10)可以转化为如下的代数方程：

$$\boldsymbol{\Phi}_i\boldsymbol{\xi}_i=\boldsymbol{b}_i \tag{8.32}$$

其中：

$$\boldsymbol{\Phi}_i=\boldsymbol{S}^{\mathrm{T}}\otimes\begin{bmatrix}\boldsymbol{I}_{n_i} & \boldsymbol{O}\\ \boldsymbol{O} & \boldsymbol{O}\end{bmatrix}-\boldsymbol{I}_l\otimes\begin{bmatrix}\boldsymbol{A}_i & \boldsymbol{B}_i\\ \boldsymbol{C}_i & \boldsymbol{O}\end{bmatrix},\quad \boldsymbol{\xi}_i=\mathrm{vec}\begin{bmatrix}\boldsymbol{X}_{i,2}\\ \boldsymbol{U}_i\end{bmatrix}$$

$$\boldsymbol{b}_i=\mathrm{vec}\begin{bmatrix}\boldsymbol{O}\\ -h_{ii}^{-1}m_i\boldsymbol{\Gamma}-\sum_{j=1}^{i-1}h_{ii}^{-1}h_{ij}\boldsymbol{C}_i\boldsymbol{X}_{j,2}\end{bmatrix}$$

考虑到假设A8.4，很容易验证矩阵$\boldsymbol{\Phi}_i$是行满秩的。注意到$\boldsymbol{\Phi}_i$可能不是方阵，那么基于最小二乘算法得到方程(8.32)的解为$\boldsymbol{\xi}_i=\boldsymbol{\Phi}_i(\boldsymbol{\Phi}_i\boldsymbol{\Phi}_i^{\mathrm{T}})^{-1}\boldsymbol{b}_i$。因此在算法8.1中Step 2中，$(\boldsymbol{X}_i,\boldsymbol{U}_i)$可通过$\boldsymbol{X}_{i,1}=\boldsymbol{O}$、$\boldsymbol{\xi}_i$以及$\boldsymbol{X}_{i,3}=[\boldsymbol{\Gamma}^{\mathrm{T}},(\boldsymbol{\Gamma S})^{\mathrm{T}},\cdots,(\boldsymbol{\Gamma S}^h)^{\mathrm{T}}]^{\mathrm{T}}$给出。

附注8.6 尽管代数Riccati方程(B3)和修正代数Riccati方程(B4)形式相同，但在求解后者时，由于参数δ的存在，MATLAB中的"dare"命令便会失效。为此，在选取δ后，往往采用文献[215]中的如下迭代格式对方程(B4)进行数值求解。

$$\boldsymbol{P}(k+1)=\boldsymbol{SP}(k)\boldsymbol{S}^{\mathrm{T}}+\boldsymbol{Q}-\delta\boldsymbol{SP}(k)\boldsymbol{\Gamma}^{\mathrm{T}}(\boldsymbol{\Gamma P}(k)\boldsymbol{\Gamma}^{\mathrm{T}}+\boldsymbol{R})^{-1}\boldsymbol{\Gamma P}(k)\boldsymbol{S}^{\mathrm{T}} \tag{8.33}$$

8.4 数值仿真

本节通过一个数值例子验证基于观测器的分布式动态编队预见控制策略的有效性。

考虑由 4 个异质跟随者和 1 个领导者组成的多智能体系统的编队预见跟踪问题，其中智能体间的信息交互由如图 8.1 所示的有向无环图来描述。

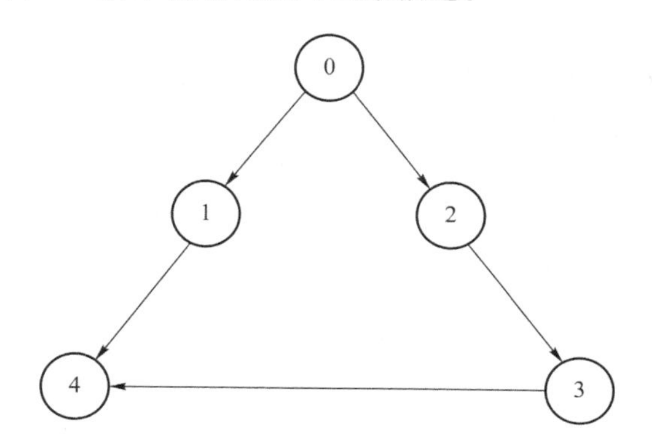

图 8.1 领导者与跟随者间的信息交互拓扑

对于 4 个跟随者，其动力学方程的系统矩阵分别如下：

$$\boldsymbol{A}_1=\begin{bmatrix}1 & 0.4\\0 & 1\end{bmatrix}\otimes\boldsymbol{I}_2,\quad \boldsymbol{B}_1=\begin{bmatrix}0\\0.4\end{bmatrix}\otimes\boldsymbol{I}_2,\quad \boldsymbol{C}_1=[1\quad 0]\otimes\boldsymbol{I}_2$$

$$\boldsymbol{A}_2=\begin{bmatrix}1 & 0.2\\0 & 1\end{bmatrix}\otimes\boldsymbol{I}_2,\quad \boldsymbol{B}_2=\begin{bmatrix}0\\0.2\end{bmatrix}\otimes\boldsymbol{I}_2,\quad \boldsymbol{C}_2=[1\quad 0]\otimes\boldsymbol{I}_2$$

$$\boldsymbol{A}_3=\begin{bmatrix}1 & 0.8\\0 & 1\end{bmatrix}\otimes\boldsymbol{I}_2,\quad \boldsymbol{B}_3=\begin{bmatrix}0\\0.8\end{bmatrix}\otimes\boldsymbol{I}_2,\quad \boldsymbol{C}_3=[-1\quad 1]\otimes\boldsymbol{I}_2$$

$$\boldsymbol{A}_4=\begin{bmatrix}1 & 0.7\\0 & 1\end{bmatrix}\otimes\boldsymbol{I}_2,\quad \boldsymbol{B}_4=\begin{bmatrix}0\\0.7\end{bmatrix}\otimes\boldsymbol{I}_2,\quad \boldsymbol{C}_4=[1\quad 0]\otimes\boldsymbol{I}_2$$

根据文献[196]中的 PBH 秩判据容易验证$(\boldsymbol{A}_i,\boldsymbol{B}_i)$是可镇定的，其中 $i=1,2,3,4$。

另外，参考信号 $\boldsymbol{r}(k)$ 由外部系统(8.2)产生，其中：

$$\boldsymbol{S}=\begin{bmatrix}1 & 1\\0 & 1\end{bmatrix}\otimes\boldsymbol{I}_2,\quad \boldsymbol{\Gamma}=[1\quad 0]\otimes\boldsymbol{I}_2$$

再次应用 PBH 秩判据可以判定$(\boldsymbol{S},\boldsymbol{\Gamma})$是可检测的。上述计算蕴含着假设 A8.5 成立。注意到矩阵 $\boldsymbol{S}$ 的特征值为 1，所以其位于复平面的单位圆上(假设 A8.2 满足)，通过简单的计算可以确定$\begin{bmatrix}\boldsymbol{I}-\boldsymbol{A}_i & \boldsymbol{B}_i\\\boldsymbol{C}_i & \boldsymbol{O}\end{bmatrix}$是行满秩的，其中 $i=1,2,3,4$，即假设 A8.4 成立。此外，假设领导者的输出信号是可预见的，即 $\boldsymbol{r}(k)$ 满足假设 A8.3。

对于图 8.1，顶点 0 表示领导者，其余顶点表示跟随者。通过观察发现，该图包含一棵以 0 为根顶点的生成树，因此假设 A8.1 成立。与图 8.1 相应的拉普拉斯矩阵 $\boldsymbol{L}$ 和牵引矩阵 $\boldsymbol{M}$ 分别为

$$\boldsymbol{L}=\begin{bmatrix}0 & 0 & 0 & 0\\0 & 0 & 0 & 0\\0 & -0.5 & 0.5 & 0\\-0.5 & 0 & -0.5 & 1.0\end{bmatrix},\quad \boldsymbol{M}=\begin{bmatrix}2 & & & \\ & 1 & & \\ & & 0 & \\ & & & 0\end{bmatrix}$$

由于假设 A8.1～假设 A8.5 均成立，因此本例中的编队预见跟踪问题可表述为基于前馈的分布式输出调节问题。下面按照定理 8.3 的条件给出具体的控制器设计步骤。

下面将分别针对 $h=0$(无预见信息)和 $h=10$(有预见信息)两种情形进行数值仿真,进而比较两种情况的仿真结果来说明本章提出的分布式设计方法的有效性,以及预见信息对改善编队预见跟踪性能的优越性。

首先,利用代数 Riccati 方程(8.28)求解控制增益 $\boldsymbol{K}_{\bar{x},i}$,$i=1,2,3,4$。为此选取

$$\boldsymbol{Q}_{1,1}=\boldsymbol{Q}_{1,2}=\boldsymbol{Q}_{1,3}=\boldsymbol{I}_{8+2h},\quad \boldsymbol{Q}_{1,4}=10\cdot\boldsymbol{I}_{8+2h}$$

$$\boldsymbol{R}_{1,1}=0.8\cdot\boldsymbol{I}_2,\quad \boldsymbol{R}_{1,2}=0.5\cdot\boldsymbol{I}_2,\quad \boldsymbol{R}_{1,3}=0.2\cdot\boldsymbol{I}_2,\quad \boldsymbol{R}_{1,4}=3\cdot\boldsymbol{I}_2$$

其次,依据附注 8.5 从调节方程(B6)中解出$(\boldsymbol{X}_i,\boldsymbol{U}_i)$,$i=1,2,3,4$。基于 $\boldsymbol{K}_{\mathrm{v},i}=\boldsymbol{U}_i-\boldsymbol{K}_{\bar{x},i}\boldsymbol{X}_i$,两种预见步长($h=0$ 和 $h=10$)下的前馈增益矩阵 $\boldsymbol{K}_{\mathrm{v},i}$ 分别为

$$\boldsymbol{K}_{\mathrm{v},1}=[3.79381\quad 8.69504]\otimes\boldsymbol{I}_2,\quad \boldsymbol{K}_{\mathrm{v},2}=[5.70761\quad 19.93769]\otimes\boldsymbol{I}_2$$

$$\boldsymbol{K}_{\mathrm{v},3}=[-1.89540\quad 4.35301]\otimes\boldsymbol{I}_2,\quad \boldsymbol{K}_{\mathrm{v},4}=[2.33504\quad -12.38681]\otimes\boldsymbol{I}_2$$

和

$$\boldsymbol{K}_{\mathrm{v},1}=[0.00233\quad -0.17786]\otimes\boldsymbol{I}_2,\quad \boldsymbol{K}_{\mathrm{v},2}=[-0.22451\quad -4.41553]\otimes\boldsymbol{I}_2$$

$$\boldsymbol{K}_{\mathrm{v},3}=[-1.89540\quad 4.35301]\otimes\boldsymbol{I}_2,\quad \boldsymbol{K}_{\mathrm{v},4}=[2.33504\quad -12.38681]\otimes\boldsymbol{I}_2$$

然后,根据修正代数 Riccati 方程(B4)求解分布式观测器(8.14b)的增益矩阵 $\boldsymbol{\Omega}$。由附注 8.4 知 $\delta_c=1-1/\max|\lambda_i(\boldsymbol{S})|=0$,于是选取 $\delta=0.6$、$\boldsymbol{Q}=6\cdot\boldsymbol{I}_4$,$\boldsymbol{R}=0.1\otimes\boldsymbol{I}_2$,得到 $\boldsymbol{\Omega}=[-1.36751\quad -0.36888]^{\mathrm{T}}\otimes\boldsymbol{I}_2$,通过验证发现 $\delta=0.6$ 满足式(8.18)。利用所选 δ 和式(8.19)又可得

$$2(1-\sqrt{0.4})<\mu<0.5(1+\sqrt{0.4})\quad (\text{取 }\sqrt{0.4}\approx 0.6325)$$

令多智能体系统(8.1)、分布式观测器(8.14b)和外部系统(8.2)的初始状态分别为

$$\boldsymbol{x}_{10}=\begin{bmatrix}1.5\\3.0\\0.3\\0.1\end{bmatrix},\quad \boldsymbol{x}_{20}=\begin{bmatrix}-1.0\\1.9\\0.5\\0.1\end{bmatrix},\quad \boldsymbol{x}_{30}=\begin{bmatrix}1.0\\0.2\\0.1\\0.2\end{bmatrix},\quad \boldsymbol{x}_{40}=\begin{bmatrix}0.3\\-2.0\\0.2\\0.2\end{bmatrix}$$

$$\boldsymbol{\eta}_{10}=\begin{bmatrix}-0.15\\0.3\\0.3\\0.1\end{bmatrix},\quad \boldsymbol{\eta}_{20}=\begin{bmatrix}0.2\\0.1\\0.5\\0.1\end{bmatrix},\quad \boldsymbol{\eta}_{30}=\begin{bmatrix}-0.1\\0.3\\0.1\\0.2\end{bmatrix},\quad \boldsymbol{\eta}_{40}=\begin{bmatrix}0.1\\0.2\\0.2\\0.2\end{bmatrix},\quad \boldsymbol{\eta}(0)=\begin{bmatrix}0\\0\\1\\1\end{bmatrix}$$

令期望的编队偏差向量 $\boldsymbol{d}_i$ 为

$$\boldsymbol{d}_1=\begin{bmatrix}-10\\0\end{bmatrix},\quad \boldsymbol{d}_2=\begin{bmatrix}0\\-10\end{bmatrix},\quad \boldsymbol{d}_3=\begin{bmatrix}-20\\0\end{bmatrix},\quad \boldsymbol{d}_4=\begin{bmatrix}0\\-20\end{bmatrix}$$

在选取 $\mu=0.8$ 后,基于所获得的增益矩阵对系统(8.1)展开数值仿真。

图 8.2(a)和图 8.2(d)分别表示预见步长为 0 和 10 时所有跟随者在有向图 $\bar{\mathcal{G}}$ 下的输出轨迹。图 8.2(b)、图 8.2(c)、图 8.2(e)和图 8.2(f)展示了上述两种情形下的编队跟踪误差。可以观察到,不管是否存在预见信息,所设计的动态控制策略都会使得多智能体系统实现编队跟踪。然而,通过比较图 8.2(b)、图 8.2(c)、图 8.2(e)和图 8.2(f)可以发现,编队跟踪误差的收敛速度会随着预见步长的增加而提升。为验证该观察结论,定义如下距离公式:

$$\boldsymbol{\zeta}_1(k)=\sum_{i=1}^{4}\|\boldsymbol{\xi}_{i1}(k)\|,\quad \boldsymbol{\zeta}_2(k)=\sum_{i=1}^{4}\|\boldsymbol{\xi}_{i2}(k)\|$$

上述两式用于测量所有跟随者的编队跟踪误差 $\boldsymbol{\xi}_i$ 与 $\boldsymbol{0}$ 之间的距离。

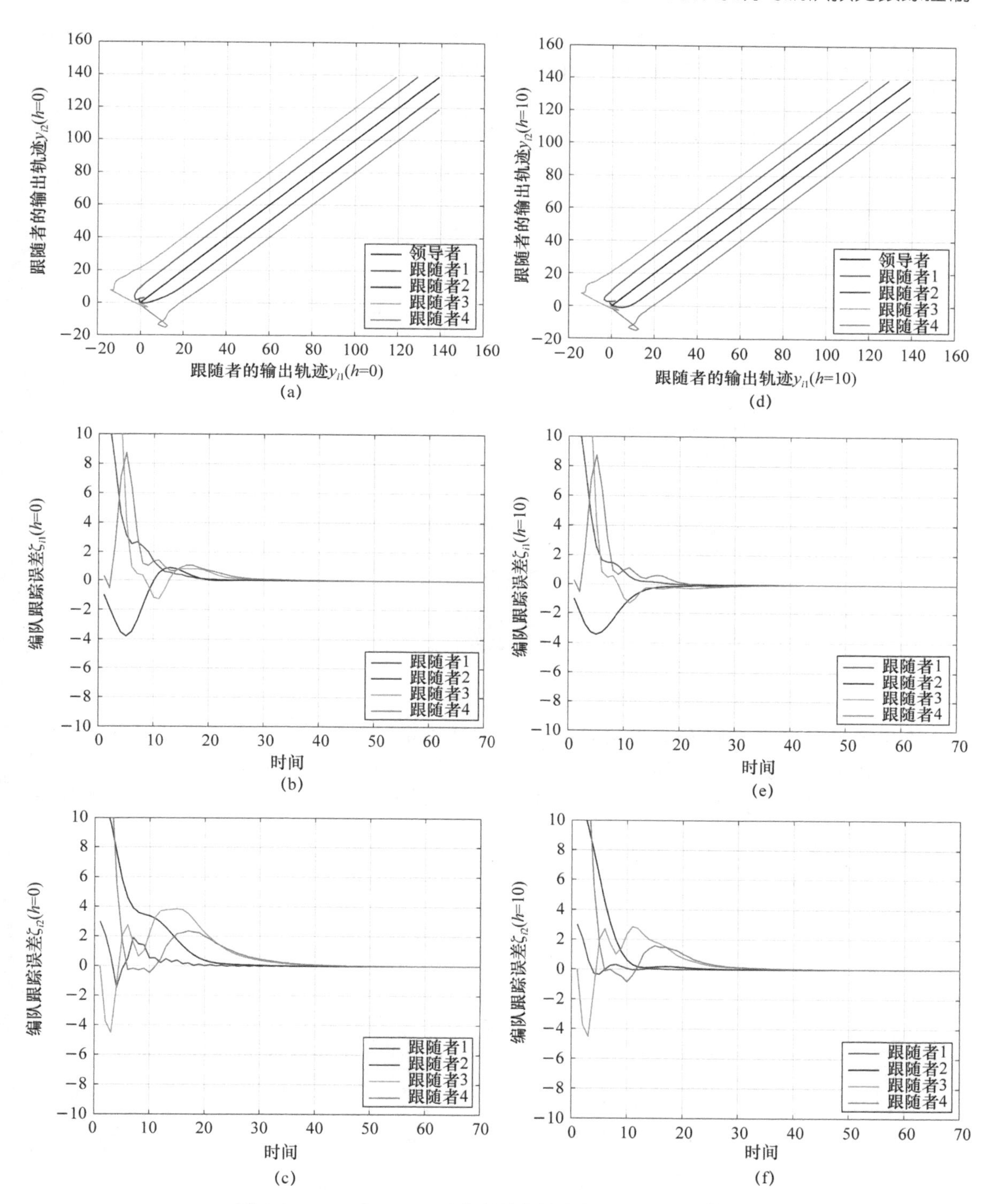

图 8.2　$h=0$ 和 $h=10$ 时的跟随者输出轨迹与编队跟踪误差

图 8.2 彩图

图 8.3 给出了 $\zeta_1(k)$ 和 $\zeta_2(k)$ 随时间及预见步长的变化趋势，可以清晰地看出，预见信息对于改善闭环多智能体系统的瞬态响应性能有显著的影响。

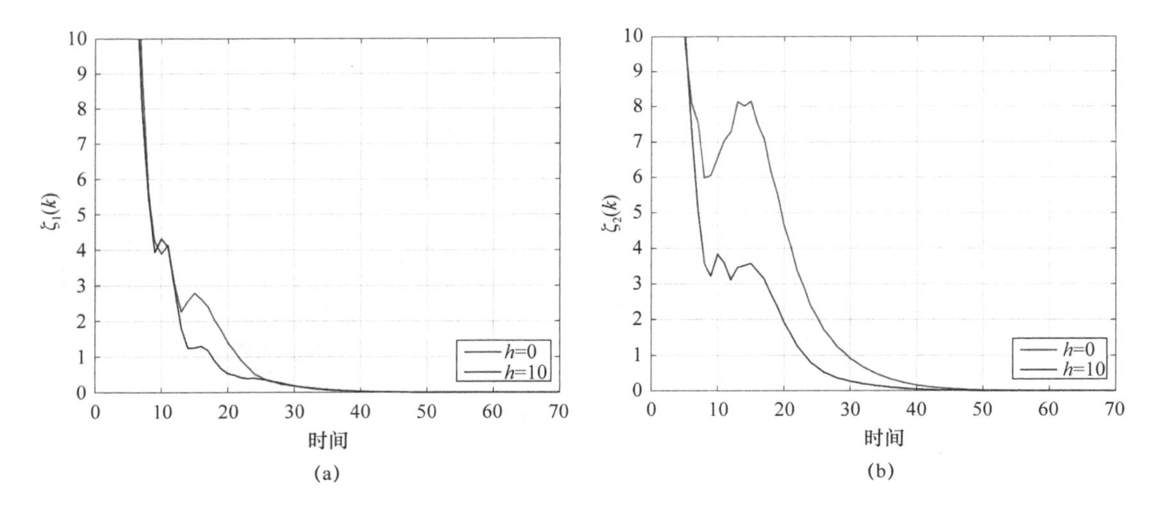

图 8.3 $\zeta_1(k)$ 和 $\zeta_2(k)$ 随时间及预见步长的变化趋势

图 8.3 彩图

在本章提出的方法中，分布式观测器(8.14b)在确定每个跟随者对领导者状态的估计时起着关键作用。为了证实本章的分布式观测器的有效性，图 8.4 提供了分布式观测器(8.14b)在 $\mu=0.8$ 时的估计误差曲线。可以看出，分布式观测器的每个分量都能渐近收敛到与领导者对应的状态分量。

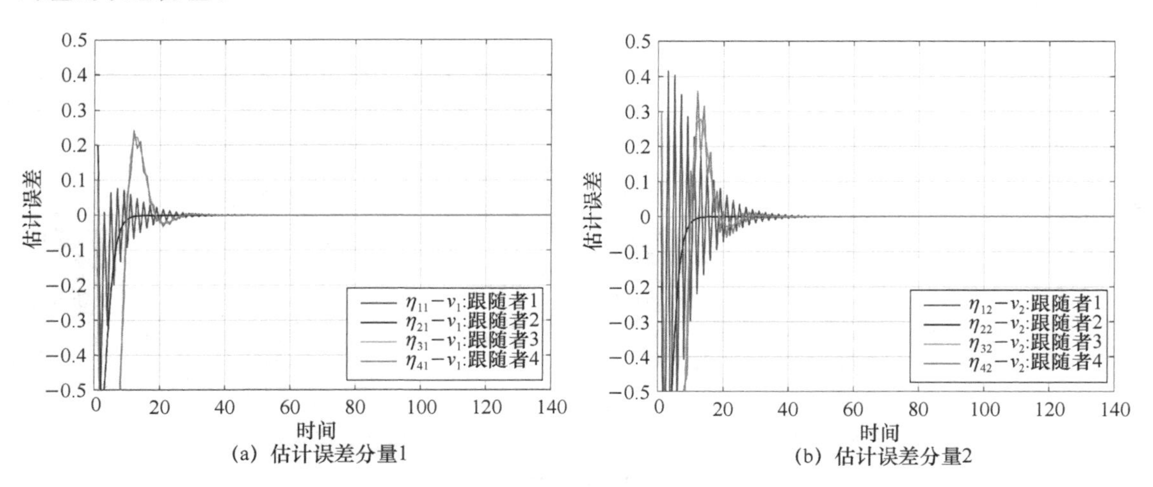

图 8.4 分布式观测器(8.14b)在 $\mu=0.8$ 时的估计误差曲线

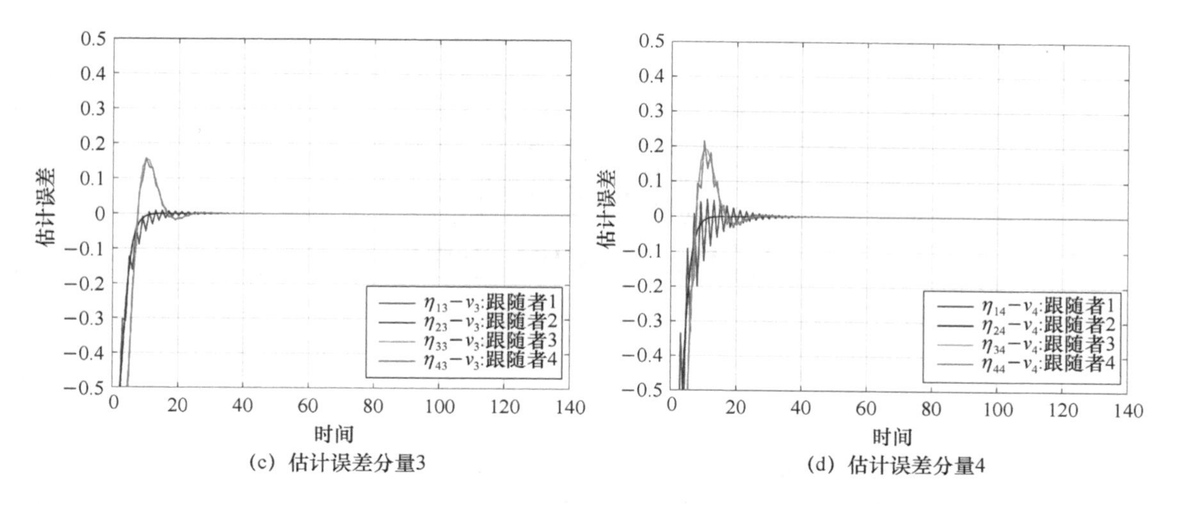

(c) 估计误差分量3　　(d) 估计误差分量4

图 8.4　分布式观测器(8.14b)在 $\mu=0.8$ 时的估计误差曲线(续)

图 8.4 彩图

8.5　本章小结

本章在有向无环通信拓扑包含一棵生成树的假设下，研究了离散时间线性多智能体系统的编队预见跟踪问题。由于期望的队形是固定的，状态增广技术可以消除编队偏差向量对闭环系统稳定性的影响，因此本章基于前馈的输出调节方法，将原始问题表述为一个增广系统的分布式输出调节问题。当编队向量为零时，本章提出的方法给出了解决一般离散时间线性多智能体系统的协调跟踪问题的一种新的框架。未来我们将专注于研究该类问题在切换拓扑与编队随时间变化时的情形。

附录 A
引理 3.3 的证明

在证明引理 3.3 之前，首先给出引理 A.1。

引理 A.1[220]　如果下面的条件同时成立：

(1) $\boldsymbol{f}(t)\in\mathbb{R}^n$ 在 $[0,+\infty)$ 上有界且 $\lim\limits_{t\to\infty}\boldsymbol{f}(t)=\boldsymbol{0}$；

(2) 矩阵 $\boldsymbol{A}$ 稳定。

那么连续时间线性系统：

$$\begin{cases}\dot{\boldsymbol{x}}(t)=\boldsymbol{A}\boldsymbol{x}(t)+\boldsymbol{f}(t)\\ \boldsymbol{x}(t_0)=\boldsymbol{x}_0\in\mathbb{R}^n\end{cases}$$

的零解为渐近稳定的。

引理 3.3 的证明　若 $(\boldsymbol{E},\boldsymbol{A})$ 是容许的，则由(3.3)知存在非奇异矩阵 $\boldsymbol{U}$ 和 $\boldsymbol{S}$ 使

$$\boldsymbol{UES}=\begin{bmatrix}\boldsymbol{I} & \boldsymbol{O}\\ \boldsymbol{O} & \boldsymbol{O}\end{bmatrix},\quad \boldsymbol{UAS}=\begin{bmatrix}\boldsymbol{A}_1 & \boldsymbol{O}\\ \boldsymbol{O} & \boldsymbol{I}\end{bmatrix}$$

且 $\boldsymbol{A}_1$ 是稳定的。对系统(3.12)选取坐标变换 $\begin{bmatrix}\boldsymbol{x}_1\\ \boldsymbol{x}_2\end{bmatrix}=\boldsymbol{S}^{-1}\boldsymbol{x}$，并用 $\boldsymbol{U}$ 左乘(3.12)得到

$$\begin{bmatrix}\boldsymbol{I} & \boldsymbol{O}\\ \boldsymbol{O} & \boldsymbol{O}\end{bmatrix}\begin{bmatrix}\dot{\boldsymbol{x}}_1\\ \dot{\boldsymbol{x}}_2\end{bmatrix}=\begin{bmatrix}\boldsymbol{A}_1 & \boldsymbol{O}\\ \boldsymbol{O} & \boldsymbol{I}\end{bmatrix}\begin{bmatrix}\boldsymbol{x}_1\\ \boldsymbol{x}_2\end{bmatrix}+\begin{bmatrix}\boldsymbol{U}_1\\ \boldsymbol{U}_2\end{bmatrix}\boldsymbol{f}$$

其中 $\boldsymbol{U}=\begin{bmatrix}\boldsymbol{U}_1\\ \boldsymbol{U}_2\end{bmatrix}$，$\boldsymbol{U}_1\in\mathbb{R}^{q\times n}$，$\boldsymbol{U}_2\in\mathbb{R}^{(n-q)\times n}$。即：

$$\dot{\boldsymbol{x}}_1=\boldsymbol{A}_1\boldsymbol{x}_1+\boldsymbol{U}_1\boldsymbol{f},\quad \boldsymbol{x}_{10}=[\boldsymbol{I}\quad \boldsymbol{O}]\boldsymbol{S}^{-1}\boldsymbol{x}_0 \tag{A1}$$

$$\boldsymbol{x}_2=-\boldsymbol{U}_2\boldsymbol{f},\quad \boldsymbol{x}_{20}=[\boldsymbol{O}\quad \boldsymbol{I}]\boldsymbol{S}^{-1}\boldsymbol{x}_0=-\boldsymbol{U}_2\boldsymbol{f}(0) \tag{A2}$$

由于系统(A1)满足引理 A.1 所需的条件，所以系统(A1)的零解是渐近稳定的。另外，从方程(A2)得到

$$\|\boldsymbol{x}_2\|=\|-\boldsymbol{U}_2\boldsymbol{f}\|\leqslant\|\boldsymbol{U}_2\|\,\|\boldsymbol{f}\|$$

而条件(1)蕴含着 $\boldsymbol{f}$ 渐近趋于 $\boldsymbol{0}$，因此从上式知 $\boldsymbol{x}_2$ 渐近稳定到 $\boldsymbol{0}$。

根据 $\boldsymbol{x}_1$ 和 $\boldsymbol{x}_2$ 的渐近稳定性，以及

$$\|\boldsymbol{x}\|=\left\|\boldsymbol{S}\begin{bmatrix}\boldsymbol{x}_1\\ \boldsymbol{x}_2\end{bmatrix}\right\|\leqslant\|\boldsymbol{S}\|\left\|\begin{bmatrix}\boldsymbol{x}_1\\ \boldsymbol{x}_2\end{bmatrix}\right\|\leqslant\|\boldsymbol{S}\|(\|\boldsymbol{x}_1\|+\|\boldsymbol{x}_2\|)$$

可得 $\boldsymbol{x}$ 渐近稳定到 $\boldsymbol{0}$。即证得在引理 A.1 的条件(1)和(2)下，系统(3.12)是渐近稳定的。

证毕

附录B

第8章所用引理

引理B.1[94] 对于具有适当维数的矩阵 $\boldsymbol{A}_i$、$\boldsymbol{B}_i$、$\boldsymbol{C}_i$、$\boldsymbol{E}_i$ 和 $\boldsymbol{F}_i$，当且仅当假设 A8.4 成立时，对任意的 $\boldsymbol{E}_i$、$\boldsymbol{F}_i$，矩阵方程：

$$\begin{cases}\boldsymbol{X}_i\boldsymbol{S}=\boldsymbol{A}_i\boldsymbol{X}_i+\boldsymbol{B}_i\boldsymbol{U}_i+\boldsymbol{E}_i\\ \boldsymbol{O}=\boldsymbol{C}_i\boldsymbol{X}_i+\boldsymbol{F}_i\end{cases} \tag{B1}$$

存在一组解($\boldsymbol{X}_i$,$\boldsymbol{U}_i$)。

引理B.2[94] 对于给定的常数矩阵 $\boldsymbol{A}\in\mathbb{R}^{m\times m}$、$\boldsymbol{B}\in\mathbb{R}^{n\times n}$ 和 $\boldsymbol{Q}\in\mathbb{R}^{n\times m}$，Sylvester 方程

$$\boldsymbol{XA}-\boldsymbol{BX}=\boldsymbol{Q} \tag{B2}$$

存在唯一解 X 的充要条件是 $\boldsymbol{A}$ 与 $\boldsymbol{B}$ 没有共同的特征值。

引理B.3[215] 考虑线性系统 $\boldsymbol{x}(k+1)=\boldsymbol{Ax}(k)+\boldsymbol{Bu}(k)$。如果($A$,$b$)是可镇定的，且 $\boldsymbol{R}$ 和 $\boldsymbol{Q}$ 为对称正定矩阵，那么下面的代数 Riccati 方程：

$$\boldsymbol{P}=\boldsymbol{A}^{\mathrm{T}}[\boldsymbol{P}-\boldsymbol{PB}(\mathrm{R}+\boldsymbol{B}^{\mathrm{T}}\boldsymbol{PB})^{-1}\boldsymbol{B}^{\mathrm{T}}\boldsymbol{P}]\boldsymbol{A}+\boldsymbol{Q} \tag{B3}$$

存在唯一的对称正定解阵 $\boldsymbol{P}$，并且闭环系统 $\boldsymbol{x}(k+1)=(\boldsymbol{A}+\boldsymbol{BK})\boldsymbol{x}(k)$ 是渐近稳定的，其中 $\boldsymbol{K}=-(\boldsymbol{R}+\boldsymbol{B}^{\mathrm{T}}\boldsymbol{PB})^{-1}\boldsymbol{B}^{\mathrm{T}}\boldsymbol{PA}$。

引理B.4[221] 若($\boldsymbol{S}$,$\boldsymbol{\Gamma}$)可检测，$\boldsymbol{Q}$ 和 $\boldsymbol{R}$ 对称正定，且 $\boldsymbol{S}$ 不稳定，那么存在一个 $\lambda_c\in[0,1)$，使得当 $\delta_c<\delta\leqslant 1$ 时，修正代数 Riccati 方程：

$$\boldsymbol{P}=\boldsymbol{SPS}^{\mathrm{T}}+\boldsymbol{Q}-\delta\bar{\boldsymbol{R}} \tag{B4}$$

存在正定的解阵 $\boldsymbol{P}$，其中 $\bar{\boldsymbol{R}}=\boldsymbol{SP\Gamma}^{\mathrm{T}}(\boldsymbol{\Gamma P\Gamma}^{\mathrm{T}}+\boldsymbol{R})^{-1}\boldsymbol{\Gamma PS}^{\mathrm{T}}$。

对于辅助系统(8.10)，利用引理B.2可得引理B.5。

引理B.5 在假设 A8.2 和 A8.3 下，Sylvester 方程：

$$\Xi\boldsymbol{S}=\boldsymbol{A}_{\mathrm{R}}\Xi+\boldsymbol{B}_{\mathrm{R}}\boldsymbol{\Gamma S}^{h+1} \tag{B5}$$

存在唯一解 $\boldsymbol{\Xi}$，且 $\boldsymbol{\Xi}=[\boldsymbol{\Gamma}^{\mathrm{T}},(\boldsymbol{\Gamma S})^{\mathrm{T}},\cdots,(\boldsymbol{\Gamma S}^h)^{\mathrm{T}}]^{\mathrm{T}}$。

证明 从式(8.9)知 $\boldsymbol{A}_{\mathrm{R}}$ 稳定，因此由假设 A8.2 得到 $\boldsymbol{S}$ 与 $\boldsymbol{A}_{\mathrm{R}}$ 没有公共的特征值。那么根据引理B.2得，方程(B5)存在唯一解 $\boldsymbol{\Xi}$。下面证明 $\boldsymbol{\Xi}=[\boldsymbol{\Gamma}^{\mathrm{T}},(\boldsymbol{\Gamma S})^{\mathrm{T}},\cdots,(\boldsymbol{\Gamma S}^h)^{\mathrm{T}}]^{\mathrm{T}}$。

根据 $\boldsymbol{A}_{\mathrm{R}}$ 的维数，将 $\boldsymbol{\Xi}$ 相应地分解为 $\boldsymbol{\Xi}=[\boldsymbol{\Xi}_0^{\mathrm{T}},\boldsymbol{\Xi}_1^{\mathrm{T}},\cdots,\boldsymbol{\Xi}_h^{\mathrm{T}}]^{\mathrm{T}}$，则由方程(B5)得到

$$\begin{cases}\boldsymbol{\Xi}_p\boldsymbol{S}=\boldsymbol{\Xi}_{p+1}, & p=0,1,\cdots,h-1\\ \boldsymbol{\Xi}_h\boldsymbol{S}=\boldsymbol{\Gamma S}^{h+1}, & p=h\end{cases}$$

注意到 $\boldsymbol{S}$ 是非奇异的，那么 $\boldsymbol{\Xi}_h=\boldsymbol{\Gamma}\boldsymbol{S}^h$，将其回代得到

$$\boldsymbol{\Xi}_i=\boldsymbol{\Gamma}\boldsymbol{S}^i,\quad p=0,1,\cdots,h$$

即方程(B5)的解为 $\boldsymbol{\Xi}=[\boldsymbol{\Gamma}^{\mathrm{T}},(\boldsymbol{\Gamma}\boldsymbol{S})^{\mathrm{T}},\cdots,(\boldsymbol{\Gamma}\boldsymbol{S}^h)^{\mathrm{T}}]^{\mathrm{T}}$。 **证毕**

接下来，为给出保证系统(8.16)实现协调输出调节所需的充分条件，以及控制增益矩阵 $\boldsymbol{K}_{\bar{x},i}$ 和 $\boldsymbol{K}_{v,i}$ 的设计方法，需要引入关于系统(8.12)的引理 8.6。

引理 B.6 若假设 A8.1、A8.4 以及 A8.5 成立，则 $(\bar{\boldsymbol{A}}_i,\bar{\boldsymbol{B}}_i)$ 可镇定，$i=1,2,\cdots,N$。

证明 由可镇定的 PBH 秩判据[198]知，$(\bar{\boldsymbol{A}}_i,\bar{\boldsymbol{B}}_i)$ 可镇定的充要条件是对任意的 $|z|\geqslant1$，矩阵 $\begin{bmatrix}z\boldsymbol{I}-\bar{\boldsymbol{A}}_i & \bar{\boldsymbol{B}}_i\end{bmatrix}$ 行满秩。

根据矩阵 $\bar{\boldsymbol{A}}_i$ 和 $\bar{\boldsymbol{B}}_i$ 的结构得到

$$\begin{aligned}&\begin{bmatrix}z\boldsymbol{I}-\bar{\boldsymbol{A}}_i & \bar{\boldsymbol{B}}_i\end{bmatrix}\\=&\left[\begin{array}{cc|cccc|c|c}(z-1)\boldsymbol{I} & -h_{ii}\boldsymbol{C}_i & m_i\boldsymbol{I} & \boldsymbol{O} & \cdots & \boldsymbol{O} & \boldsymbol{O} & \boldsymbol{O}\\ \boldsymbol{O} & z\boldsymbol{I}-\boldsymbol{A}_i & \boldsymbol{O} & \boldsymbol{O} & \cdots & \boldsymbol{O} & \boldsymbol{O} & \boldsymbol{B}_i\\ \hline \boldsymbol{O} & \boldsymbol{O} & z\boldsymbol{I} & -\boldsymbol{I} & & & \boldsymbol{O} & \boldsymbol{O}\\ \boldsymbol{O} & \boldsymbol{O} & & z\boldsymbol{I} & -\boldsymbol{I} & & \boldsymbol{O} & \boldsymbol{O}\\ & & & & \ddots & & & \\ \vdots & \vdots & & & \ddots & -\boldsymbol{I} & \vdots & \vdots\\ \boldsymbol{O} & \boldsymbol{O} & & & & z\boldsymbol{I} & \boldsymbol{O} & \boldsymbol{O}\end{array}\right]\end{aligned}$$

因为 $|z|\geqslant1$，故 $z\boldsymbol{I}$ 非奇异，利用 $z\boldsymbol{I}$ 对上述矩阵作行初等变换得到

$$\begin{bmatrix}z\boldsymbol{I}-\bar{\boldsymbol{A}}_i & \bar{\boldsymbol{B}}_i\end{bmatrix}\rightarrow\left[\begin{array}{cc|cccc|c|c}(z-1)\boldsymbol{I} & -h_{ii}\boldsymbol{C}_i & \boldsymbol{O} & \boldsymbol{O} & \cdots & \boldsymbol{O} & \boldsymbol{O} & \boldsymbol{O}\\ \boldsymbol{O} & z\boldsymbol{I}-\boldsymbol{A}_i & \boldsymbol{O} & \boldsymbol{O} & \cdots & \boldsymbol{O} & \boldsymbol{O} & \boldsymbol{B}_i\\ \hline \boldsymbol{O} & \boldsymbol{O} & z\boldsymbol{I} & \boldsymbol{O} & & & \boldsymbol{O} & \boldsymbol{O}\\ \boldsymbol{O} & \boldsymbol{O} & & z\boldsymbol{I} & \boldsymbol{O} & & \boldsymbol{O} & \boldsymbol{O}\\ & & & & \ddots & & & \\ \vdots & \vdots & & & \ddots & \boldsymbol{O} & \vdots & \vdots\\ \boldsymbol{O} & \boldsymbol{O} & & & & z\boldsymbol{I} & \boldsymbol{O} & \boldsymbol{O}\end{array}\right]$$

由初等变换不改变矩阵的秩的性质知

$$\operatorname{rank}\begin{bmatrix}z\boldsymbol{I}-\bar{\boldsymbol{A}}_i & \bar{\boldsymbol{B}}_i\end{bmatrix}=m(h+1)+\operatorname{rank}(\boldsymbol{V}_i(z))$$

其中：

$$\boldsymbol{V}_i(z)=\begin{bmatrix}(z-1)\boldsymbol{I} & -h_{ii}\boldsymbol{C}_i & \boldsymbol{O}\\ \boldsymbol{O} & z\boldsymbol{I}-\boldsymbol{A}_i & \boldsymbol{B}_i\end{bmatrix},\quad i=1,2,\cdots,N$$

于是，在假设 A8.1、A8.4 以及 A8.5 下，若能证得对任意的 $|z|\geqslant1$，$\boldsymbol{V}_i(z)$ 行满秩，则 $\begin{bmatrix}z\boldsymbol{I}-\bar{\boldsymbol{A}}_i & \bar{\boldsymbol{B}}_i\end{bmatrix}$ 行满秩。为此，下面分两种情形进行讨论。

第一种情形。当 $z=1$ 时，

$$\operatorname{rank}(\boldsymbol{V}_i(z)|_{z=1})=\operatorname{rank}\begin{bmatrix}-h_{ii}\boldsymbol{C}_i & \boldsymbol{O}\\ \boldsymbol{I}-\boldsymbol{A}_i & \boldsymbol{B}_i\end{bmatrix}$$

注意到初等变换关系：

$$\begin{bmatrix} -h_{ii}\boldsymbol{C}_i & \boldsymbol{O} \\ \boldsymbol{I}-\boldsymbol{A}_i & \boldsymbol{B}_i \end{bmatrix} = \begin{bmatrix} \boldsymbol{O} & -h_{ii}\boldsymbol{I} \\ \boldsymbol{I} & \boldsymbol{O} \end{bmatrix} \begin{bmatrix} \boldsymbol{I}-\boldsymbol{A}_i & \boldsymbol{B}_i \\ \boldsymbol{C}_i & \boldsymbol{O} \end{bmatrix}$$

其中，$h_{ii} \neq 0$ 为矩阵 $\boldsymbol{H}$ 的主对角线元素，$i=1,2,\cdots,N$。由于 $\begin{bmatrix} \boldsymbol{I}-\boldsymbol{A}_i & \boldsymbol{B}_i \\ \boldsymbol{C}_i & \boldsymbol{O} \end{bmatrix}$ 行满秩（假设 A8.4），因此 $\begin{bmatrix} -h_{ii}\boldsymbol{C}_i & \boldsymbol{O} \\ \boldsymbol{I}-\boldsymbol{A}_i & \boldsymbol{B}_i \end{bmatrix}$ 行满秩。这蕴含着当 $z=1$ 时，$[z\boldsymbol{I}-\bar{\boldsymbol{A}}_i \quad \bar{\boldsymbol{B}}_i]$ 行满秩。

第二种情形。当 $z \in \{z \mid z \neq 1, |z| \geqslant 1\}$ 时，由于 $z \neq 1$，因此 $(z-1)\boldsymbol{I}$ 非奇异。此时 $\boldsymbol{V}_i(z)$ 经列初等变换得到

$$\boldsymbol{V}_i(z) \rightarrow \begin{bmatrix} (z-1)\boldsymbol{I} & \boldsymbol{O} & \boldsymbol{O} \\ \boldsymbol{O} & z\boldsymbol{I}-\boldsymbol{A}_i & \boldsymbol{B}_i \end{bmatrix}$$

由假设 A8.5 知 $(\boldsymbol{A}_i, \boldsymbol{B}_i)$ 可镇定，故而当 $z \in \{z \mid z \neq 1, |z| \geqslant 1\}$ 时，$\boldsymbol{V}_i(z)$ 行满秩，进而 $[z\boldsymbol{I}-\bar{\boldsymbol{A}}_i \quad \bar{\boldsymbol{B}}_i]$ 行满秩。

证毕

另外，根据本章所给假设、引理 B.1 和引理 B.5，立即可得关于系统(8.12)的引理 8.7。

引理 B.7 若假设 A8.1～A8.5 成立，则调节方程：

$$\begin{cases} \boldsymbol{X}_i\boldsymbol{S} = \bar{\boldsymbol{A}}_i\boldsymbol{X}_i + \bar{\boldsymbol{B}}_i\boldsymbol{U}_i + \left(\bar{\boldsymbol{E}}_i + \sum\limits_{j \in N_i, j \neq i} \bar{\boldsymbol{A}}_{ij}\boldsymbol{X}_j\right) \\ \boldsymbol{O} = \bar{\boldsymbol{C}}_i\boldsymbol{X}_i \end{cases} \tag{B6}$$

存在解对 $(\boldsymbol{X}_i, \boldsymbol{U}_i)$，$i=1,2,\cdots,N$。其中，$\boldsymbol{X}_i \in \mathbb{R}^{[m+n_i+(h+1)m] \times l}$，$\boldsymbol{U}_i \in \mathbb{R}^{r \times l}$。

证明 在假设 A8.1 下，根据文献[203]知，有向图 $\bar{\mathcal{G}}$ 可通过重新标记顶点而表述为另一种有序形式。为便于方程求解，我们重新标记 $\bar{\mathcal{G}}$ 的顶点，使得如果 $(\boldsymbol{v}_j, \boldsymbol{v}_i) \in \mathcal{E}$，令 $i > j$。这导致与有向图 $\bar{\mathcal{G}}$ 相关的矩阵 $\boldsymbol{H}$ 为下三角矩阵。于是，方程(B6)可另写为

$$\begin{cases} \boldsymbol{X}_i\boldsymbol{S} = \bar{\boldsymbol{A}}_i\boldsymbol{X}_i + \bar{\boldsymbol{B}}_i\boldsymbol{U}_i + \left(\bar{\boldsymbol{E}}_i + \sum\limits_{j=1}^{i-1} \bar{\boldsymbol{A}}_{ij}\boldsymbol{X}_j\right) \\ \boldsymbol{O} = \bar{\boldsymbol{C}}_i\boldsymbol{X}_i \end{cases} \tag{B7}$$

令 $\boldsymbol{X}_i = [\boldsymbol{X}_{i,1}^{\mathrm{T}} \quad \boldsymbol{X}_{i,2}^{\mathrm{T}} \quad \boldsymbol{X}_{i,3}^{\mathrm{T}}]^{\mathrm{T}}$，则由式(B7)得到

$$\begin{cases} \begin{bmatrix} \boldsymbol{X}_{i,1}\boldsymbol{S} \\ \boldsymbol{X}_{i,2}\boldsymbol{S} \\ \boldsymbol{X}_{i,3}\boldsymbol{S} \end{bmatrix} = \begin{bmatrix} \boldsymbol{X}_{i,1} + h_{ii}\boldsymbol{C}_i\boldsymbol{X}_{i,2} + [-m_i\boldsymbol{I} \quad \boldsymbol{O} \quad \cdots \quad \boldsymbol{O}]\boldsymbol{X}_{i,3} - \sum\limits_{j=1}^{i-1} h_{ij}\boldsymbol{C}_i\boldsymbol{X}_{j,2} \\ \boldsymbol{A}_i\boldsymbol{X}_{i,2} + \boldsymbol{B}_i\boldsymbol{U}_i \\ \boldsymbol{A}_{\mathrm{R}}\boldsymbol{X}_{i,3} + \boldsymbol{B}_{\mathrm{R}}\boldsymbol{\Gamma}\boldsymbol{S}^{h+1} \end{bmatrix} \\ \boldsymbol{O} = \boldsymbol{X}_{i,1} \end{cases}$$

在上式中，注意到 $\boldsymbol{X}_{i,1} = \boldsymbol{0}$，因此整理得到

$$\begin{cases} \boldsymbol{X}_{i,2}\boldsymbol{S} = \boldsymbol{A}_i\boldsymbol{X}_{i,2} + \boldsymbol{B}_i\boldsymbol{U}_i \\ \boldsymbol{O} = \boldsymbol{C}_i\boldsymbol{X}_{i,2} + [-h_{ii}^{-1}m_i\boldsymbol{I} \quad \boldsymbol{O} \quad \cdots \quad \boldsymbol{O}]\boldsymbol{X}_{i,3} - \sum\limits_{j=1}^{i-1} h_{ii}^{-1}h_{ij}\boldsymbol{C}_i\boldsymbol{X}_{j,2} \end{cases} \tag{B8}$$

及

$$\boldsymbol{X}_{i,3}\boldsymbol{S} = \boldsymbol{A}_{\mathrm{R}}\boldsymbol{X}_{i,3} + \boldsymbol{B}_{\mathrm{R}}\boldsymbol{\Gamma}\boldsymbol{S}^{h+1} \tag{B9}$$

在假设 A8.2 和假设 A8.3 下，由引理 B.5 知，式(B9)存在唯一解 $\boldsymbol{X}_{i,3}$，且

$$\boldsymbol{X}_{i,3}=[\boldsymbol{\Gamma}^{\mathrm{T}},(\boldsymbol{\Gamma S})^{\mathrm{T}},\cdots,(\boldsymbol{\Gamma S}^{h})^{\mathrm{T}}]^{\mathrm{T}}$$

将 $\boldsymbol{X}_{i,3}$ 的表达式代入方程(B8)得

$$\begin{cases}\boldsymbol{X}_{i,2}\boldsymbol{S}=\boldsymbol{A}_i\boldsymbol{X}_{i,2}+\boldsymbol{B}_i\boldsymbol{U}_i\\ \boldsymbol{O}=\boldsymbol{C}_i\boldsymbol{X}_{i,2}-h_{ii}^{-1}m_i\boldsymbol{\Gamma}-\sum\limits_{j=1}^{i-1}h_{ii}^{-1}h_{ij}\boldsymbol{C}_i\boldsymbol{X}_{j,2}\end{cases}\tag{B10}$$

对于方程(B10)，下面使用归纳法证明其存在解对($\boldsymbol{X}_{i,2}$,$\boldsymbol{U}_i$)。当 $i=1$ 时，方程(B10)退化为

$$\begin{cases}\boldsymbol{X}_{1,2}\boldsymbol{S}=\boldsymbol{A}_i\boldsymbol{X}_{1,2}+\boldsymbol{B}_i\boldsymbol{U}_1\\ \boldsymbol{O}=\boldsymbol{C}_i\boldsymbol{X}_{1,2}-h_{11}^{-1}m_1\boldsymbol{\Gamma}\end{cases}\tag{B11}$$

对应于方程(B1)，取 $\boldsymbol{E}_1=\boldsymbol{O}$，$\boldsymbol{F}_1=-h_{11}^{-1}m_1\boldsymbol{\Gamma}$。则在假设 A8.2 和假设 A8.4 下，由引理 B.1 知方程(B11)存在一组解($\boldsymbol{X}_{1,2}$,$\boldsymbol{U}_1$)。假设对任意的 $i=2,3,\cdots,p$，方程(B11)存在解对($\boldsymbol{X}_{i,2}$,$\boldsymbol{U}_i$)，接下来推导当 $i=p+1$ 时，方程(B11)存在解对($\boldsymbol{X}_{p+1,2}$,$\boldsymbol{U}_{p+1}$)。实际上，当 $i=2,3,\cdots,p$ 时，$\boldsymbol{X}_{i,2}$ 为已知，于是：$-h_{p+1,p+1}^{-1}m_{p+1}\boldsymbol{\Gamma}-\sum\limits_{j=1}^{p}h_{p+1,p+1}^{-1}h_{p+1,j}\boldsymbol{C}_i\boldsymbol{X}_{j,2}$ 为已知。类似于证明 $i=1$ 的情形，令 $\boldsymbol{E}_{p+1}=0$，$\boldsymbol{F}_{p+1}=-h_{p+1,p+1}^{-1}m_{p+1}\boldsymbol{\Gamma}-\sum\limits_{j=1}^{p}h_{p+1,p+1}^{-1}h_{p+1,j}\boldsymbol{C}_i\boldsymbol{X}_{j,2}$，于是($\boldsymbol{X}_{p+1,2}$,$\boldsymbol{U}_{p+1}$)存在。即在引理 B.7 所给的假设下，方程(B11)对任意的 $i\in\{1,2,\cdots,N\}$ 都存在解对($\boldsymbol{X}_{i,2}$,$\boldsymbol{U}_i$)。结合 $\boldsymbol{X}_{i,1}=0$ 以及 $\boldsymbol{X}_{i,3}=[\boldsymbol{\Gamma}^{\mathrm{T}},(\boldsymbol{\Gamma S})^{\mathrm{T}},\cdots,(\boldsymbol{\Gamma S}^{h})^{\mathrm{T}}]^{\mathrm{T}}$，这便证得在引理 B.7 所给假设下，调节方程(B6)存在解对($\boldsymbol{X}_i$,$\boldsymbol{U}_i$)。 **证毕**

参考文献

[1] BEARD R W,MCLAIN T W,GOODRICH M A,et al. Coordinated target assignment and intercept for unmanned air vehicles[J]. IEEE Transactions on Robotics and Automation,2002,18(6):911-922.

[2] RYAN A, ZENNARO M, HOWELL A, et al. An overview of emerging results in cooperative UAV control[C]//IEEE Conference on Decision and Control, 2004, 1: 602-607.

[3] REN W,BEARD R W. Trajectory tracking for unmanned air vehicles with velocity and heading rate constraints[J]. IEEE Transactions on Control Systems Technology,2004, 12(5):706-716.

[4] FU Y,DING M,ZHOU C,et al. Route planning for unmanned aerial vehicle(UAV)on the sea using hybrid differential evolution and quantum-behaved particle swarm optimization[J]. IEEE Transactions on Systems,Man,and Cybernetics:Systems,2013, 43(6):1451-1465.

[5] REN W,BEARD R W,ATKINS E M. Information consensus in multivehicle cooperative control[J]. IEEE Control systems magazine,2007,27(2):71-82.

[6] REN W,CHAO H,BOURGEOUS W,et al. Experimental validation of consensus algorithms for multivehicle cooperative control[J]. IEEE Transactions on Control Systems Technology,2008,16(4):745-752.

[7] WANG B. Cluster event-triggered tracking cooperative and formation control for multivehicle systems: An extended magnification region condition [J]. IEEE Transactions on Systems,Man,and Cybernetics:Systems,2021,51(5):3229-3239.

[8] JUNG D,ZELINSKY A. An architecture for distributed cooperative planning in a behaviour-based multi-robot system[J]. Robotics and Autonomous Systems,1999,26(2):149-174.

[9] BURGARD W,MOORS M,STACHNISS C,et al. Coordinated multi-robot exploration[J]. IEEE Transactions on Robotics,2005,21(3):376-386.

[10] CORTÉS J,EGERSTEDT M. Coordinated control of multi-robot systems:A survey[J]. SICE Journal of Control,Measurement,and System Integration,2017,10(6):495-503.

[11] ZHOU Z,LIU J,YU J. A survey of underwater multi-robot systems[J]. IEEE/CAA Journal of Automatica Sinica,2021,9(1):1-18.

[12] CZIRÓK A,BEN-JACOB E,COHEN I,et al. Formation of complex bacterial colonies

via self-generated vortices[J]. Physical Review E,1996,54(2):1791.

[13] COUZIN I D,KRAUSE J,FRANKS N R,et al. Effective leadership and decision-making in animal groups on the move[J]. Nature,2005,433(7025):513-516.

[14] CHRISTIAN B,DANIEL M. Swarm intelligence. Introduction and applications[M]. Natural Computing Series,Springer,2008.

[15] SMITH R G. A framework for distributed problem solving[M], UMI Research Press,1980.

[16] 刘会央.多智能体系统的一致性和包围控制[D]. 北京:北京大学,2012.

[17] MINSKY M. Society of mind[M]. Simon and Schuster,1988.

[18] 洪奕光,翟超. 多智能体系统动态协调与分布式控制设计[J]. 控制理论与应用,2011,28(10):1506-1512.

[19] Li Z,Duan Z. Cooperative control of multi-agent systems:a consensus region approach[M]. CRC Press,2014.

[20] PORFIRI M,ROBERSON D G,STILWELL D J. Tracking and formation control of multiple autonomous agents:A two-level consensus approach[J]. Automatica,2007,43(8):1318-1328.

[21] REN W,BEARD R W. Formation feedback control for multiple spacecraft via virtual structures[J]. IET Control Theory and Applications,2004,151(3):357-368.

[22] TANNER H G,PAPPAS G J,KUMAR V. Leader-to-formation stability[J]. IEEE Transactions on Robotics and Automation,2004,20(3):443-455.

[23] OH K K,AHN H S. Formation control of mobile agents based on inter-agent distance dynamics[J]. Automatica,2011,47(10):2306-2312.

[24] OH K K,AHN H S. Formation control of mobile agents based on distributed position estimation[J]. IEEE Transactions on Automatic Control,2013,58(3):737-742.

[25] CORTÉS J. Global and robust formation-shape stabilization of relative sensing networks[J]. Automatica,2009,45(12):2754-2762.

[26] FAX J A,MURRAY R M. Information flow and cooperative control of vehicle formations[J]. IEEE Transactions on Automatic Control,2004,49(9):1465-1476.

[27] AHN H S. Formation coordination for self-mobile localization: Framework[C]// Proceedings of the 2009 IEEE International Symposium on Computational Intelligence in Robotics and Automation,2009:340-348.

[28] OH K K,PARK M C,AHN H S. A survey of multi-agent formation control[J]. Automatica,2015,53:424-440.

[29] REYNOLDS C W. Flocks, herds and schools: A distributed behavioral model[J]. Acm Siggraph Computer Graphics,1987,21(4):25-34.

[30] VICSEK T,CZIRÓK A,BEN-JACOB E,et al. Novel type of phase transition in a system of self-driven particles[J]. Physical review letters,1995,75(6):1226.

[31] OLFATI-SABER R. Flocking for multi-agent dynamic systems:Algorithms and theory[J]. IEEE Transactions on Automatic Control,2006,51(3):401-420.

[32] TANNER H G,JADBABAIE A,PAPPAS G J. Flocking in fixed and switching

networks[J]. IEEE Transactions on Automatic Control,2007,52(5):863-868.

[33] CUCKER F,DONG J G. Avoiding collisions in flocks[J]. IEEE Transactions on Automatic Control,2010,55(5):1238-1243.

[34] DONG W. Flocking of multiple mobile robots based on back-stepping[J]. IEEE Transactions on Systems,Man,and Cybernetics,Part B:Cybernetics,2011,41(2):414-424.

[35] SU H,WANG X,LIN Z. Flocking of multi-agents with a virtual leader[J]. IEEE Transactions on Automatic Control,2009,54(2):293-307.

[36] 苏厚胜.多智能体蜂拥控制问题研究[D].上海:上海交通大学,2008.

[37] GAZI V,PASSINO K M. Stability analysis of swarms[J]. IEEE Transactions on Automatic Control,2003,48(4):692-697.

[38] GAZI V, PASSINO K M. Stability analysis of social foraging swarms[J]. IEEE Transactions on Systems,Man,and Cybernetics,Part B:Cybernetics,2004,34(1):539-557.

[39] GAZI V,PASSINO K M. A class of attractions/repulsion functions for stable swarm aggregations[J]. International Journal of Control,2004,77(18):1567-1579.

[40] LIU Y,PASSINO K M,POLYCARPOU M M. Stability analysis of m-dimensional asynchronous swarms with a fixed communication topology[J]. IEEE Transactions on Automatic Control,2003,48(1):76-95.

[41] LIU Y,PASSINO K M,POLYCARPOU M. Stability analysis of one-dimensional asynchronous swarms[J]. IEEE Transactions on Automatic Control,2003,48(10):1848-1854.

[42] LIU Y,PASSINO K M. Stable social foraging swarms in a noisy environment[J]. IEEE Transactions on Automatic Control,2004,49(1):30-44.

[43] CAI N,XI J X,ZHONG Y S. Swarm stability of high-order linear time-invariant swarm systems[J]. IET Control Theory and Applications,2011,5(2):402-408.

[44] JI M, FERRARI-TRECATE G, EGERSTEDT M, et al. Containment control in mobile networks[J]. IEEE Transactions on Automatic Control, 2008, 53(8):1972-1975.

[45] CAO Y,REN W. Containment control with multiple stationary or dynamic leaders under a directed interaction graph[C]//IEEE Conference on Decision and Control and the 28th Chinese Control Conference,2009:3014-3019.

[46] CAO Y,REN W,EGERSTEDT M. Distributed containment control with multiple stationary or dynamic leaders in fixed and switching directed networks[J]. Automatica,2012,48(8):1586-1597.

[47] CAO Y,STUART D,REN W,et al. Distributed containment control for multiple autonomous vehicles with double-integrator dynamics: algorithms and experiments[J]. IEEE Transactions on Control Systems Technology,2011,19(4):929-938.

[48] DIMAROGONAS D V,TSIOTRAS P,KYRIAKOPOULOS K J. Leader-follower cooperative attitude control of multiple rigid bodies[J]. Systems & Control Letters,2009,58(6):429-435.

[49] GALBUSERA L, FERRARI-TRECATE G, SCATTOLINI R. A hybrid model predictive control scheme for containment and distributed sensing in multi-agent systems[J]. Systems & Control Letters, 2013, 62(5): 413-419.

[50] LI Z, DUAN Z, REN W, et al. Containment control of linear multi-agent systems with multiple leaders of bounded inputs using distributed continuous controllers [J]. International Journal of Robust and Nonlinear Control, 2015, 25(13): 2101-2121.

[51] LI Z, REN W, LIU X, et al. Distributed containment control of multi-agent systems with general linear dynamics in the presence of multiple leaders[J]. International Journal of Robust and Nonlinear Control, 2013, 23(5): 534-547.

[52] MEI J, REN W, MA G. Distributed containment control for Lagrangian networks with parametric uncertainties under a directed graph[J]. Automatica, 2012, 48(4): 653-659.

[53] LIU H, XIE G, WANG L. Necessary and sufficient conditions for containment control of networked multi-agent systems[J]. Automatica, 2012, 48(7): 1415-1422.

[54] CORTÉS J, MARTÍNEZ S, KARATAS T, et al. Coverage control for mobile sensing networks[J]. IEEE Transactions on Robotics and Automation, 2004, 20(2): 243-255.

[55] HUSSEIN I I, STIPANOVIC D M. Effective coverage control for mobile sensor networks with guaranteed collision avoidance[J]. IEEE Transactions on Control Systems Technology, 2007, 15(4): 642-657.

[56] CHOPRA N, SPONG M W. On synchronization of Kuramoto oscillators[C]//IEEE Conference on Decision and Control and European Control Conference, 2005: 3916-3922.

[57] JADBABAIE A, MOTEE N, BARAHONA M. On the stability of the Kuramoto model of coupled nonlinear oscillators[C]//American Control Conference, 2004, 5: 4296-4301.

[58] PAPACHRISTODOULOU A, JADBABAIE A. Synchronization in oscillator networks: Switching topologies and non-homogeneous delays[C]//IEEE Conference on Decision and Control and European Control Conference, 2005: 5692-5697.

[59] PRECIADO V M, VERGHESE G C. Synchronization in generalized Erdös-Rényi networks of nonlinear oscillators[C]//IEEE Conference on Decision and Control and European Control Conference, 2005, 4628-4633.

[60] CASBEER D W, KINGSTON D B, BEARD R W, et al. Cooperative forest fire surveillance using a team of small unmanned air vehicles[J]. International Journal of Systems Science, 2006, 37(6): 351-360.

[61] MCLAIN T W, BEARD R W. Coordination variables, coordination functions, and cooperative timing missions[J]. Journal of Guidance, Control, and Dynamics, 2005, 28(1): 150-161.

[62] GROCHOLSKY B, KELLER J, KUMAR V, et al. Cooperative air and ground surveillance[J]. IEEE Robotics & Automation Magazine, 2006, 13(3): 16-25.

[63] BORRELLI F, KEVICZKY T. Distributed LQR design for identical dynamically

decoupled systems[J]. IEEE Transactions on Automatic Control, 2008, 53(8): 1901-1912.

[64] MA J, ZHENG Y, WANG L. LQR-based optimal topology of leader-following consensus[J]. International Journal of Robust and Nonlinear Control,2015,25(17): 3404-3421.

[65] CAO Y,REN W. Optimal linear-consensus algorithms:an LQR perspective[J]. IEEE Transactions on Systems,Man,and Cybernetics,Part B:Cybernetics,2010,40(3):819-830.

[66] ZHANG F, WANG W, ZHANG H. Design and analysis of distributed optimal controller for identical multiagent systems[J]. Asian Journal of Control,2015,17(1): 263-273.

[67] TUNA S E. LQR-based coupling gain for synchronization of linear systems. Ithaca, NY,2008:1-9 [Online]. Available: http://arxiv. org/PS_cache/arxiv/pdf/0801/0801. 3390v1. pdf

[68] ZHANG H,LEWIS F L,DAS A. Optimal design for synchronization of cooperative systems: state feedback, observer and output feedback[J]. IEEE Transactions on Automatic Control,2011,56(8):1948-1952.

[69] ZHANG H,LEWIS F L,QU Z. Lyapunov,adaptive,and optimal design techniques for cooperative systems on directed communication graphs[J]. IEEE Transactions on Industrial Electronics,2012,59(7):3026-3041.

[70] ZHANG D M,MENG L,WANG X G,et al. Linear quadratic regulator control of multi-agent systems[J]. Optimal Control Applications and Methods, 2015, 36(1): 45-59.

[71] MOVRIC K H,LEWIS F L. Cooperative optimal control for multi-agent systems on directed graph topologies[J]. IEEE Transactions on Automatic Control,2014,59(3): 769-774.

[72] ZHANG H,FENG T,YANG G H,et al. Distributed cooperative optimal control for multiagent systems on directed graphs: an inverse optimal approach[J]. IEEE Transactions on Cybernetics,2015,45(7):1315-1326.

[73] SEMSAR-KAZEROONI E,KHORASANI K. A game theory approach to multi-agent team cooperation[C]//American Control Conference,2009:4512-4518.

[74] SEMSAR E, KHORASANI K. Optimal control and game theoretic approaches to cooperative control of a team of multi-vehicle unmanned systems [C]//IEEE International Conference on Networking,Sensing and Control,2007:628-633.

[75] SEMSAR- KAZEROONI E, KHORASANI K. Optimal consensus seeking in a network of multiagent systems: An LMI approach[J]. IEEE Transactions on Systems,Man,and Cybernetics,Part B:Cybernetics,2010,40(2):540-547.

[76] HONG Y,HU J,GAO L. Tracking control for multi-agent consensus with an active leader and variable topology[J]. Automatica,2006,42(7):1177-1182.

[77] HONG Y, CHEN G, BUSHNELL L. Distributed observers design for leader-following

control of multi-agent networks[J]. Automatica,2008,44(3):846-850.

[78] CAO Y,REN W. Distributed coordinated tracking with reduced interaction via a variable structure approach[J]. IEEE Transactions on Automatic Control,2012,57(1):33-48.

[79] LI Z,LIU X,REN W,et al. Distributed tracking control for linear multiagent systems with a leader of bounded unknown input[J]. IEEE Transactions on Automatic Control,2013,58(2):518-523.

[80] LI Z,DUAN Z,CHEN G,et al. Consensus of multiagent systems and synchronization of complex networks:a unified viewpoint[J]. IEEE Transactions on Circuits and Systems I:Regular Papers,2010,57(1):213-224.

[81] CAO W,ZHANG J,REN W. Leader-follower consensus of linear multi-agent systems with unknown external disturbances[J]. Systems & Control Letters,2015,82:64-70.

[82] SONG Q,LIU F,CAO J,et al. M-Matrix Strategies for pinning-controlled leader-following consensus in multiagent systems with nonlinear dynamics[J]. IEEE Transactions on Cybernetics,2013,43(6):1688-1697.

[83] HU J,HONG Y. Leader-following coordination of multi-agent systems with coupling time delays[J]. Physica A:Statistical Mechanics and its Applications,2007,374(2):853-863.

[84] REN W. Multi-vehicle consensus with a time-varying reference state[J]. Systems & Control Letters,2007,56(7):474-483.

[85] MEI J,REN W,MA G. Distributed coordinated tracking with a dynamic leader for multiple Euler-Lagrange systems[J]. IEEE Transactions on Automatic Control,2011,56(6):1415-1421.

[86] YANG X,WANG J,TAN Y. Robustness analysis of leader-follower consensus for multi-agent systems characterized by double integrators[J]. Systems & Control Letters,2012,61(11):1103-1115.

[87] LI Z,DING Z. Distributed adaptive consensus and output tracking of unknown linear systems on directed graphs[J]. Automatica,2015,55:12-18.

[88] SU Y,HUANG J. Cooperative Output Regulation of Linear Multi-Agent Systems. IEEE Transactions on Automatic Control,2012,57(4):1062-1066.

[89] XIANG J,WEI W,LI Y. Synchronized output regulation of linear networked systems[J]. IEEE Transactions on Automatic Control,2009,54(6):1336-1341.

[90] SU Y,HUANG J. Cooperative output regulation with application to multi-agent consensus under switching network[J]. IEEE Transactions on Systems,Man,and Cybernetics,Part B:Cybernetics,2012,42(3):864-875.

[91] YU L,WANG J. Robust cooperative control for multi-agent systems via distributed output regulation[J]. Systems & Control Letters,2013,62(11):1049-1056.

[92] 郑大钟. 线性系统理论[M]. 北京:清华大学出版社,2002.

[93] FRANCIS B A,WONHAM W M. The internal model principle of control theory[J]. Automatica,1976,12(5):457-465.

[94] HUANG J. Nonlinear output regulation: theory and applications[M]. Philadelphia: SIAM, 2004.

[95] HONG Y, WANG X, JIANG Z P. Distributed output regulation of leader-follower multi-agent systems[J]. International Journal of Robust and Nonlinear Control, 2013, 23(1): 48-66.

[96] WANG X, HONG Y, HUANG J, et al. A distributed control approach to a robust output regulation problem for multi-agent linear systems[J]. IEEE Transactions on Automatic Control, 2010, 55(12): 2891-2895.

[97] YU L, WANG J. Distributed output regulation for multi-agent systems with norm-bounded uncertainties[J]. International Journal of Systems Science, 2014, 45(11): 2376-2389.

[98] SU Y, HONG Y, HUANG J. A general result on the robust cooperative output regulation for linear uncertain multi-agent systems[J]. IEEE Transactions on Automatic Control, 2013, 58(5): 1275-1279.

[99] LIANG H, ZHANG H, WANG Z, et al. Output regulation for heterogeneous linear multi-agent systems based on distributed internal model compensator[J]. Applied Mathematics and Computation, 2014, 242: 736-747.

[100] SU Y, HUANG J. Cooperative global output regulation of heterogeneous second-order nonlinear uncertain multi-agent systems[J]. Automatica, 2013, 49(11): 3345-3350.

[101] SU Y, HUANG J. Cooperative adaptive output regulation for a class of nonlinear uncertain multi-agent systems with unknown leader[J]. Systems & Control Letters, 2013, 62(6): 461-467.

[102] LI S, FENG G, LUO X, et al. Output consensus of heterogeneous linear discrete-time multiagent systems with structural uncertainties[J]. IEEE Transactions on Cybernetics, 2015, 45(12): 2868-2879.

[103] LIANG H, ZHANG H, WANG Z, et al. Cooperative robust output regulation for heterogeneous second-order discrete-time multi-agent systems[J]. Neurocomputing, 2015, 162: 41-47.

[104] DONG Y, HUANG J. A leader-following rendezvous problem of double integrator multi-agent systems[J]. Automatica, 2013, 49(5): 1386-1391.

[105] SU Y. Leader-following rendezvous with connectivity preservation and disturbance rejection via internal model approach[J]. Automatica, 2015, 57: 203-212.

[106] MA S, HACKWOOD S, BENI G. Multi-agent supporting systems(MASS): Control with centralized estimator of disturbance[C]//IEEE/RSJ/GI International Conference on Intelligent Robots and Systems, 1994, 1: 679-686.

[107] XI J, SHI Z, ZHONG Y. Admissible consensus and consensualization of high-order linear time-invariant singular swarm systems[J]. Physica A: Statistical Mechanics and its Applications, 2012, 391(23): 5839-5849.

[108] XI J, MENG F, SHI Z, et al. Delay-dependent admissible consensualization for

singular time-delayed swarm systems[J]. Systems & Control Letters, 2012, 61(11): 1089-1096.

[109] MENG F L, XI J X, SHI Z Y, et al. Admissible output consensus control for singular swarm systems [J]. International Journal of Systems Science, 2016, 47 (7): 1734-1744.

[110] DONG X, XI J, LU G, et al. Containment analysis and design for high-order linear time-invariant singular swarm systems with time delays[J]. International Journal of Robust and Nonlinear Control, 2014, 24(7): 1189-1204.

[111] XI J, YAO Z, LIU G, et al. Swarm stability for high-order linear time-invariant singular multi-agent systems[J]. International Journal of Systems Science, 2015, 46 (8): 1458-1471.

[112] CAI N, KHAN M J. Swarm stability of linear time-invariant descriptor compartmental networks[J]. IET Control Theory and Applications, 2015, 9(5): 793-800.

[113] YANG X R, LIU G P. Necessary and sufficient consensus conditions of descriptor multi-agent systems [J]. IEEE Transactions on Circuits and Systems I: Regular Papers, 2012, 59(11): 2669-2677.

[114] YANG X R, LIU G P. Consensus of descriptor multi-agent systems via dynamic compensators[J]. IET Control Theory & Applications, 2014, 8(6): 389-398.

[115] YANG X R, LIU G P. Admissible consensus for heterogeneous descriptor multi-agent systems [J]. International Journal of Systems Science, 2016, 47 (12): 2869-2877.

[116] GAO L, CUI Y, CHEN W, et al. Leader-following consensus for discrete-time descriptor multi-agent systems with observer-based protocols[J]. Transactions of the Institute of Measurement and Control, 2016, 38(11): 1353-1364.

[117] SHERIDAN T B. Three models of preview control [J], IEEE Transactions on Human Factors in Electronics, 1966(2): 91-102.

[118] BENDER E K. Optimum linear preview control with application to vehicle suspension[J]. Journal of Basic Engineering, 1968, 90(2): 213-221.

[119] HAYASE M, ICHIKAWA K. Optimal servosystem utilizing future value of desired function[J]. Transactions of the Society of Instrument and Control Engineers, 1969, 5(1): 86-94.

[120] TOMIZUKA M. The optimal finite preview problem and its application to man-machine systems[D]. Massachusetts Institute of Technology, 1974.

[121] TOMIZUKA M. Optimal continuous finite preview problem[J]. IEEE Transactions on Automatic Control, 1975, 20(3): 362-365.

[122] TOMIZUKA M, WHITNEY D E. Optimal discrete finite preview problems (why and how is future information important?) [J]. Journal of Dynamic Systems, Measurement, and Control, 1975, 97(4): 319-325.

[123] TOMIZUKA M, ROSENTHAL D E. On the optimal digital state vector feedback controller with integral and preview actions [J]. Journal of Dynamic Systems,

Measurement, and Control, 1979, 101(2): 172-178.

[124] PENG H, TOMIZUKA M. Lateral control of front-wheel-steering rubber-tire vehicles. California Partners for Advanced Transit and Highways (PATH) [R], 1990: 1-44. https://escholarship.org/uc/item/4t17m5nn

[125] PENG H, TOMIZUKA M. Optimal preview control for vehicle lateral guidance. California Partners for Advanced Transit and Highways (PATH) [R], 1991: 1-26. https://escholarship.org/uc/item/3jj2q67v

[126] PENG H, TOMIZUKA M. Preview control for vehicle lateral guidance in highway automation[C]//American Control Conference, 1991: 3090-3095.

[127] BALZER L A. Optimal control with partial preview of disturbances and rate penalties and its application to vehicle suspension[J]. International Journal of Control, 1981, 33(2): 323-345.

[128] KATAYAMA T, OHKI T, INOUE T, et al. Design of an optimal controller for a discrete-time system subject to previewable demand[J]. International Journal of Control, 1985, 41(3): 677-699.

[129] MIANZO L, PENG H. A unified Hamiltonian approach for LQ and H_∞ preview control algorithms[J]. Journal of dynamic systems, measurement, and control, 1999, 121(3): 365-369.

[130] COHEN A, SHAKED U. Linear discrete-time H_∞-optimal tracking with preview [J]. IEEE Transactions on Automatic Control, 1997, 42(2): 270-276.

[131] FUJISAKI Y, NARAZAKI T. Optimal preview control based on quadratic performance index[C]//IEEE Conference on Decision and Control, 1997, 4: 3830-3835.

[132] MOSCA E, CASAVOLA A. Deterministic LQ preview tracking design[J]. IEEE Transactions on Automatic Control, 1995, 40(7): 1278-1281.

[133] HALPERN M E. Preview tracking for discrete-time SISO systems [J]. IEEE Transactions on Automatic Control, 1994, 39(3): 589-592.

[134] NEGM M M M, BAKHASHWAIN J M, SHWEHDI M H. Speed control of a three-phase induction motor based on robust optimal preview control theory[J]. IEEE Transactions on Energy Conversion, 2006, 21(1): 77-84.

[135] SHIMMYO S, SATO T, OHNISHI K. Biped walking pattern generation by using preview control based on three-mass model[J]. IEEE Transactions on Industrial Electronics, 2013, 60(11): 5137-5147.

[136] GOHRLE C, SCHINDLER A, WAGNER A, et al. Road profile estimation and preview control for low-bandwidth active suspension systems[J]. IEEE/ASME Transactions on Mechatronics, 2015, 20(5): 2299-2310.

[137] 土谷武士，江上正. 最新自动控制技术——数字预见控制[M]. 廖福成，译. 北京：北京科学技术出版社，1994.

[138] 甄子洋. 预见控制理论及应用研究进展[J]. 自动化学报，2016，42(2)：172-188.

[139] MATSUSHITA A, TSUCHIYA T. Control system design with on-line preview planning for desired signal[C]//SICE Annual Conference, 1995: 1409-1414.

[140] LI D,ZHOU D,HU Z,et al. Optimal preview control applied to terrain following flight[C]//IEEE Conference on Decision and Control,2001,1:211-216.

[141] 冯军,彭安民,傅爱军. 预见 PWM 控制在轧机调速系统中的应用[J]. 电气自动化,2006,28(6):13-15.

[142] 黄世涛,冯之敬. 精密直线伺服装置数字预见控制器设计[J]. 机床与液压,2007,35(3):25-27.

[143] MIANZO. L,PENG. H. Output feedback H_∞ preview control of electromechanic- al valve actuator[J]. IEEE Transactions on Control Systems Technology,2007,15(3):428-437.

[144] 任国芳,凌红军,王军辉. 预见控制在装配机器人上的应用研究[J]. 北京石油化工学报,2007,15(2):26-28.

[145] 李琳,谭跃刚. 基于目标预见时间的空间目标的轨迹跟踪控制[J]. 制造业自动化,2010,32(7):199-201.

[146] OZDEMIR A A,SEILER P,BALAS G J. Design tradeoffs of wind turbine preview control[J]. IEEE Transactions on Control Systems Technology,2013,21(4):1143-1154.

[147] 程剑锋,董新民,薛建平,等. 飞机-驾驶员闭环系统模糊预见控制器设计[J]. 航空学报,2014,35(3):807-820.

[148] ZHANG W,BAE J,TOMIZUKA M. Modified preview control for a wireless tracking control system with packet loss[J]. IEEE/ASME Transactions on Mechatronics,2015,20(1):299-307.

[149] FAROOQ A. Path following of optimal trajectories using preview control[C]//IEEE Conference on Decision and Control and European Control Conference. 2005:2787-2792.

[150] TAMADDONI S H,TAHERI S,AHMADIAN M. Optimal preview game theory approach to vehicle stability controller design[J]. Vehicle System Dynamics,2011,49(12):1967-1979.

[151] KATAYAMA T,HIRONO T. Design of an optimal servomechanism with preview action and its dual problem[J]. International Journal of Control,1987,45(2):407-420.

[152] LIAO F,TANG Y Y,LIU H,et al. Design of an optimal preview controller for continuous-time systems[J]. International Journal of Wavelets,Multiresolution and Information Processing,2011,9(4):655-673.

[153] LIAO F,TAKABA K,KATAYAMA T,et al. Design of an optimal preview servomechanism for discrete-time systems in a multirate setting[J]. Dynamics of Continuous,Discrete,and Impulsive Systems,Series B:Applications and Algorithms,2003,10(5):727-744.

[154] 廖福成,刘贺平. 多重采样离散时间系统的最优预见伺服控制器设计[J]. 北京科技大学学报,2007,29(5):542-547.

[155] 廖福成,刘贺平. 带有状态时滞的多采样率线性离散时间系统的最优预见控制器设计

[J]. 北京科技大学学报,2008,30(4):452-460.

[156] 石千松,廖福成. 具有多采样率及状态时滞的线性离散时间系统的预见控制[J]. 北京科技大学学报,2011,33(3):363-375.

[157] 刘贺平,廖福成. 一般目标信号和干扰信号下多采样率系统的最优预见控制器设计[J]. 纯粹数学与应用数学,2008,24(4):634-642.

[158] 廖福成,徐玉洁. 状态时滞时变离散时间系统的最优预见控制器设计[J]. 北京科技大学学报,2012,34(2):211-216.

[159] 徐玉洁,廖福成. 一类具有输入时滞的时变离散系统的预见控制[J]. 控制与决策,2013,28(3):466-470.

[160] XU Y,LIAO F,CUI L,et al. Preview control for a class of linear continuous time-varying systems [J]. International Journal of Wavelets, Multiresolution and Information Processing,2013,11(02):1350018.

[161] LIAO F,GUO Y,TANG Y Y. Design of an optimal preview controller for linear time-varying discrete systems in a multirate setting[J]. International Journal of Wavelets,Multiresolution and Information Processing,2015,13(06):1550050.

[162] 廖福成,张志刚,张莹. Riccati 方程的降阶与广义系统的最优预见控制[J]. 北京科技大学学报,2009(4):520-524.

[163] 廖福成,张莹,顾则全. 一类线性离散广义系统最优预见控制器设计[J]. 控制工程,2009,16(3):299-303.

[164] LIAO F,CAO M,HU Z,et al. Design of an optimal preview controller for linear discrete-time causal descriptor systems[J]. International Journal of Control,2012,85(10):1616-1624.

[165] LIAO F,TOMIZUKA M,CAO M,et al. Optimal preview control for discrete-time descriptor causal systems in a multirate setting[J]. International Journal of Control,2013,86(5):844-854.

[166] CAO M,LIAO F. Design of an optimal preview controller for linear discrete-time descriptor systems with state delay[J]. International Journal of systems science,2015,46(5):932-943.

[167] LIAO F,REN Z,TOMIZUKA M,et al. Preview control for impulse-free continuous-time descriptor systems [J]. International Journal of Control, 2015, 88 (6): 1142-1149.

[168] 谭跃钢,刘峰. 基于面积误差评价的轨迹跟踪数字式最优预见控制[J]. 仪器仪表学报,2004,25(1):86-89.

[169] 甄子洋,王志胜,王道波. 基于信息融合估计的离散线性系统预见控制[J]. 自动化学报,2010,36(2):347-352.

[170] 甄子洋,王志胜,王道波. 基于误差系统的信息融合最优预见跟踪控制[J]. 控制理论与应用,2009(4):425-428.

[171] TADMOR G,MIRKIN L. H_∞ control and estimation with preview-part I:matrix ARE solutions in continuous time[J]. IEEE Transactions on Automatic Control,2005,50(1):19-28.

[172] TADMOR G, MIRKIN L. H_∞ control and estimation with preview-part II: fixed-size ARE solutions in discrete time[J]. IEEE Transactions on Automatic Control, 2005, 50(1): 29-40.

[173] MOELJA A A, MEINSMA G. H_2 control of preview systems[J]. Automatica, 2006, 42(6): 945-952.

[174] KRISTALNY M, MIRKIN L. on the H_2 two-sided model matching problem with preview[J]. IEEE Transactions on Automatic Control, 2012, 57(1): 204-209.

[175] HAZELL A, LIMEBEER D J N. An efficient algorithm for discrete-time H_∞ preview control[J]. Automatica, 2008, 44(9): 2441-2448.

[176] DE SOUZA C E, SHAKED U, FU M. Robust H_∞ tracking: a game theory approach [J]. International Journal of Robust and Nonlinear Control, 1995, 5(3): 223-238.

[177] MIRKIN L. On the H_∞ fixed-lag smoothing: How to exploit the information preview [J]. Automatica, 2003, 39(8): 1495-1504.

[178] MIDDLETON R H, CHEN J, FREUDENBERG J S. Tracking sensitivity and achievable H_∞ performance in preview control[J]. Automatica, 2004, 40(8): 1297-1306.

[179] SHAKED U, DE SOUZA C E. Continuous-time tracking problems in an H_∞ setting: A game theory approach[J]. IEEE Transactions on Automatic Control, 1995, 40(5): 841-852.

[180] GERSHON E, SHAKED U, YAESH I. H_∞ tracking of linear continuous-time systems with stochastic uncertainties and preview [J]. International Journal of Robust and Nonlinear Control, 2004, 14(7): 607-626.

[181] KOJIMA A, ISHIJIMA S. H_∞ performance of preview control systems [J]. Automatica, 2003, 39(4): 693-701.

[182] KOJIMA A, ISHIJIMA S. H_∞ preview tracking in output feedback setting [J]. International Journal of Robust and Nonlinear Control, 2004, 14(7): 627-641.

[183] KOJIMA A, ISHIJIMA S. Formulas on preview and delayed H_∞ control[J]. IEEE Transactions on Automatic Control, 2006, 51(12): 1920-1937.

[184] HASHIKURA K, KOJIMA A, OHTA Y. On construction of an H_∞ preview output feedback law[J]. SICE Journal of Control, Measurement, and System Integration, 2013, 6(3): 167-176.

[185] BIRLA N, SWARUP A. Optimal preview control: A review[J]. Optimal Control Applications and Methods, 2015, 36(2): 241-268.

[186] LIAO F, XU Y, WU J. Novel approach to preview control for a class of continuous-time systems[J]. Journal of Control Science and Engineering, 2015, 2015(2): 1-6.

[187] KOJIMA A, ISHIJIMA S. LQ preview synthesis: optimal control and worst case analysis[J]. IEEE Transactions on Automatic Control, 1999, 44(2): 352-357.

[188] ATHANS M. On the design of PID controllers using optimal linear regulator theory [J]. Automatica, 1971, 7(5): 643-647.

[189] SALAMON D. The linear-quadratic control problem for retarded systems with delays in control and observation[J]. IMA Journal of Mathematical Control and

Information,1985,2:335-362.

[190] PRITCHARD A J,SALAMON D. The linear quadratic control problem for infinite dimensional systems with unbounded input and output operators[J]. SIAM Journal on Control and Optimization,1987,25(1):121-144.

[191] HORN R A,JOHNSON C R. Matrix analysis[M]. Cambridge:Cambridge University Press,1990.

[192] 方保镕,周继东,李医民. 矩阵论[M],第 2 版. 北京:清华大学出版社,2013.

[193] 张贤达. 矩阵分析与应用[M]. 北京:清华大学出版社,2004.

[194] QU Z. Cooperative control of dynamical systems[M]. London:Springer,2009.

[195] GODSIL C,ROYLE G. Algebraic graph theory[M]. New York:Springer-Verlag,2001.

[196] REN W,BEARD R W. Consensus seeking in multiagent systems under dynamically changing interaction topologies[J]. IEEE Transactions on automatic control,2005,50(5):655-661.

[197] ZHOU K,DOYLE J C,GLOVER K. Robust and optimal control[M]. New Jersey:Prentice hall,1996.

[198] 周克敏,DOYLE J C,GLOVER K. 鲁棒与最优控制[M]. 毛剑琴,钟宜生,林岩,等译. 北京:国防工业出版社,2002.

[199] DUAN G R. Analysis and design of descriptor linear systems[M]. New York:Springer-Verlag,2010.

[200] 杨冬梅,张庆灵,姚波. 广义系统[M]. 北京:科学出版社,2004.

[201] DAI L. Singular control systems[M]. Berlin:Springer,1989.

[202] XU S,LAM J. Robust control and filtering of singular systems[M]. Berlin:Springer,2006.

[203] DASGUPTA S,PAPADIMITRIOU C H,VAZIRANI U V. Algorithms[M]. McGraw-Hill Science/Engineering/Math,2006.

[204] LIU Y, LUNZE J. Leader-follower synchronisation of autonomous agents with external disturbances[J]. International Journal of Control,2014,87(9):1914-1925.

[205] ROCKAFELLAR R T. Convex analysis[M]. New Jersey:Princeton University Press,2015.

[206] HAGHSHENAS H, MOHAMMAD A B, MAHDI B. Containment control of heterogeneous linear multi-agent systems[J]. Automatica,2015,54:210-216.

[207] ZUO S, SONG Y, LEWIS F L, et al. Output containment control of linear heterogeneous multi-agent systems using internal model principle[J]. IEEE Transactions on Cybernetics,2017,47(8):2099-2109.

[208] YANG Y, MODARES H, WUNSCH D C, et al. Optimal containment control of unknown heterogeneous systems with active leaders[J]. IEEE Transactions on Control Systems Technology,2019,27(3):1228-1236.

[209] YANG Y, XU C Z. Adaptive fuzzy leader-follower synchronization of constrained heterogeneous multiagent systems[J]. IEEE Transactions on Fuzzy Systems,2022,30(1):205-219.

[210] ZUO S,SONG Y,LEWIS F L,et al. Optimal robust output containment of unknown

heterogeneous multiagent system using off-policy reinforcement learning[J]. IEEE Transactions on Cybernetics,2018,48(11):3197-3207.

[211] LUI D G,PETRILLO A,SANTINI S. An optimal distributed PID-like control for the output containment and leader-following of heterogeneous high-order multi-agent systems[J]. Information Sciences,2020,541:166-184.

[212] 段广仁. 线性系统理论[M]. 哈尔滨:哈尔滨工业大学出版社,2004.

[213] YOU K, XIE L. Coordination of discrete-time multi-agent systems via relative output feedback[J]. International Journal of Robust and Nonlinear Control,2011,21(13):1587-1605.

[214] YOU K, LI Z, XIE L. Consensus condition for linear multi-agent systems over randomly switching topologies[J]. Automatica,2013,49:3125-3132.

[215] GU G. Discrete-time linear systems: theory and design with applications[M]. Springer Science and Business Media,2012.

[216] CAO K,LI X,XIE L. Preview-based discrete-time dynamic formation control over directed networks via matrix-valued Laplacian[J]. IEEE Transactions on Cybernetics,2020,50(3):1251-1263.

[217] LI W, CHEN Z, LIU Z. Output regulation distributed formation control for nonlinear multi-agent systems[J]. Nonlinear Dynamics,2014,78:1339-1348.

[218] WANG X. Distributed formation output regulation of switching heterogeneous multi-agent systems[J]. International Journal of Systems Science, 2013, 44(11): 2004-2014.

[219] YAN Y,HUANG J. Cooperative output regulation of discrete-time linear time-delay multi-agent systems[J]. IET Control Theory and Applications, 2016, 10(16): 2019-2026.

[220] LI S,YANG J,CHEN W H,et al. Generalized extended state observer based control for systems with mismatched uncertainties[J]. IEEE Transactions on Industrial Electronics,2012,59(12):4792-4802.

[221] SINOPOLI B,SCHENATO L,FRANCESCHETTI M,et al. Kalman filtering with intermittent observations[J]. IEEE Transactions on Automatic Control,2004,49(9):1453-1464.